国家职业资格培训教材
理论鉴定培训系列

涂装工（高级）鉴定培训教材

国家职业资格培训教材编审委员会 组编
刘永海 主编

机械工业出版社

本教材是以《国家职业技能标准　涂装工》中对高级涂装工的知识要求为依据，紧扣国家职业技能鉴定理论知识考试的要求编写的。其主要内容包括：涂装专业基础知识，常用涂装工艺选用、质量分析和涂膜缺陷的排除，涂膜（层）的干燥与固化，涂装生产过程中的输送设备，涂料及涂膜的质量检测，共5章。每章前有培训目标，章末有复习思考题，以便于企业培训和读者自测。

本教材既可作为各级职业技能鉴定培训机构、企业培训部门的考前培训用书，又可作为读者考前复习和自测使用的复习用书，也可供职业技能鉴定部门在鉴定命题时参考，还可作为职业技术院校、技工学校、各种短训班的专业课教材。

图书在版编目（CIP）数据

涂装工（高级）鉴定培训教材/刘永海主编．—北京：机械工业出版社，2012.6（2023.6重印）
国家职业资格培训教材．理论鉴定培训系列
ISBN 978-7-111-38238-6

Ⅰ.①涂…　Ⅱ.①刘…　Ⅲ.①涂漆—职业技能—鉴定—教材
Ⅳ.①TQ639

中国版本图书馆CIP数据核字（2012）第087130号

机械工业出版社（北京市百万庄大街22号　邮政编码100037）
策划编辑：荆宏智　张敬柱　责任编辑：崔世荣
责任校对：陈　越　刘怡丹　封面设计：饶　薇
责任印制：张　博
北京中科印刷有限公司印刷
2023年6月第1版·第5次印刷
148mm×210mm·9.25印张·261千字
标准书号：ISBN 978-7-111-38238-6
定价：45.00元

电话服务
客服电话：010-88361066
010-88379833
010-68326294

网络服务
机　工　官　网：www.cmpbook.com
机　工　官　博：weibo.com/cmp1952
金　书　网：www.golden-book.com
机工教育服务网：www.cmpedu.com

国家职业资格培训教材

编审委员会

本书主编　刘永海

本书副主编　朱　岩

本书参编　刘祥群

本书主审　金永明

序

为落实国家人才发展战略目标，加快培养一大批高素质的技能型人才，我们精心策划了与原劳动和社会保障部《国家职业标准》配套的《国家职业资格培训教材》。这套教材涵盖41个职业，共172种，2005年出版后，以其兼顾岗位培训和鉴定培训需要，理论、技能、题库合一，便于自检自测，受到全国各级培训、鉴定部门和技术工人的欢迎，基本满足了培训、鉴定、考工和读者自学的需要，为培养技能人才发挥了重要作用，本套教材也因此成为国家职业资格培训的品牌教材。JJJ——“机工技能教育”品牌已深入人心。

按照国家“十一五”高技能人才培养体系建设的主要目标，到“十一五”期末，全国技能劳动者总量将达到1.1亿人，高级工、技师、高级技师总量均有大幅增加。因此，从2005年至2009年的五年间，参加职业技能鉴定的人数和获取职业资格证书的人数年均增长达10%以上，2009年全国参加职业技能鉴定和获取职业资格证书的人数均已超过1200万人。这种趋势在“十二五”期间还将会得以延续。

为满足职业技能鉴定培训的需要，我们经过充分调研，决定在已经出版的《国家职业资格培训教材》的基础上，贯彻“围绕考点，服务鉴定”的原则，紧扣职业技能鉴定考核要求，根据企业培训部门、技能鉴定部门和读者的不同需求进行细化，分别编写理论鉴定培训教材系列、操作技能鉴定实战详解系列和职业技能鉴定考核试题库系列。

《国家职业资格培训教材——鉴定培训教材系列》用于国家职业技能鉴定理论知识考试前的理论培训。它主要有以下特色：

- 汲取国家职业资格培训教材精华——保留国家职业资格培训教材的精华内容，考虑企业和读者的需要，重新整合、更新、补充和完善培训教材的内容。

- 依据最新国家职业标准要求编写——以《国家职业技能标

准》要求为依据，以“实用、够用”为宗旨，以便于培训为前提，提炼重点培训和复习的内容。

● 紧扣国家职业技能鉴定考核要求——按复习指导形式编写，教材中的知识点紧扣职业技能鉴定考核的要求，针对性强，适合技能鉴定考试前培训使用。

《国家职业资格培训教材——操作技能鉴定实战详解系列》用于国家职业技能鉴定操作技能考试前的突击冲刺、强化训练。它主要有以下特色：

● 重点突出，具有针对性——依据技能考核鉴定点设计，目的明确。

● 内容全面，具有典型性——图样、评分表、准备清单，完整齐全。

● 解析详细，具有实用性——工艺分析、操作步骤和重点解析详细。

● 练考结合，具有实战性——单项训练题、综合训练题，步步提升。

《国家职业资格培训教材——职业技能鉴定考核试题库系列》用于技能培训、鉴定部门命题和参加技能鉴定人员复习、考核和自检自测。它主要有以下特色：

● 初级、中级、高级、技师、高级技师各等级全包括。

● 试题可行性、代表性、针对性、通用性、实用性强。

● 考核重点、理论题、技能题、答案、鉴定试卷齐全。

这些教材是《国家职业资格培训教材》的扩充和完善，在编写时，我们重点考虑了以下几个方面：

在工种选择上，选择了机电行业的车工、铣工、钳工、机修钳工、汽车修理工、制冷设备维修工、铸造工、焊工、冷作钣金工、热处理工、涂装工、维修电工等近二十个主要工种。

在编写依据上，依据最新国家职业标准，紧扣职业技能鉴定考核要求编写。对没有国家职业标准，但社会需求量大且已单独培训和考核的职业，则以相关国家职业标准或地方鉴定标准和要求为依据编写。

在内容安排上，提炼应重点培训和复习的内容，突出“实用、够用”，重在教会读者掌握必需的专业知识和技能，掌握各种类型题的应试技巧和方法。

在作者选择上，共有十几个省、自治区、直辖市相关行业200多名从事技能培训和考工的专家参加编写。他们既了解技能鉴定的要求，又具有丰富的教材编写经验。

全套教材既可作为各级职业技能鉴定培训机构、企业培训部门的考前培训教材，又可作为读者考前复习和自测使用的复习用书，也可供职业技能鉴定部门在鉴定命题时参考，还可作为职业技术院校、技工院校、各种短训班的专业课教材。

在这套教材的调研、策划、编写过程中，曾经得到许多企业、鉴定培训机构有关领导、专家的大力支持和帮助，在此表示衷心的感谢！

虽然我们在编写这套培训教材中尽了最大努力，但教材中难免存在不足之处，诚恳地希望专家和广大读者批评指正。

国家职业资格培训教材编审委员会

前　　言

本教材是以《国家职业技能标准　涂装工》中对高级涂装工的知识要求为依据，紧扣国家职业技能鉴定理论知识考试的要求编写的。其主要内容包括：涂装专业基础知识，常用涂装工艺选用、质量分析和涂膜缺陷的排除，涂膜（层）的干燥与固化，涂装生产过程中的输送设备，涂料及涂膜的质量检测，共5章。

本教材注重基础理论知识与生产实际相结合，系统地介绍了有关金属腐蚀与防护、色彩和调色以及估工估料等知识；重点介绍了涂料和涂膜的常见缺陷和防治，涂膜烘干设备、涂装输送设备的类型和选用，以及涂料和涂膜的检测设备和检测方法等。

本教材由朱岩副主编主持全书编写，刘祥群参与有关章节的编写，全书由朱岩统稿。

由于编者水平有限，对本教材中的错误和不当之处欢迎读者批评指正，不胜感谢。

编　者

目 录

MU LU

第一章

涂装专业基础知识

培训目标 掌握各种化学处理液的测定、化学处理中出现的质量问题及解决办法；掌握金属腐蚀分类、原理及各种金属的防腐方法；色彩知识与应用，涂装的估工与估料。

第一节 化学处理液的测定

一、磷化溶液中游离酸度、总酸度及酸比的测定

1. 游离酸度的测定

磷化溶液中游离 H^+ 的浓度称为游离酸度。采用 0.1mol/L 的标准氢氧化钠溶液滴定酸度，以甲基橙作指示剂时可测得游离酸度。滴定 10mL 磷化溶液至甲基橙终点时所消耗 0.1mol/L 的标准氢氧化钠溶液的毫升数即为游离酸度的点数。

2. 总酸度的测定

磷化溶液中游离酸和化合酸的总和称为总酸度。采用 0.1mol/L 的标准氢氧化钠溶液测定酸度，以酚酞作指示剂时可测得总酸度。滴定 10mL 磷化溶液至酚酞终点时所消耗 0.1mol/L 的标准氢氧化钠溶液的毫升数即为总酸度的点数。

3. 酸比的测定

总酸度的点数与游离酸度点数的比值称为酸比。

测定方法：用移液管吸取10mL磷化溶液置于250mL的锥形瓶中，加水100mL及甲基橙指示剂3～4滴，以0.1mol/L的标准氢氧化钠溶液滴定至橙红色为终点，记录耗用0.1mol/L的标准氢氧化钠溶液的毫升数（A）。加入酚酞指示剂2～3滴，继续用0.1mol/L的标准氢氧化钠溶液滴定至溶液由黄色转为淡红色为终点，记录总的消耗0.1mol/L的标准氢氧化钠溶液的毫升数（B）。记录所得的A值为游离酸度，B值为总酸度，B/A值即为酸比。

二、亚硝酸钠含量的测定

亚硝酸钠在涂装工艺中常用作钢铁材料涂装前的防锈剂和磷化催化剂，其含量对防锈和磷化质量影响很大。

1. 防锈水中亚硝酸钠的测定

（1）仪器　300mL锥形瓶，粗滤纸，25mL滴定管，加热用的小电炉，玻璃漏斗，2mL吸管。

（2）试剂　0.1mol/L的$KMnO_4$溶液，质量分数为20%的H_2SO_4（化学纯）溶液（或1+1 HCl溶液），蒸馏水。

（3）测定方法

1）用干净滤纸将防锈水过滤在三角烧瓶中，将滤液倾入滴管。

2）在另一三角烧瓶中加入100mL蒸馏水及15mL质量分数为20%的H_2SO_4溶液（或1+1 HCl溶液），将溶液加热到50℃，用吸管加入0.1mol/L的$KMnO_4$溶液2mL。

3）用滴管中的滤液滴定，紫色褪去，记下滤液的消耗的毫升数（A）。

2. 磷化溶液中的$NaNO_2$的测定

（1）仪器　同防锈水中亚硝酸钠的测定。

（2）试剂　质量分数为50%的H_2SO_4溶液，0.05mol/L的$KMnO_4$溶液。

（3）测定方法　吸取25mL试样，加入1～2mL质量分数为50%的H_2SO_4溶液予以酸化，然后用0.05mol/L的$KMnO_4$溶液滴定，直至粉红色保持在10s内不再消失为止。催化剂含量以所消耗的0.05mol/L的$KMnO_4$溶液的毫升数来表示。即每消耗1mL的

0.05mol/L 的$KMnO_4$溶液可作为 1 点。

另外，测定磷化溶液中促进剂亚硝酸钠含量时，还可采用发酵管法，即把磷化液置于发酵管中，装满为止，再加入 2～3g 的胺磺酸，用手按住管口，迅速正反倒置数次，静置 2min，读取发酵管中气体格数，即为促进剂的点数。

三、锌含量的测定

生产中有时需要对锌盐磷化工艺中的锌含量进行检测和控制。这种情况一般出现在大量使用碱金属促进剂或中和剂的时候。在这种情况下，碱金属会大量积累而使锌离子含量耗尽而总酸度并无变化。在低锌磷化工序中，锌离子含量极易处于临界状态，因此也需要定期地检测。

1. 测定方法

可采用 EDTA 标准溶液直接滴定测定其含量。

（1）试剂　二甲酚橙指示剂（质量分数为 0.5% 的水溶液），标准 EDTA 溶液（0.05mol/L），六次甲基四胺（固体）。

（2）测定方法　吸取 10mL 试液置于 250mL 的锥形瓶中，加水 100mL，加六次甲基四胺约 2g，加二甲基橙指示剂 2～3 滴，用 0.05mol/L 标准 EDTA 溶液滴定至溶液由玫瑰红色变为亮黄色为终点。

2. 结果计算

$$w(\mathrm{Zn})\% = (0.05 \times V \times 65.4)/10$$

式中　V——耗用 0.05mol/L 标准 EDTA 溶液的体积（mL）。

四、铁离子含量的测定

铁离子含量可采用直接滴定法测定。

测定方法：吸取 10mL 试液置于 250mL 的烧瓶中，加入约 1mL（1+1）硫酸溶液，立即用 0.036mol/L 的 $KMnO_4$ 溶液滴定至粉红色，则 1mL 的 0.036mol/L 的 $KMnO_4$ 溶液相当于铁离子含量 1g/L。

当处理液中含有其他还原剂和有机物时，在酒石酸盐或柠檬酸盐存在的情况下，使处理液呈碱性，通入硫化氢，使铁以硫化铁形

式沉淀，将其过滤、洗净，用稀盐酸或稀硫酸溶解，然后按常规分析方法进行测定。

五、锰离子含量的测定

在 $AgNO_3$存在下，以过硫酸铵将 Mn^{2+} 氧化成七价锰，再在酸性条件下，以亚硝酸钠还原七价锰至无色。

1. 测定方法

（1）试剂　质量分数为10%的 $AgNO_3$溶液，过硫酸铵，1+1硫酸溶液，$NaNO_2$标准溶液。

（2）测定方法　吸取磷化溶液5mL，加入10mL的10%的 $AgNO_3$ 溶液中，再加入3～5g过硫酸铵，加热煮沸，使 Mn^{2+} 氧化成七价锰，并加热分解多余的氧化剂。加入10mL 1+1硫酸溶液，立即以 $NaNO_3$ 标准溶液滴定至溶液无色为止。

2. 结果计算

$$滴定数1mL = 0.91g/L\ Mn^{2+}$$

此法可用于现场生产快速测定，但测定结果精确度不够理想。

六、硫酸根（SO_4^{2-}）含量的测定

吸取25～50mL的处理液（根据 SO_4^{2-} 含量而定）置于300mL的烧瓶中，加水至100mL，加入约5mL的浓硫酸煮沸，在煮沸下滴加质量分数为10%的 $BaCl_2$溶液，使之生成硫酸钡沉淀，然后按质量法对 SO_4^{2-} 做定量分析。

七、硝酸根（NO_3^-）含量的测定

1. 测定方法

（1）试剂　将0.27g苯基代邻氨基苯甲酸指示剂溶于5mL的质量分数为5%的碳酸钠溶液中，以水稀释至250mL，0.1mol/L标准硫酸亚铁铵溶液，0.033mol/L标准重铬酸钾溶液，浓硫酸（ρ = 1.84g/cm^3），1+1磷酸溶液。

（2）测定方法　吸取磷化溶液2mL置于250mL的锥形瓶中，加

0.1mol/L 标准硫酸亚铁铵溶液 25mL，加浓硫酸 20mL，加热煮沸 3min，冷却后加水 50mL，加 1 + 1 磷酸溶液 3mL，加苯基代邻氨基苯甲酸指示剂 4 滴，用 0.033mol/L 标准重铬酸钾溶液滴定至紫红色为终点。

2. 结果计算

$$NO_3^- = (c_1V_1 - c_2V_2) \times 0.02067 \times 1000/2$$

式中　NO_3^-——NO_3^- 含量（g/L）；

c_1、c_2——分别为 0.1mol/L 标准硫酸亚铁铵溶液及 0.033mol/L 标准重铬酸钾溶液的摩尔浓度（mol/L）；

V_1、V_2——分别为耗用 0.1mol/L 标准硫酸亚铁铵溶液及 0.033mol/L 标准重铬酸钾溶液的体积（mL）。

八、磷化渣含量的测定

锌盐磷化中沉渣不可避免，它与配方、控制、管理有关。通常情况下，高锌磷化渣较多，低锌磷化渣较少。溶液中的渣量应当控制，磷化渣含量过高会影响磷化质量。现将磷化渣含量的测定方法介绍如下。

用锥形量筒测定磷化湿渣体积：取搅拌均匀的槽液置于 1000mL 锥形量筒中（至满刻度），每隔 15min 读一次磷化渣量，两次读数之差代表沉降速率，30min 读数代表磷化湿渣含量（一般要求控制在 5mL 之内）。

九、磷化膜重量的测定

1. 测定方法

（1）仪器　分析天平，电炉，烧瓶（视样板大小而定，一般为 1000mL）。

（2）试剂　CrO_3。

（3）测定方法　配置质量分数为 5% 的铬酸酐溶液 1000mL，置于烧瓶中，加热至 75℃，将干燥的磷化样板称重，记下读数（A），然后浸入上述的铬酸酐溶液中，待 10min 后取出洗净，烘干，冷却后称重，记下读数（B）。

2. 结果计算

$$磷化膜重量(g/m^2) = (A - B) / 样板面积$$

第二节　化学处理中出现的质量问题及相应对策

一、脱脂中常见的质量问题及解决方法

在脱脂过程中，常见的质量问题、原因分析及解决方法见表1-1。

表1-1　脱脂中常见的质量问题、原因分析及解决方法

质量问题	原因分析	解决方法
脱脂效果不佳	1. 脱脂剂选择不当	1. 根据油污情况，更换脱脂剂。沾污动植物油的工件，应选择强碱性脱脂剂；沾污矿物油的工件，应选择表面活性剂乳化型脱脂剂；沾污半固态油脂的工件，应选择溶剂性脱脂剂等
	2. 脱脂工艺选择不当	2. 采用二次脱脂工艺，为确保脱脂效果，可多级脱脂、多级清洗
	3. 表面油污过厚，脱脂不均匀	3. 一般应先进行手工预擦洗，先除去工件上严重的油污、灰尘、泥沙等
	4. 脱脂时间过短	4. 延长脱脂时间
	5. 脱脂温度偏低	5. 提高脱脂温度
	6. 脱脂剂浓度偏低	6. 按照使用要求提高脱脂剂浓度至工艺范围
	7. 机械作用力不够	7. 提高喷射压力，在浸渍槽装备循环泵，使循环量为槽液容积的5倍；加大工件的搅动或摇动
	8. 喷嘴堵塞，流量不足	8. 定期清理喷嘴
	9. 工作液中含油量太高	9. 定期更换槽液，采用二槽或多槽清洗
	10. 脱脂后水洗不彻底	10. 加强水洗，水洗水要连续溢流
工作液泡沫高	1. 温度过低	1. 提高温度至工艺要求的范围
	2. 循环泵密封处磨损，进入空气	2. 更换泵的密封材料，最好选用立式泵
	3. 脱脂剂选择不当	3. 更换脱脂剂，选用低泡或无泡型新型脱脂剂
	4. 喷射压力过高	4. 降低喷射压力，调整喷嘴位置
	5. 没有采用消泡工艺	5. 采用消泡剂，如醇类、硅油类、聚醚等

（续）

质量问题	原因分析	解决方法
水洗槽泡沫过多	1. 水洗槽溢流量太小 2. 循环泵密封处磨损，进入空气 3. 槽液使用时间过长	1. 加大溢水流量 2. 更换泵的密封材料，最好选用立式泵 3. 定期更换槽液
水洗槽碱度过高	1. 碱槽向水洗槽窜入溶液 2. 零件带太多的碱液进入水洗槽 3. 水洗槽的溢流量太小 4. 槽液使用时间过长	1. 改造设备，避免窜液 2. 改变装挂形式，延长滴液时间 3. 加大溢流量 4. 定期更换槽液
工件水洗后生锈	1. 工序间隔时间过长 2. 工件在水洗段时间过长	1. 工序间增加喷湿 2. 工件不允许在水洗段长时间停留，否则应加缓蚀剂，例如质量分数为0.05%的重铬酸钠等

二、磷化溶液酸度的影响

1. 总酸度的影响

总酸度（TA）也称为全酸度，它是反映磷化溶液浓度的一项指标，是指磷化溶液（如锌系）中Zn^{2+}、Fe^{2+}、H^+、$H_2PO_4^-$、HPO_4^{2-}等各种离子浓度的总和。控制总酸度的目的在于保持磷化溶液中成膜离子的浓度在规定的工艺范围内。

总酸度过低意味着磷化成膜的离子浓度过低，生成磷化膜所需要的时间就比较长，或生成不完整的磷化膜。一般来说，提高磷化溶液的总酸度，磷化反应的速度加快，且形成的磷化膜薄而细致。但总酸度过高，会使磷化膜层过薄，反应时生成的残渣量也会增多。随着磷化工件数量的增加，总酸度会不断消耗而降低，因此应及时补加磷化粉或浓缩液，以保持总酸度在工艺范围内。当总酸度过高时，可加入氧化锌来调整。总酸度过低时，磷化反应速度慢，且磷化膜层厚而粗糙，可加入硝酸锌来调整。

2. 游离酸度的影响

游离酸度（FA）是指磷化溶液中游离H^+的浓度，由磷酸和其

他酸电离而生成，反映磷化溶液中游离磷酸的量。游离酸度促使工件溶解，以形成较多的晶核，使磷化膜层结晶细致。

磷化溶液中游离酸度过高，磷化反应速度慢，磷化膜成膜时间延长，且磷化膜层晶体粗大多孔，耐蚀性能将降低，同时亚铁离子增多，磷化溶液中的沉淀也将增加。游离酸度过高时，可用氧化锌、碳酸钠或氢氧化钠中和。加入上述药品 0.5 ~1g/L，游离酸度可降低 1 个点。若游离酸度无明显下降，则表明磷化溶液中含有较高的磷酸锌盐，这时可采用稀释的方法冲淡磷化溶液。游离酸度过低，磷化膜层薄，甚至不能形成磷化膜，这时可加磷酸二氢盐来调整。

在使用过程中，在总酸度不变的前提下，游离酸度都会有小幅度的升高，所以需要注意按照工艺需要进行控制，例如加入碱进行调整。

3. 酸比的影响

酸比是指总酸度与游离酸度的比值。这个比值与磷化时间及磷化温度均成反比。酸比增大，H^+ 的浓度降低，成膜离子浓度升高，磷化速度加快，成膜时间缩短，但残渣量增大；而酸比过低时，磷化不完全，还会产生黄色的锈蚀产物。表 1-2 为酸比对磷化质量的影响。

表 1-2　酸比对磷化质量的影响

样板	总酸度/点	游离酸度/点	酸　比	成膜情况
1	88.7	3.5	25.34	淡灰色、膜层致密细腻
2	76.4	5.5	13.89	淡灰色略暗，膜层致密
3	40.5	6.3	6.43	暗灰色，泛黄，膜层不连续

在生产实践中，由于磷化溶液的技术配方是确定的，因此酸比也相应确定，所以，往往只需监测总酸度和游离酸度的值即可。表 1-3 为在生产过程中磷化溶液的游离酸度及酸比的变化，需要注意调整。

表 1-3　不同情况下磷化溶液的游离酸度及酸比的变化

变化情况	游离酸度的变化	酸比的变化
无工件的时候持续加热	增高	变小
磷化负荷率变小	增高	变小
清洗加热器操作中混入酸	增高	变小
预处理操作中混入碱	降低	变大
加入 $NaNO_2$ 型促进剂过多	降低	变大
用 H_2O_2 清除铁	增高	变大

三、磷化溶液组成的影响

1. 锌离子（Zn^{2+}）

它能加速磷化反应，使磷化膜层较细致和呈现闪光。磷化溶液含锌离子浓度高时，可在较宽的温度范围使用，这对中温和常温磷化是非常重要的。锌离子浓度低时，形成的磷化膜疏松和发暗。锌离子含量过高时，形成的磷化膜晶粒粗大，晶体排列紊乱，膜脆且呈白灰色。

2. 二价铁离子（Fe^{2+}）

二价铁离子（又称亚铁离子）在高温磷化溶液中不稳定，易被氧化成三价铁离子，并生成磷酸铁沉淀，使磷化溶液浑浊，游离酸度升高。此时磷化溶液如不加校正便不能使用。而在中温和常温磷化溶液中，含有一定量的亚铁离子，则能提高磷化膜的厚度、机械强度和防腐蚀能力。磷化溶液允许的工作范围也较宽。但亚铁离子亦易氧化成三价铁离子而沉淀出来，形成磷酸铁后，溶液呈乳白色时，磷化膜质量低劣。若溶液中含 有 0.01～0.03g/L 的氧化氮，亚铁离子可以相对地稳定，这时溶液中含少量的 Fe（NO）$^{+}$ 配离子呈棕绿色。当溶液温度不超过 70℃和含有一定量的锰离子及较高的硝酸根时，Fe（NO）$^{2+}$ 离子可以比较稳定。

磷化溶液中含二价铁离子量过高时，会使常温磷化膜不仅防腐蚀能力降低，而且磷化膜的耐热性能也变差；会使中温磷化膜晶粒粗大，表面浮现白灰色，防腐蚀能力降低。一般在中温磷化溶液中

二价铁离子控制在1~3.5g/L，常温磷化溶液中控制在0.5~2g/L为宜。过多的二价铁离子可用双氧水除去，每消耗30%的双氧水1mL和氯化锌0.5g，可以降低二价铁离子约1g。

3. 锰离子（Mn^{2+}）

磷化溶液中含锰离子，可以提高磷化膜的硬度、附着力和耐腐蚀性能，还可以使磷化膜结晶均匀、颜色加深。但在中温磷化溶液中锰离子含量不宜过高，宜保持在$Zn^{2+}:Mn^{2+}=1.5:1\sim2:1$。锰离子含量过高时，磷化膜不易形成。

4. 五氧化二磷（P_2O_5）

它的作用是加快磷化反应速度，使磷化膜致密和晶粒呈现闪光。它是由磷酸二氢盐产生的，其含量低时，磷化膜的致密性和耐腐蚀性都较差，甚至难以形成磷化膜，其含量过高时，磷化膜附着力差，结晶排列紊乱，膜层表面浮现白灰色。

5. 硝酸根（NO_3^-）

磷化溶液中含硝酸根，可以加快磷化反应速度，在较低的温度下进行磷化处理，且可提高磷化膜结晶的致密性。硝酸根在适当条件下能与铁发生反应生成一氧化氮，可使二价铁离子稳定，从而提高磷化膜的质量。硝酸根含量过高时，会使高温磷化膜变薄；会使中温磷化液中积聚过多的二价铁离子，使磷化膜恶化；会使常温磷化膜易于出现黄色锈迹。

6. 亚硝酸根（NO_2^-）

亚硝酸根可使常温磷化反应速度加快，提高磷化膜的致密性和耐腐蚀性。亚硝酸根含量过高时，会使磷化膜表面出现白点。

7. 氟离子（F^-）

氟离子是起活化剂的作用，可加速磷化晶核的形成，使磷化膜结晶致密，耐腐蚀性提高，对常温磷化尤为重要。但氟化物过多时，常温磷化溶液的使用寿命缩短，中温磷化膜表面常浮现白灰色。

8. 杂质的影响

磷化溶液中含有硫酸根、氟离子、铜离子对磷化过程和磷化膜均有一定的不良影响。硫酸根（SO_4^{2-}）会减慢磷化反应速度，使磷化膜晶粒粗大多孔，白灰色增多，耐腐蚀能力降低，磷化溶液中硫

酸根含量应控制在0.5g/L以下。硫酸根含量过高时，可以用硝酸钡来沉淀，用2.72g硝酸钡可以沉淀出1g硫酸根。氯离子（Cl^-）的危险性与硫酸根相似，在磷化溶液中氯离子含量宜控制在0.5g/L以下，氯离子含量过高时可用硝酸银沉淀，多余的银离子用铁屑置换除去。磷化溶液中含有铜离子（Cu^{2+}）时，磷化膜层发红，耐腐蚀性能力降低，铜离子可用铁屑置换除去。

四、磷化中常见的质量问题、原因分析及解决方法

磷化中常见的质量问题、原因分析及解决方法见表1-4。

表1-4　磷化中常见的质量问题、原因分析及解决方法

序号	质量问题	外观现象	原因分析	解决方法
1	无磷化膜或磷化膜不易形成	工件整体或局部无磷化膜，有时发蓝或有空白片	1. 工件表面有硬化层	1. 改进加工方法或用酸洗、喷砂去除硬化层，达到表面处理要求
			2. 总酸度不够	2. 补加磷化剂
			3. 处理温度低	3. 升高磷化溶液温度
			4. 游离酸度太低	4. 补加磷化剂
			5. 脱脂不净或磷化时间偏短	5. 加强脱脂或延长磷化时间
			6. 工件表面聚集氢气	6. 翻动工件或改变工件位置
			7. 磷化溶液比例失调，如P_2O_5含量过低	7. 调整或更换磷化溶液
			8. 工件重叠或工件之间发生接触	8. 注意增大工件之间间隙，避免接触
2	磷化膜过薄	磷化膜太薄、结晶过细或无明显结晶，耐蚀性能差	1. 总酸度过高	1. 加水稀释磷化溶液
			2. 磷化时间不够	2. 延长磷化时间
			3. 处理温度过低	3. 升高处理温度
			4. 促进剂浓度高	4. 停止添加促进剂
			5. 工件表面有硬化层	5. 用酸洗或喷砂清理，达到表面处理要求
			6. 二价铁离子含量低	6. 插入铁板，并检测总酸度或游离酸度变化情况
			7. 表调效果差或表调失效	7. 更换或添加表调剂

（续）

序号	质量问题	外观现象	原因分析	解决方法
3	磷化膜结晶粗大	磷化膜结晶粗大、疏松、多孔、表面有水锈	1. 工件未清洗干净 2. 工件在磷化前生锈 3. 二价铁离子含量偏低 4. 游离酸度偏低 5. 磷化温度低 6. 工件表面产生过腐蚀现象	1. 加强磷化前工件的表面预处理 2. 除锈水洗后减少工件在空气中的暴露时间 3. 提高二价铁离子的含量，补加磷酸二氢铁 4. 加入磷酸等，提高游离酸度 5. 提高磷化溶液温度 6. 控制除锈时间或更换除锈剂
4	磷化膜挂灰	磷化膜干燥后表面有白色粉末	1. 磷化溶液含渣量过大 2. 酸比太高 3. 处理温度过高 4. 槽底沉渣浮起黏附在工件上 5. 工件表面氧化物未除净 6. 磷化溶液中氧化剂含量过高，总酸度过高	1. 清除槽底残渣，并应定期过滤 2. 补加磷化剂 3. 降低磷化处理温度 4. 静置磷化熔液并翻槽 5. 加强酸洗并充分水洗 6. 停止加入氧化剂，调整酸比
5	磷化膜发花	磷化膜不均匀，有明显流挂痕迹	1. 脱脂不干净 2. 表调剂效果不佳或已经失效 3. 磷化溶液喷淋不均匀 4. 工件表面钝化 5. 磷化温度低	1. 加强脱脂或更换脱脂剂 2. 更换或补充表调剂 3. 检查并调整喷嘴 4. 加强酸洗或喷砂 5. 提高磷化温度
6	磷化膜发黑	磷化膜局部呈黑条状，膜层发黑且粗糙	1. 促进剂浓度太低 2. 酸洗过度	1. 补加促进剂 2. 控制酸洗时间

（续）

序号	质量问题	外观现象	原因分析	解决方法
7	磷化膜表面生锈	磷化后工件表面产生黄色锈斑或锈点	1. 磷化膜晶粒过粗或过细，使耐蚀性降低 2. 游离酸含量过高 3. 工件表面过腐蚀 4. 溶液中磷酸盐含量不足 5. 工件表面有残酸 6. 磷化槽沉淀多，已堵塞喷嘴 7. 处理温度低 8. 设备有故障，如喷淋压力过大、喷嘴方向不当等	1. 调整游离酸度与总酸度的比例 2. 降低游离酸含量，可补加氧化锌或氢氧化锌 3. 控制酸洗过程 4. 补充磷酸二氢盐 5. 加强中和和水洗 6. 检查喷嘴并进行清理，检查磷化槽沉淀量 7. 提高处理温度 8. 逐一检查设备调整至正常工作状态
8	磷化膜发红	磷化膜发红，但不是锈	1. 铜离子渗入磷化液 2. 酸洗液中的铁渣附着	1. 最好不用铜挂具；铜离子可用铁屑置换除去或用硫化处理，调整酸度 2. 加强酸洗过程的质量控制
9	磷化膜呈彩虹花斑	用指甲划过无划痕，对光观察呈彩虹色	1. 促进剂浓度过高 2. 促进剂分布不均匀 3. 脱脂不彻底	1. 停加促进剂 2. 充分搅拌使促进剂分布均匀 3. 补加脱脂剂
10	磷化溶液变黑	磷化溶液变黑变浑浊	1. 溶液温度低于工艺规定温度 2. 溶液中二价铁离子过量 3. 溶液总酸度过低	1. 暂停磷化，升高溶液温度至沸点，保持1～2h，并用空气搅拌，直到磷化溶液恢复原色 2. 添加氧化剂，如高锰酸钾等 3. 补充硝酸锌，提高溶液总酸度

（续）

序号	质量问题	外观现象	原因分析	解决方法
11	磷化膜发蓝	磷化膜部分表面产生紫蓝色彩	1. 表调剂的pH值不在工艺范围 2. 表调与磷化间隔区的水雾喷嘴堵塞 3. 磷化溶液中锌离子含量不足 4. 磷化溶液中促进剂含量不够	1. 补加表调剂或补加Na_2CO_3，提高pH值 2. 检查、清理水雾喷嘴 3. 补加磷化溶液或补加硝酸锌 4. 补加促进剂
12	涂膜起泡	涂装后，涂膜发生起泡现象	1. 磷化后水洗不充分 2. 清洗水被污染 3. 纯水的水质不好 4. 吊架或传送带上有滴落水	1. 检查喷嘴和水洗方法 2. 增加供水量，控制清洗水的电导率在150μS/cm以下 3. 控制纯水的电导率在5μS/cm以下 4. 消除这类滴落水

第三节　磷化处理

磷化处理是大幅度提高金属表面涂膜耐蚀性的一种简单、低廉、有效的工艺方法。由于其操作简便、设备简单、所有材料绝大部分为无机盐类，因此被广泛地用作涂膜的底层处理。

所谓磷化处理，是指把金属表面清洗干净，在特定的条件下，让其与含磷酸二氢盐的酸性溶液接触，发生化学反应，生成一层稳定的不溶的磷酸盐保护膜层的一种表面化学处理方法。此法目前已在汽车涂装表面处理方面得到了广泛应用。磷化处理因其是作为涂装前表面预处理，在制品的外观上看不到，因此容易被人们忽视。但是实际上应充分认识到涂膜质量的好坏与涂装前表面预处理有着十分密切的关系。

一、磷化处理原理

磷化处理原理可用过饱和理论来解释。即构成磷化膜的离子积

达到该种不溶性磷酸盐的溶度积时，就会在金属表面沉积形成磷化膜。现在使用的磷酸盐大致有磷酸锌系、磷酸锰系、磷酸铁系。也有在磷酸盐锌系中加入镍、锰及钙的情况。随着时代的进步，现代的磷化处理方法得到了很大改进，处理温度可以在常温至沸腾的状态范围内选择。

磷化处理材料主要成分是能溶于水的酸式磷酸盐。现将磷酸锌系膜与磷酸铁系膜的反应原理及特性分别加以说明。

1. *磷酸锌系膜（磷酸锰系膜与之相同）*

磷酸锌系膜磷化溶液由表1-5物质组成。

表1-5　磷酸锌系膜磷化溶液的基本组成

游离酸（H_3PO_4）	——→	FA 游离酸度
磷酸锌［Zn（$H_2PO_4)_2$］	——→	TA 总酸度
氧化剂（O）	——→	AC 促进剂含量

当被处理物为钢铁时，其化学反应如下：

$$Fe \longrightarrow + 2H_3PO_4 \longrightarrow Fe(H_2PO_4)_2 + H_2\uparrow \qquad (1\text{-}1)$$

这时钢铁表面与磷化溶液接触的界面处酸度下降，pH值升高，导致磷酸根各级离解平衡向右移动。当钢铁表面附近磷化溶液中的金属离子（如Zn^{2+}、Ca^{2+}、Mn^{2+}、Fe^{2+}）浓度与PO_4^{3-}离子浓度的乘积达到溶度积时，不溶性磷酸盐结晶，如Zn系磷化中的$Zn_3(PO_4)_2\cdot 4H_2O$和$Zn_2Fe(PO_4)_2\cdot 4H_2O$就会在钢铁表面上沉积并形成晶核，随着晶核的增多和晶粒的增长，生成连续的不溶于水的磷化膜，反应式为

$$\underset{\text{（磷化溶液主要成分）}}{4H_2O + 3Zn(H_2PO_4)_2} \longrightarrow \underset{\text{（磷化膜成分）}}{Zn_3(PO_4)_2\cdot 4H_2O} + 4H_3PO_4 \qquad (1\text{-}2)$$

$$\underset{\text{（磷化溶液主要成分）}}{4H_2O + Fe(H_2PO_4)_2 + 2Zn(H_2PO_4)_2} \longrightarrow \underset{\text{（磷化膜成分）}}{Zn_2Fe(PO_4)_2\cdot 4H_2O} + 4H_3PO_4 \qquad (1\text{-}3)$$

当被处理物为锌时，由于没有 Fe 的供给源，磷化膜仅为式（1-2）所示的磷酸锌［$Zn_3(PO_4)_2 \cdot 4H_2O$］。当被处理物为钢铁时，磷化膜由磷酸锌与式（1-3）所示的磷酸锌铁［$Zn_2Fe(PO_4)_2 \cdot 4H_2O$］的混合物组成。

溶解反应中产生的 Fe 离子，一部分参与成膜，形成 $Zn_2Fe(PO_4)_2 \cdot 4H_2O$ 被消耗掉，而剩余的则残留在溶液中，使磷化膜的生成反应很难顺利进行。通常就在磷化溶液中预先添加氧化剂，把剩余的 Fe 离子氧化成 Fe^{3+}。Fe^{3+} 与 PO_4^{3-} 结合生成溶度积很小的 $FePO_4$，成为沉渣沉淀出来，并迅速从反应系统中清除出去，从而使磷化膜生成反应顺利进行。普遍采用的氧化剂有：NO_2、NO_3、ClO_3、BrO_3、H_2O_2、过氧化硼、有机硝基化合物等。

2. 磷酸铁系膜

磷酸铁系膜大致分为如下两种：

1）以磷酸氢钠（Na_2HPO_4）（也可使用钾盐或氨盐）为主要成分，其中加入作为氧化剂的是 NO_2、NO_3、ClO_3 等。

关于磷化膜的生成原理说明如下：因为磷化材料主要成分为碱金属的酸式磷酸盐，它们的正盐全部都是溶于水的，不能像上述锌系、猛系生成不溶性锌、锰正磷酸盐的磷化膜，只能生成磷酸铁和氧化铁。以钠盐为例，其化学反应如下：

$$\underset{\text{(被处理物)}}{4Fe} + \underset{\text{(磷化溶液主要成分)}}{8NaH_2PO_4} + 4H_2O + \underset{\text{(氧化剂)}}{2O_2} \longrightarrow 4Fe(H_2PO_4)_2 + 8NaOH \quad (1\text{-}4)$$

$$2Fe(H_2PO_4)_2 + 2NaOH + 1/2\ O_2 \longrightarrow 2FePO_4 + 2NaH_2PO_4 + 3H_2O \quad (1\text{-}5)$$

$$2Fe(H_2PO_4)_2 + 6NaOH + 1/2\ O_2 \longrightarrow 2Fe(OH)_3 + 2NaH_2PO_4 + 2Na_2HPO_4 + H_2O \quad (1\text{-}6)$$

$$2Fe(OH)_3 \longrightarrow Fe_2O_3 + 3H_2O \quad (1\text{-}7)$$

综合式（1-4）~式（1-7）可得

$$4Fe + 4NaH_2PO_4 + 3O_2 \longrightarrow \underset{\text{(磷化膜成分)}}{2FePO_4 + Fe_2O_3} + 2Na_2HPO_4 + 3H_2O \quad (1\text{-}8)$$

由式（1-8）可知，磷酸铁系膜由磷酸铁和氧化铁构成。由于使用的氧化剂种类和使用量不同，其构成比率会有变化。磷化溶液为酸性，但其 pH 值比磷酸锌的磷化溶液高，为 pH4.5 ~6。

2）另有一种极为简单的生成磷酸铁的方法，即把钢铁浸于稀的磷酸水溶液中，或将这种溶液喷洗或涂刷在钢铁表面，在清除氧化膜的同时，即在钢铁表面生成一层极薄的磷化膜。铁系磷化膜成分简单、价格低廉、维护管理容易。但是，由于这种磷化膜的性质与前者相比十分低劣，因此此法仅限于特殊场合应用。

3. 磷酸锌系膜的特性

磷酸锌系膜质量、结晶形状、结晶大小、磷化膜组成和附着力等均与涂装后性能有关。因此，可以从磷化膜特性推测涂装后涂膜的质量。

（1）磷酸锌膜质量及结晶形状　磷酸锌膜质量，由膜的结晶形状、膜厚及孔隙率决定。孔隙率一定的柱状结晶，磷化膜越厚，膜层的质量越大。但是膜层厚度一定时，孔隙率较小的柱状结晶比孔隙率较大的柱形结晶的磷化膜质量也较大些。

作为电泳涂装的底层，以孔隙率较小的柱状结晶或者粒状结晶、且膜层厚度不太大的磷化膜，有较好的涂膜附着性及优良的耐蚀性。

（2）结晶大小　磷化膜由浸渍式处理所得，其结晶较喷雾式处理所得的结晶更微细。图 1-1 为不同的处理方法所生成的磷化膜结晶。

喷雾式处理所得磷化膜结晶厚度为 5 ~50μm，而浸渍式处理所得磷化膜结晶厚度为 2 ~10μm。浸渍式处理，由于表面调整效果、磷化溶液组成和处理温度的控制，可使磷化膜结晶更加细微。磷化膜结晶越微细，其结晶间孔隙则越小越少，因此抑制腐蚀的效果也越好。

（3）磷化膜组成　钢铁表面的磷酸锌系膜由 $Zn_3(PO_4)_2 \cdot 4H_2O$ 与 $Zn_2Fe(PO_4)_3 \cdot 4H_2O$ 组成，分别以 H 及 P 代号表示。P/P + H 值，即表示磷化膜中之组成比，一般称其为 P 比。P 比随着磷化溶液中 Zn 含量及处理面接触磷化溶液的条件而变

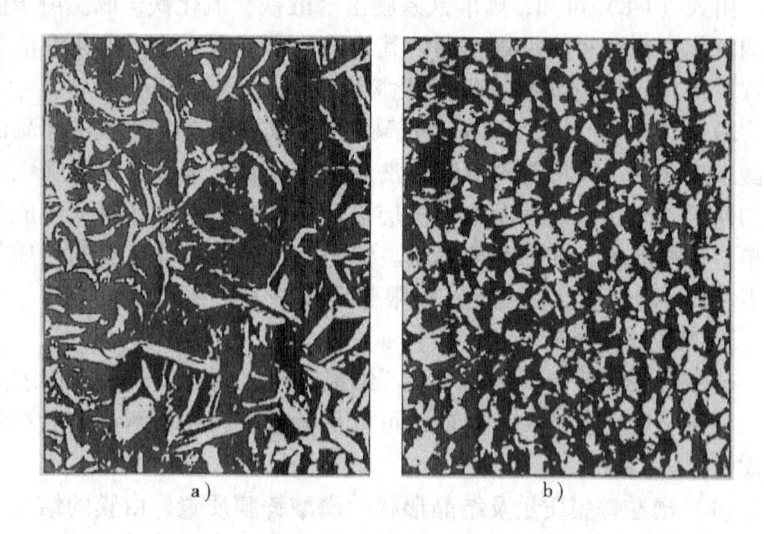
a)　　　　b)

图 1-1　不同的处理方法所生成的磷化膜结晶
a）喷雾式处理　b）浸渍式处理

化，即磷化反应初期，当处理方式为喷雾式时，由基材所溶出的 Fe 马上被喷液冲走；而浸渍式处理时，由基材所溶出的 Fe 可能形成磷化膜中的成分，而较易形成 P 膜。

磷酸盐的耐碱性由 P 比支配。P 比越高的磷化膜在碱性溶液中的溶解量越小。高 P 比结晶的磷化膜对于碱性溶液具有较强的抗溶解能力，而且由实验证明，其二次物性和碎石打击试验的效果也较好。

（4）磷化膜附着力　P 比高，磷化膜结晶细小，二次结晶少的磷化膜与基材嵌入紧密，因而附着力大。附着力高的磷化膜，涂装后与涂膜的附着力和耐蚀性也因此比较好。

二、影响磷化膜质量的因素

影响磷化膜质量的因素主要有磷化处理的各种工艺参数、磷化处理设备、促进剂的选用以及被处理钢材的表面状态等。

1. 磷化工艺参数的影响

（1）酸度的影响　磷化溶液的总酸度过低，对磷化膜必然有影

响。因为磷化溶液中成膜离子的含量在磷化过程中会因消耗而含量下降，所以必须及时补充浓的磷化溶液。

磷化溶液游离酸度过高或过低，对磷化膜也会产生不良影响。游离酸度过高，不能成膜；游离酸度过低，则磷化溶液稳定性变差。因为磷化溶液反应 H^+ 的含量，直接影响磷化溶液中磷酸二氢盐的离解度。使用中总有小幅度升高，必须缓缓加入碱溶液进行中和。充分搅拌磷化溶液是必要的，否则会有沉渣达不到中和调整的目的。

在磷化过程中，总酸度和游离酸度总是成对出现的，单独控制其一是没有意义的，其搭配是产生磷化膜的先决条件。只有将总酸度与游离酸度的比值维持在工艺要求的范围之内，才能生成磷化膜。

（2）磷化处理温度的影响　磷化处理温度也是能否成膜的一个关键因素。不同的配方，都有不同的温度范围。因为磷酸二氢盐的离解度，随着温度的升高而增高。实际上，温度控制着磷化溶液中的成膜离子含量。一旦选定配方之后，一定要严禁控制磷化溶液温度，温度的变化越小越好。

（3）磷化时间的影响　磷化时间是根据不同配方而规定的，磷化时间过短，不能生成致密的磷化膜；磷化时间过长，在已生成的磷化膜上继续生长结晶，可生成粗厚膜，但表面疏松。

2. 磷化处理工艺流程的影响

磷化处理工序流程：预清理、脱脂、表调、磷化、钝化以及各工序之间的水洗，有的还包括水洗后烘干。磷化前预处理设备主要有：加料系统、加热系统、除渣和脱脂系统、循环喷射系统等，其运行状态的好坏均可使磷化膜质量出现问题。在生产中每天需检测和控制各种工艺参数，严格按工艺规范要求进行，并及时对磷化设备进行维护，以保证其处于良好的运行状态。

由于喷射法处理后的工件的内腔不能生成磷化膜，故现在多采用浸渍式进行磷化。磷化后的钝化处理，是采用含铬的酸性水溶液处理。这样处理后可进一步提高磷化膜的耐蚀性。磷化后的钝化处理和磷化后的烘干处理，都可在一定程度上提高涂膜的耐蚀性能。

烘干磷化膜可提高涂膜耐蚀性的原因，是因为磷化膜烘干后可除去结晶水，从而可避免烘干时在涂膜下的结晶水穿过涂膜外移。

3. 促进剂的影响

促进剂是快速提高磷化膜质量的一个必不可少的成分。磷化溶液中的促进剂，主要是指某些氧化剂。其主要作用是加速 H^+ 在阴极的放电速度，可加快磷化第一阶段的酸蚀速度，即

$$2H^+ + 2e \longrightarrow H_2\uparrow$$

若不在反应中添加一些有效物质，则阴极析出的 H_2 滞留会造成阴极极化，使反应不能继续进行。所以，氧化剂正是起着阴极去极化的作用而加速此反应进行。

4. 被处理钢材表面状态的影响

在生产实际中，由于钢材表面的质量好坏对磷化处理非常重要。例如，表面氧化膜的厚度直接影响磷化效果，钢板表面的结晶方位不同也影响磷化膜性能，冷轧钢板和镀锌钢板对磷化效果也会产生很大差异。所以，生产中应尽量采用相同的底材，并将钢材表面上的油污、锈蚀除净，否则将不能生成质地优良的磷化膜。

5. 磷化处理设备的影响

1）常用的磷化前预处理设备类型较多，可分为一室多工序和一室一工序两大类。浸渍式槽体基本上由主槽和溢流槽两部分组成。主槽为船形槽，适用于连续生产。主槽为矩形槽，适用于间歇生产。溢流槽可控制主槽中槽液的高度、排除槽中飘浮物以及保证槽液的不断循环。

2）槽液的循环搅拌装置用来循环槽液，以便不断更新与工件表面相接触的槽液，从而保证槽液含量均匀和温度恒定。

3）槽液的加热装置，是利用热源将槽液加热到工作温度，并在工作时维持槽液温度在一定范围内。可分为直接蒸汽加热、间接蒸汽加热、电热管加热、外槽加热等加热方式。

4）在预处理过程中会产生有害气体，应设置通风装置，可采用顶部和侧部通风装置。

5）喷射式预处理设备，主要包括储液槽、泵、喷射系统、通风

系统以及包覆喷射系统的壳体等。其加热装置与浸渍式设备基本相同。其通风装置可将有害气体排出设备之外。

6）其他配套相关装置，包括磷化除渣装置，脱脂槽油水分离装置，槽外加热装置，磷化加热器，酸洗装置，自动补加溶液装置，脱脂、水洗及过滤装置，运输链防滴落保护装置和水分烘干室等。

在生产过程中，必须熟练掌握各种设备的操作技术，才能取得预期的效果。在使用这些设备过程中，要注意正确的维护保养，严格按照工艺要求进行操作。

第四节　金属腐蚀与防护

金属表面与其周围介质发生的化学或电化学反应，使金属遭到破坏，称为金属腐蚀。金属遭受腐蚀的现象是非常严重的。腐蚀使金属失去本来面目，设备的力学性能下降，仪器、仪表丧失精度而报废，世界上每年因腐蚀造成的钢铁损失可达到钢铁产量的1/4～1/5，足见腐蚀的惊人程度。我国是一个发展中国家，腐蚀与防护技术与工业发达国家相比尚有一定的差距，尽管国家不断采取各种有力措施，但仍比工业发达国家的腐蚀损失要高。因此，要充分认识金属腐蚀给国民经济造成的巨大损失，应当作一项重大的难关来攻克，不断地研究它、征服它，力争把腐蚀的损失减小到最低程度。

一、金属腐蚀分类

金属是以稳定状态的氧化物、硫化物、碳酸盐等物质存在于大自然的矿石之中，经开采、冶炼得到较纯金属。金属不是十分稳定的，它与大自然中的水、氧接触，会使其表面发生氧化-还原反应，生成多种金属氧化物。氧、水与金属反应生成的这些金属氧化物有固态的、液态的和气态的，其物理化学性质对金属都是有害的，因为它们存在于金属表面可以加快金属的腐蚀过程。即使给金属提供各种较好的存放条件，若不采取防腐措施，也是无济于事的。金属在干燥条件中或理想环境中，只能降低或减缓腐蚀的进程。因此，

必须认真研究金属腐蚀机理，了解金属遭受腐蚀的过程、腐蚀的种类以及表现形式，以便有针对性地采取有效的防腐措施。

1. 金属腐蚀的种类

金属腐蚀的种类很多，依据腐蚀过程中表现的不同特点，可分为化学腐蚀和电化学腐蚀两大类。其腐蚀分类的含义如下：

（1）化学腐蚀　顾名思义，化学腐蚀就是金属表面在各种化学介质的作用下所受到的腐蚀，称为化学腐蚀。化学腐蚀又分为在气体中腐蚀和在不导电溶液中腐蚀。气体腐蚀是指干燥气体同金属相接触，使金属表面生成化合物，例如氧化物、氯化物、硫化物等。又如钢材在轧制、焊接、热处理过程中，因高温氧化而生成氧化皮。有时在常温下，放置一段时间后的电镀件表面光泽发暗等也属此类腐蚀。金属在不导电溶液中的腐蚀，是指金属在诸如石油、乙醇等有机溶剂中受到的腐蚀，是硫化作用的结果。

（2）电化学腐蚀　电化学腐蚀是金属与周围的电解质溶液相接触时，由于电流的作用而产生的腐蚀。电化学腐蚀是很普遍的，为人们所常见，其腐蚀原理与原电池一样。电化学腐蚀的表现形式很多，又可分为空气腐蚀、导电介质腐蚀和其他条件下的腐蚀，是金属在受到雨淋，或在各种酸、碱、盐类的水溶液中的腐蚀。其他条件下的腐蚀，是指地下铺设的金属管道、构件等，长期受到潮湿土壤中的多种腐蚀介质的侵蚀而遭到的腐蚀破坏。

2. 金属腐蚀的原因

金属腐蚀有外部原因和内部原因，但主要是内部原因起主要作用。

（1）金属腐蚀的内部原因　将各种金属相比较，越活泼的金属，它的电极电位负值越大，容易失去电子而溶入电解质溶液中，也就越容易被腐蚀。有的金属自身表面可生成氧化膜（例如铝及其合金等），能自身起保护作用。但氧化膜疏松易落，脱落后就起不到保护作用了。金属腐蚀的内部原因还有：

1）金属化学成分不稳定，含有杂质；或金相组织不均匀，结晶先后不同，先结晶部分不易腐蚀，后结晶部分易受腐蚀。

2）金属表面物理状态不均匀，切削加工后造成变形，应力分布

不均匀，例如棱角、边缘弯板折弯部位等处易受腐蚀。

（2）金属腐蚀的外界原因　金属表面受外界的种种影响而产生的腐蚀也是很严重的，概括起来有以下原因：

1）湿度引起的腐蚀：金属表面受到一定湿度的作用，例如金属表面上有水，就会产生腐蚀。水的来源有雨水，水蒸气以及材料或产品被水浸湿等，特别是用于湿热地区的产品，温度若达到60℃以上、湿度若达到65%～75%以上时，金属表面就会形成露水膜而使金属锈蚀。

2）污染物引起的腐蚀：大气中的灰尘甚多，灰尘落在金属表面，易结露造成腐蚀。大气中有害气体，例如 CO_2、SO_2、H_2S 等，其中 SO_2 与水反应后对金属的腐蚀尤为严重，而 H_2S 对有色金属腐蚀最为严重。

3）温度变化引起的腐蚀：四季温度变化、昼夜温度变化以及不同低气温等，都会因温度的变化而使金属表面腐蚀。例如夏季白天炎热，晚上温度下降；冬季将金属材料、产品由室外运至室内，温度由低变高等。上述情况都会使金属表面结露而加速腐蚀。

4）化学品引起的腐蚀：酸、碱、盐等化学物质对金属的浸渍，会使金属表面产生腐蚀。

5）加工污染引起的腐蚀：金属材料及其产品在切削加工、运输保管过程中，很难避免人为的和自然界造成的污染。例如切削加工前的各种工序处理不彻底，经酸、碱、盐处理后冲洗不干净，潮湿放置，水泥、灰尘的附着等，都会使金属腐蚀。

3. 金属腐蚀分类

按金属被腐蚀的原因进行分类是合理而科学的分类方法。腐蚀分类还有一些其他方法，但各种腐蚀现象互为因果，有时是几种腐蚀的联合，有时是综合反应的结果。根据金属腐蚀的现象和原因，可分为六种腐蚀类型：晶间腐蚀、电偶腐蚀、缝隙腐蚀和点蚀、积物腐蚀、电蚀、露点腐蚀。

（1）晶间腐蚀　组成金属微小晶粒四周发生的腐蚀现象称为晶间腐蚀。某些不锈钢或合金钢的焊接处，金属经一定时间缓慢加热与冷却的地方，以及所含的碳处于过饱和状态等，都容易发生晶间

腐蚀。加上不合理的加工工艺，使晶界区形成阳极，而一般晶粒内部则是阴极，从而导致晶间腐蚀的发生。

（2）电偶腐蚀　当两种金属互相接触且存在电解质水溶液时，就可能产生类似于电池作用的腐蚀现象，称为电偶腐蚀。电极电位较高的金属是阳极，阳极部分会被腐蚀，若阴极面积比阳极面积大，阳极就会很快腐蚀。

（3）缝隙腐蚀　缝隙腐蚀是比较普遍的，而且危害较重。

1）缝隙腐蚀的原因：金属由于毛细管作用，在缝隙中易于积存水分、电解质等，在缝隙内部的溶解氧与金属的接触面积大，易同金属反应而使缝隙内缺氧，而缝隙外部与外界接触，含氧量较多，于是就形成了氧浓度差电池，缝隙内部形成阳极，面积又小，因而腐蚀速度很快，而且缝隙腐蚀越来越深。腐蚀后的产物——铁离子的浓度在缝隙内外也不同，形成另一种浓差电池，此缝隙外部作为阳极，使缝隙越腐蚀越宽。钢铁表面生成的氧化膜可以作为阴极，铁本身作为阳极。如果氧化皮发生裂缝，铁就会发生电偶腐蚀，使裂缝加深。对于经钝化处理的钢管，这种现象的发生特别明显。

2）点蚀原因：金属表面局限在点或微小面积上的腐蚀，称为点蚀。也称为孔蚀或小孔腐蚀。这对不锈钢的危害极大。点蚀的原因类似于缝隙腐蚀，点蚀孔局部为阳极，点蚀外大面积金属氧化皮等为阴极。不锈钢的钝化膜若被破坏，就会引起点蚀。

（4）金属表面积物腐蚀　所谓积物腐蚀，包括积液、沉积固体物等两大类。故积物腐蚀包括：附着物腐蚀、残留液腐蚀、水垢腐蚀等几种类型。

1）积液腐蚀：金属设备的各个角落由于毛细管作用，易于积存各种液体，因为这种积液数量少，电解质浓度易于快速升高，液体pH值也会大起大落，因此加速了电化学腐蚀。露天堆放的钢铁设备遇雨后表面积水，停止运转的设备残液没有排净，海上船只的各个角落，都易于发生这类腐蚀。

2）沉积固体物腐蚀：包括金属设备上粘附的灰尘，锅炉中的水垢，水管中的多种沉积物等。沉积物部位成为阳极，易于加速腐蚀。水垢的裂缝易于产生浓度差电池腐蚀，还易于伴生缝隙腐蚀。

（5）电蚀　在地面的土壤中，通常存在各种可溶性电解质，农村用的硫酸铵化肥就是一例。又如有轨电车的钢轨和各种电气设备，为安全而接地的地线、无线电、收发报机、电视的发送和接收设备也都有接地的地线。这些地线盒把杂散的电流带到土壤中，使土壤中埋设的金属管道或其他地下金属设施成为阳极，它们的阳极区就会被杂散的电流所腐蚀，这种腐蚀称为电蚀，又称为电解腐蚀。电焊时接线不正确，引起的腐蚀最严重。尤其是在海上，因海水是强电解质，船舶及其他海上设施一旦漏电，其腐蚀要比土壤中严重得多。同一般腐蚀相比，电蚀的腐蚀速度快，，破坏严重。

（6）露点腐蚀　空气中的饱和水蒸气，其压力随着温度升高而增加，当没有水蒸气补充或大气压力不变时，如果空气温度降低，水蒸气达到饱和点，即空气中的水蒸气分压达到饱和水汽压时，则这时的温度称为露点。温度降到露点以下，空气中的水蒸气就凝结成露，由于液态水分的电化学腐蚀作用比水蒸气的腐蚀作用强得多，这就是露点腐蚀。如果金属表面的集尘中含有干燥的电解质，例如盐类，则该电解质溶于水中，可使露点腐蚀更加严重。通常露水珠滴小，体积多变，电解质浓度、pH 值易大起大落，并伴随浓差电池腐蚀和点蚀等腐蚀现象。

二、金属腐蚀原理

1. 原电池与腐蚀电池

（1）原电池　电化学腐蚀是指金属腐蚀的同时，伴随着产生电流的过程。为了了解电化学腐蚀的基本原理，可做这样的实验：把一块锌片与一块铜片浸在稀硫酸溶液中，然后用一根导线把锌试片、铜试片连接起来，并在导线中串联一个安培计、一个电阻，这时可以看到安培计上有一定的电流通过，且电流是从铜试片流向锌试片，即电子从锌试片流向铜试片，如图 1-2 所示。

上述电池中锌试片的电位比铜试片的电位负，所以当电池工作时，锌试片为负极，锌试片在硫酸溶液中发生了氧化反应，以 Zn^{2+} 状态进入溶液，这时电子便通过导线流向电位校正的铜电极（正极），在铜电极上发生还原反应而产生氢气。由此可见，铜试片上放

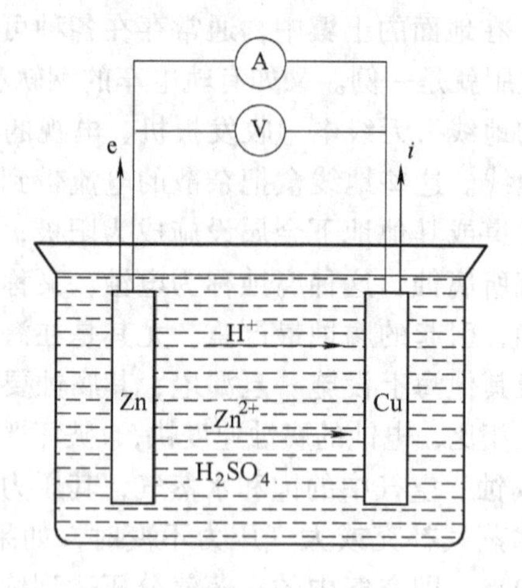

图 1-2　Zn – Cu 原电池

A – 安培计　V – 伏特计　e – 电子　*i* – 电流

出来的氢气不是铜试片与稀硫酸的化学反应，而是溶液中的氢离子在铜试片上获得了从锌试片上放出的电子，从而变成氢分子的结果。其化学反应式为

在锌试片上　　　　$Zn \rightarrow Zn^{2+} + 2e$

在铜试片上　　　　$2H^+ + 2e \rightarrow H_2 \uparrow$

最后，电极电位比铜低的会不断被消耗而腐蚀，整个化学反应式为

$$Zn + 2H^+ \rightarrow Zn^{2+} + H_2 \uparrow$$

即当电解液中任何两个电极电位不同的金属相连时，即可构成原电池。

（2）腐蚀电池　由于金属表面状态的不均匀性（化学组成的不均匀、物理状态的不均匀、化学成分的不均匀、浓度的差别）等，造成水膜下面金属表面不同区域的电位也不同，使各区域间产生电位差。将两个邻近的电位不同的区域连接在一起，由水膜作电解液传送离子，金属作为传送电子的导体，即形成了电的循环，这样就构成一个短路电池。金属表面可以形成许多许多这样的腐蚀微电池，金属就是这样被腐蚀电池的作用进行着腐蚀。在金属中，阳极上金

属给出的电子流向阴极。在水膜中，带正电荷的阳离子从阴极区经扩散移向阳极，它们相遇形成二次产物。全部过程，即从阴极上放出电子称为离子进入溶液，并在溶液中扩散；在金属体中电子由阳极流向阴极，并通过阳极过程被去极化剂取走，以及去极化剂的补充、供给等，如果不断的进行着，则腐蚀即继续进行。由此可见，在腐蚀电池的形成和变化全部过程中，实际上有两种类型的腐蚀原电池，即浓差电池（在钢铁表面有水滴时，由于氢气浓度不均匀造成的）和晶间差电池（在钢铁表面有同一溶液薄膜时，由于金属晶间组织和物理状态不均匀造成的），在腐蚀过程中通常是两种腐蚀同时进行，只是往往以一种过程的出现为主。

2. 电化学腐蚀原理

若把铁的试样浸渍在水中，特别是在电解质水溶液中，铁的表面总会有少量的铁原子溶解在水中称为铁离子，并发生下面的可逆反应，直至达到化学平衡为止，即

$$Fe \underset{还原}{\overset{氧化}{\rightleftharpoons}} Fe^{2+} + 2e \tag{1-9}$$

推广到一般金属（M），则有

$$M \underset{还原}{\overset{氧化}{\rightleftharpoons}} M^{n+} + ne \tag{1-10}$$

从上述反应式中可以看出，这里的正反应是铁（或金属）放出电子（e）而溶解为离子的反应，是氧化反应，电化学中称为阳极反应。此时铁成了阳极，受到电化学腐蚀作用。逆反应是还原反应，即铁离子接受电子而重新还原为金属铁的反应。这些电子所带的负电荷使铁和水溶液之间产生电位差，称为电极电位（$E°$），又称为电极电动势。在铁表面上发生阳极反应的地区，称为阳极区。显然，如果没有其他因素干扰（即不存在阴极区），当铁和水之间的电位差（电极电位）达到一定值时，这种可逆反应就能达到正向反应速度和逆向反应速度相等的平衡状态。至此，铁的腐蚀反应实际上就会自然停止。通常，水中总是或多或少地存在氢离子。

$$H_2O \rightleftharpoons H^+ + OH^- \tag{1-11}$$

纯水的氢离子浓度约为〔H^+〕$=10^{-7}$mol/L，通常用 pH 来表

示，即 $pH = -\lg[H^+] = -\lg 10^{-7} = 7$。在酸性溶液中 pH 值小于 7，在碱性溶液中 pH 值大于 7。因此，在水溶液中，铁极上金属原子所带的的电子可以和水中的氢离子结合而生成氢气，铁极上失去电子部分称为阳极区

$$2H^+ + 2e \rightleftharpoons H_2 \uparrow \tag{1-12}$$

铁等金属是能导电的，在阳极区表面失去了电子，就使阳极区表面的电子向阴极区流动，于是式（1-9）、式（1-10）不再平衡，阳极区的铁就继续不断地溶解成为铁离子，铁就继续被腐蚀。式（1-12）就是一种阳极腐蚀反应。在酸性溶液中的金属腐蚀现象，主要就是式（1-12）所表示的反应。pH 值越小，氢离子含量越高，式（1-12）反应越容易向右移动，则铁的腐蚀速度就越快。铁能在酸中置换氢，自己很快被腐蚀就是这个道理。如果 pH 值较高（例如在 10～12 之间），铁就难以被腐蚀。但 pH 值很高（如 pH 值大于 14）时，则高浓度的 OH^- 对铁也有一定的腐蚀作用，对铝腐蚀更大。在阴极还有第二个反应，即式（1-13）所表示的是含有氧气的水溶液中的阴极腐蚀反应

$$2H_2O + O_2 + 4e \rightleftharpoons 4OH^- \tag{1-13}$$

在含有水分的潮湿空气中，在含有溶解氧的水中，都会发生这种阴极反应。式（1-13）还说明氧气有两种作用：第一，使式（1-13）向右移动，生成氢氧根离子（OH^-）；第二，式（1-13）需要捕获大量电子，促使大量电子在金属内部自阳极向阴极流动。从而破坏了阳极的化学平衡，因而加快了铁的阳极腐蚀速度。这种过程称为去极化（也称为脱极化）。由于式（1-12）消耗了大量氢离子 H^+，而把许多氢氧根离子（OH^-）留在阴极附近，同时，在式（1-13）中，氧和水的反应又生成了一些氢氧根离子（OH^-）。这两种来源的氢氧根离子（OH^-），就与式（1-10）所生成的并存在于水溶液中的铁离子（Fe^{3+}）反应，生成溶解度很小的氢氧化铁〔$Fe(OH)_3$〕，并沉积在阴极上，也就是第三个阴极腐蚀反应，即

$$Fe^{3+} + 3OH^- \rightarrow Fe(OH)_3 \downarrow \tag{1-14}$$

在式（1-14）中，Fe^{3+} 来自阳极，OH^- 来自阴极，由于 OH^- 直径为

0.132nm，而 Fe^{3+} 直径只有 0.067nm，比较小的 Fe^{3+} 易于向阴极方向运动而沉积在阴极上。由此产生的氢氧化铁还易于脱水而生成三氧化二铁（Fe_2O_3），其化学反应式为

$$2Fe(OH)_3 \rightarrow Fe_2O_3 + 3H_2O$$

这种 Fe_2O_3 是铁锈的常见形式。阳极和阴极的两对反应，也会使单一金属发生腐蚀，其原因是金属的成分并不是很纯的，其中总是含有合金和杂质，即碳素钢中含有渗碳体，铸铁中含有石墨，其电极电位比铁高，只要存在电解质，金属就会发生腐蚀。不管是氧腐蚀还是氢腐蚀，阳极金属铁总是发生溶解

阳极　$2Fe - 4e = 2Fe^{2+}$

阴极　$O_2 + 2H_2O + 4e = 4OH^-$

其总化学反应式为

$$2Fe + O_2 + 2H_2O = 2Fe(OH)_2$$

$$4Fe(OH)_2 + 2H_2O + O_2 = 4Fe(OH)_3$$

介质中的 H^+、水中的氧气都引起电化学腐蚀。因此，电化学腐蚀机理与原电池的腐蚀机理基本类似，只要是具备了腐蚀电池的三个条件，即电位差存在、有电解质溶液、金属之间互相接触，就会产生腐蚀。

(1) 电极电位与金属腐蚀　只要测出金属在电解质溶液中的电极电位（用电位差计测量），就能了解被测金属的本来性质，即可知道是活泼金属，还是惰性金属，也就会了解金属遭到了腐蚀的程度了。其中，金属电极电位越负（负数的绝对值大）的金属，化学性质越活泼，越容易被溶入溶液中，遭到腐蚀越厉害；反之，电极电位负数的绝对值越小（即电极电位越正），则化学性质越稳定，活性越小。如果电极电位为正值，此金属是惰性金属，它不易失去电子，在电解质溶液中也不易被更多溶入溶液中，遭受腐蚀可能性就小。

在有水分的情况下，如果两种金属相互接触，则电极电位低（$E°$负值大）的金属就成了腐蚀电池的阳极，加速了自身的腐蚀，而电极电位（$E°$）较高的金属就成了阴极，受到了保护。例如，在铁上镀锌，锌就成了牺牲阳极，而铁成了阴极受到保护。反之，在铁上镀铜，铁就成了阴极，电极电位（$E°$）值越低，则氧化趋势越强，

电极电位（E°）值越高，还原趋势越强，电位高的一方总是得到电子，成为阴极，被还原；电位低的一方则失去电子，成为阳极，被氧化。上面所说的电极电位是指断路时的电位。实际上，金属表面的阴极与阳极之间通常存在着接通的电路，由于存在着电位差，电子从阳极流向阴极，因此生成了铁锈。由于电流的流动，阴极电位逐渐降低，阳极电位逐渐升高，这样阳极和阴极之间的电位差就逐渐减小，这种由于外电路电流流动而发生的电位变化的现象可达到接近相等的程度，此时的电位就是腐蚀电位，通常用 E_{cor} 表示。腐蚀电位所对应的电流（密度）叫腐蚀电流（“密度”二字通常省略），用 i_{cor} 表示，它们之间的关系是 $R_p = dE_{cor}/di_{cor}$。在这里 R_p 称为极化电阻，又称为极化阻力。如果极化电阻很小，腐蚀电流就会很强，腐蚀速度就会很高。相反，如果极化电阻很大（如在钢板上涂一层防锈涂料）那么，腐蚀电流就会大大减弱，使金属得到了保护。根据法拉第定律，因直流电通过而发生电解时，在电极上所释放出的物质的量正比于它所通过的电荷量〔电荷量为电流×时间，1C（库仑）=1A（安）×1s（秒）〕。如果通过的电荷量是96500C（精确数值为96486.70C），那么电解所释放出的物质的量就是1mol（摩尔）。若把法拉第定律应用于铁的电化腐蚀，因铁的相对原子质量为56，故二价铁离子的克当量为56/2=28。也就是说，如果在某一段时间内，因腐蚀电流的流动而通过了96500的电荷量，那么就会有28g铁被腐蚀。由此以1天=24h=3600s×24来计算，很容易算出。如果腐蚀电流 i_{cor} 为 $4\times10^{-7}A/cm^2$，那么因铁腐蚀而生成 Fe^{2+} 的平均速度为 $1mg/(dm^2\cdot d)$。然而实际上却没有这样简单，因为随着腐蚀产物的生成（生锈），极化电阻增加，腐蚀电流在减小，故腐蚀速度也在逐渐减慢。

（2）塔菲尔方程与金属腐蚀速度的测定　在上述腐蚀反应中，由于钢铁等金属是电的良好导体，其电阻通常很小，电子可以很迅速地在金属内部运动，阴极和阳极之间的放电速度通常是很快的。但是，在金属表面上离子的扩散运动却往往会遇到各种阻力（极化电阻 R_p 比较大）。例如铁表面生了锈，上面有涂层，或者是暴露在干燥的空气中，都可能使铁表面的离子运动受到阻力。因此，在通

常情况下，离子运动速度跟不上金属内部电子的运动速度。在这种条件下，过电压、外部电流 I（金属中流动的电流）之间的关系式称为塔菲尔方程，即

$$E = \alpha + \beta \lg I \tag{1-15}$$

式中，α 和 β——都是常数。β 称为塔菲尔曲线的斜率，α 称为塔菲尔常数。假定阳极区的塔菲尔常数为 β_a，阴极区塔菲尔常数为 β_c，极化电阻为 R_p，则腐蚀电流为

$$i_{cor} = \frac{\beta_a \beta_c}{2303(\beta_a + \beta_c) R_p} = \frac{B}{R'} \tag{1-16}$$

此方程式称为线性极化方程式。根据上述法拉第定律所得到的腐蚀速度与腐蚀电流的关系，能够利用线性极化方程式更简单地测定并计算腐蚀速度。应用法拉第定律，以经验常数 B' 取代 B（B 称为塔菲尔常数），即可达到这个目的。此时，腐蚀速度 $c = \frac{B'}{R_p}$。腐蚀速度（c）的单位是 g/（m^2·h），极化电阻 R_p 的单位是 Ω·cm。对铁来说，开始实验时，腐蚀速度很快，B' 的纯权值为 310。此后，随着铁锈的生成，随着极化电阻 R_p 的增加，B' 值也会降低到 20～30。利用这个公式和曲线，可以用电化法来测定各种金属材料在各种环境中的腐蚀速度。此外，还可以设计各种防蚀方法。例如，利用涂料、缓蚀剂、钝化法，都可以有效地提高极化电阻，从而有效地防止金属腐蚀。用此法还可测定涂层、缓蚀剂等的防蚀效率。

（3）电化学腐蚀中金属的电位与 pH 值之间的关系　在电化学腐蚀中，电位是金属腐蚀的驱动力，溶液的 pH 值是腐蚀的决定因素。

由式（1-9）中可见，若亚铁离子浓度在 10^{-6}mol/L 以下，说明铁溶解为铁离子的数量极少，可以忽略不计，此时可以认为铁并没有被腐蚀。因而式（1-9）的初始反应为

$$Fe \rightleftharpoons Fe^{2+} + 2e$$

若此反应向右进行，我们认为腐蚀的推动力为正值；相反，若此反应向左进行，则腐蚀推动力为负值。

根据塔菲尔方程 $E = \alpha + \beta \lg I$，随着过电压增加，电流也增加，金属溶解为阳离子的速度也增加，但电流增加到操作极限电流 I_c 后，

就不再升高反而急剧下降，金属也不再溶解，这就表示已经进入了钝化状态，也就是金属表面已经形成了保护膜，由活性状态转变为钝化状态的变化点的电位，称为弗莱德电位，用 E_F 表示。弗莱德电位 E_F 随着 pH 值变化而变化（同温度等条件也有关系）。如果 pH 值很高，弗莱德电位很低，就非常容易钝化。如果电极电位提高到一定程度，保护膜就被破坏或击穿，金属的溶解速度又重新提高，腐蚀又重新加速，此时称为过钝态。有时金属表面还会从过钝态变成二次钝态，重新恢复一定的保护作用。

（4）电化学腐蚀中的金属局部腐蚀　金属局部腐蚀总是存在腐蚀电池，而腐蚀电池又同时存在阴极和阳极。如果阳极的腐蚀反应大致上处于平衡状态，而阴极腐蚀反应起决定性作用，其腐蚀反应由阴极支配（例如阴极去极化反应），称为阴极腐蚀支配，或简称为阴极腐蚀。相反，如果阴极腐蚀处于平衡状态，阳极腐蚀起决定性作用，则称为阳极支配腐蚀，或简称阳极腐蚀。此外，如果阴极与阳极同时起作用，则称为混合支配型腐蚀。

最常见的危害较大的电化学腐蚀是局部电池腐蚀。金属浸渍在水溶液中，或者金属表面暴露在潮湿的大气中，由于金属材料本身（特别是表面）的不均匀性，或环境条件的不均匀性，都可能形成电位差，从而使金属表面形成局部阳极区和局部阴极区。这种局部电池的作用，就会在相应的阳极部分区域发生腐蚀。常见的金属腐蚀局部电池见表1-6。

表1-6　常见的金属腐蚀局部电池

	阳　极	阴　极	腐蚀类型
锌和铁	锌（Zn）	铁（Fe）	电偶腐蚀
铁和氢	铁（Fe）	氢（H_2）	氢腐蚀
珠光体铸铁	α－铁	FeC_3	电偶腐蚀
	高能部分（阳极）	低能部分（阴极）	
金属晶体	晶粒边缘	晶粒内部	晶间腐蚀
晶粒大小	细晶粒	粗晶粒	—
热应力	受热部分	非受热部分	热应力腐蚀

3. 干蚀原理

前面所述的电位腐蚀，都是在常温或低温和有水存在的条件下发生的。实际上在空气干燥的沙漠地区，钢铁也会发生腐蚀，其腐蚀速度较慢，为一般工业区的1/10左右。在空气中水分很少的极寒冷地区，即使是普通的钢材在那里放上几年也不会生锈。在高温条件下，金属锈蚀则很严重。没有水而发生的腐蚀称为干蚀。例如高温氧化腐蚀等。在200℃以上的高温时，金属和气体可以直接发生反应，在金属表面生成金属化合物。这就是说，金属从它表面开始逐步被腐蚀，称为高温腐蚀。最常见的高温腐蚀是氧化腐蚀。当然，没有水的硫化氢、氯化氢、氯气、氟气等各种气体，也可能使金属表面发生高温干蚀反应。在高温条件下，金属可以被氧化成氧化物，但氧化物也可能分解出氧气，还原成金属。在高温条件下，存在着下列可逆反应

$$2M + O_2 \rightleftharpoons 2MO$$

显然，正向反应是金属的氧化反应，即金属被腐蚀；而逆向反应是还原反应，使腐蚀产物——氧化物重新还原为金属。因而，只要逆向反应占优势，金属就得到保护，不受腐蚀。如果提高空气中氧气的分压，有利于正向反应。因此，在纯氧中金属易腐蚀。而在高温中，用氧气或氢气保护可以防止腐蚀。相反，在某种温度下，存在着逆向反应——氧化物分解的反应时可形成一定的离解压力，这种离解氧分压越高，金属就越难以被腐蚀。在标准大气压条件下，只有当金属氧化物的离解压力小于大气中的氧的分压条件下，反应平衡方向才向正向（向右）进行，金属才可能在高温空气中被氧化成氧化物，从而被腐蚀。贵金属氧化物的离解氧压力比较高，如果不升高到一定的高温，其离解压力总是超过了空气中氧的分压。所以在低温（干燥）时，不可能因氧化而被腐蚀。而在常温条件的空气中，银要在150℃以上才会被氧化腐蚀，铂要在790℃以上才会被氧化腐蚀。像铁那样的普通活性金属，其氧化物（氧化铁）离解压力很低，因此在空气中加热时，氧化物不会离解，只有铁被腐蚀生成氧化铁的反应。有些金属（例如铁）的氧化物疏松、多孔、附着

力不强而易于脱落。此外，氧化物同金属膨胀系数差别若很大时，因高温氧化时温度变化急剧，易使保护膜开裂、脱皮并继续氧化，金属将很快被腐蚀。而且，高温氧化通常并不只限于金属表面，氧化易于沿着金属晶界发生扩散，使晶界发生氧化作用，这就是高温晶间腐蚀。温度越高，氧的扩散速度越快，晶间腐蚀越严重。没有水的硫化氢（H_2S）、氯化氢、氢气和氟气等各种气体，也可能对金属发生高温干蚀反应。例如硫蒸气可使金属晶界发生硫化作用，生成金属与硫的共晶体。这种共晶体比金属结晶熔点低得很多，通常这种金属硫化物是疏松的片状，比氧化膜更易于破坏，而且高温下，因熔点低而先行熔化，使金属热脆。所以，硫腐蚀会引起危险的高温晶间腐蚀。如果存在硫元素，则金属在还原气氛下比氧化气氛下有更严重的腐蚀危险性。H_2S 的腐蚀比 SO_2 的腐蚀更危险。在高温中，硫化氢还能分解出氢和硫，即

$$2HS \rightleftharpoons H_2\uparrow + 2S$$

因此，在高温条件下，硫化氢的腐蚀作用实际上是三种腐蚀，即氢腐蚀、硫腐蚀、硫化氢腐蚀，三种腐蚀同时发生，故危险性更严重。

在高温下，硫化氢对于不锈钢的腐蚀也会加剧（会引起应力腐蚀开裂），因为二氧化硫还原为硫，硫与铁、铬、镍等都有很强的结合能力，所生成的硫化物比相应的氧化物熔点低，故易受到高温腐蚀。

三、金属防腐方法

为了防止金属腐蚀，必须搞清金属腐蚀的原因，以便确定防腐方法。对于化学腐蚀，可以用合金或覆盖耐氧化性金属层来保护基体金属，使之不受腐蚀气体的损害。最常见的防止化学腐蚀的方法有：采用合金材料，也可采用电镀、喷镀、涂膜等覆膜方法。对于湿式腐蚀，因为它是电化学腐蚀，需要采取相应电化学防腐对策。例如，采用总是处于钝态的不锈钢抗蚀性材料，采用阴极防蚀法（电化学防蚀法）处理金属外部的腐蚀因子等。

1. 钝态法

先在浓硝酸中浸过后再浸入稀盐酸的铁，要比未浸过浓硝酸就浸入稀盐酸的铁难于发生腐蚀。这样，金属的电位与普通状态相比显著地移向贵金属，这种状态称为钝态。因此，金属可经过物理的、化学的以及金相学的处理，使之形成在某种环境下不腐蚀的钝态。上述的铁就是通过化学处理变为钝态的。此外，若以金属为阳极，采用大电流密度处理，也能将其变成钝态。金属表现出钝态有两种情况：其一是可在金属表面生成可见的膜，称为机械钝态；其二若看不到金属表面膜的存在，称为化学钝态。若搞不清钝态是如何形成的，则多是后者。例如，白金的不溶性，可以认为是表面处于钝态，但是它的成因尚不明确，是由于气体的吸附？还是由于金属的电子结构的改变？但一般都认为不存在固体膜。对于机械钝态，根据物理实验，可以确定金属表面存在氧化膜。例如，不锈钢同普通钢相比，总是处于钝态，可以证明在它表面存在着氧化膜。总之，所谓钝态，是指金属比普通状态下更耐蚀的状态。因此，金属表面处于钝态是理想的表面状态。

2. 覆膜法

覆膜法是用其他金属或非金属覆盖金属表面，以保护基体的方法。当采用其他金属覆盖时，若是将基体金属完全覆盖有困难，对于零部件来说，只防止处于介质中的基体金属的腐蚀就可以了，这时就得考虑基体金属和覆盖膜同时与一种电解质水溶液接触所构成的局部电池。根据覆盖金属比基体金属是贵还是贱，则防腐条件有所不同。例如，镀锌板是在铁板上覆盖了比铁贱的金属锌，由铁、锌构成局部电池时，覆盖的锌成为阳极而溶解，只要锌存在，铁就不受腐蚀。相反，马口铁是在铁板上覆盖了比铁贵的金属锡，如果锡覆盖膜上有细纹，裂纹、铁就暴露出来，只有锡覆盖膜层没有细纹、裂纹，基体铁被完全覆盖时，才能防止腐蚀。与此相同，在金属表面生成耐蚀的金属氧化物膜或其他金属氧化物膜，并用这种膜来防止基体金属锈蚀〔例如铝及其合金的阳极氧化、钢铁的氧化（发蓝）、磷化等〕时，也要使这些金属氧化膜完全覆盖，把金属与腐蚀环境分开。除上述方法外，通过涂饰塑料膜、涂料膜、橡胶膜，

以及沥青和陶瓷等方法，使金属表面覆盖一层非金属保护层，这些方法都是很好的防腐方法。

3. 环境处理法

常用的方法是向电解质水溶液中添加缓蚀剂，除去腐蚀因子，使腐蚀速度大大降低。这时因为在局部电池的阳极或阴极处吸附了缓蚀剂，从而具有防腐效果。另外，近年来常使用气相缓蚀剂作为防止大气中湿气腐蚀，这是通过改变腐蚀因子——氢离子浓度的方法来防止腐蚀。还可通过煮沸法去除溶在溶液中的氧等氧化剂的方法来防止腐蚀。

4. 阴极保护法

所谓阴极保护，就是把被保护金属作为阴极通以直流电，进行阴极极化，使其处于阴极状态，从而达到防止金属腐蚀的目的。

阴极保护通常与涂膜配套使用，涂膜的性能与状态在很大程度上影响着阴极保护的效果。涂膜可以改变阴极极化表面上的电化学反应的性质，涂膜状态不同，可以使牺牲阳极和辅助阳极的保护作用半径在 1m 到几十米的范围内变化。涂膜的电导率取决于涂膜孔隙内电解质的电导率。在超电位的情况下，电场中的活性离子可穿透涂膜，在阴极表面上显示碱性，析出氢气，导致涂膜皂化和气泡脱落。因此，与阴极保护配合使用的涂料必须耐碱性，涂料展色剂和增塑剂必须不皂化，颜料、充填料和各种添加剂也必须有足够的耐碱性，不被较高的 pH 值溶液所浸蚀。因此，易皂化的展色剂，如干性油、醇酸树脂、环氧树脂是不适用于阴极保护系统的。含有氧化亚铜的传统性防腐涂料涂于沥青涂料上，对阴极保护系统稍有影响。以环氧树脂、焦油环氧、聚氨酯焦油环氧乙烯树脂或氯化橡胶为基料的高性能涂料，适用于阴极保护。以环氧树脂、焦油环氧、焦油沥青聚氨酯为基料的涂料，具有较好的耐超电位性。

虽然铝粉和锌粉作为阴极保护用于涂料，但应用这些颜料将会降低涂料的耐碱性，尤其是在超电位的情况下易被浸蚀。同理，以锌铬黄作为颜料的涂料也不适用于阴极保护系统。

涂膜除了必须具有良好的耐碱性外，还必须具有一定的厚度和良好的附着力。船底防锈漆一般需要涂装 200μm 以上才能有效地防

止正电介质的渗透。

（1）牺牲阳极保护法 作为牺牲阳极材料，应能满足以下几点要求：①阳极的电位要足够负，即驱动电位应较大。②在整个使用过程中，阳极极化要小，表面不产生高电阻性硬壳产物，需要保持适当的活性。③阳极应具有较高的电化当量，即单位重量的发生电荷量要大。④阳极的自溶量要小，电流效率要高。⑤材料来源丰富，便于加工。

在牺牲阳极系统中，阳极应是比被保护金属更活泼（也就是电位更负）的金属，将阳极与被保护金属相连，形成原电池，电子由阳极流到被保护金属。阳极必须周期性更换。

牺牲阳极材料的发展极其迅速。20 世纪 50 年代前期，主要以镁基为主。到 20 世纪 50 年代中期，锌基合金被广泛采用，至今仍为海洋工程中普遍应用。在 20 世纪 60 年代初，铝基合金开始研究，并有很大的发展，在 20 世纪 70 年代得到广泛应用，并出现了长寿命、大容量的铝基合金牺牲阳极，以适应日益发展的海洋工程的需要。

1）镁基合金阳极：镁基合金具有很负的电位，单位重量的发生电荷量很大，密度又低，所以很早就被广泛采用。但是，它的电流效率很低，性能不够稳定，在空气中很容易氧化，本身电位太负，容易产生过保护，而且消耗很快，它与钢铁碰撞容易产生诱发性火花，所以目前我国在船舶上已不再使用。

2）锌及锌基合金阳极：这类材料的突出优点是自腐蚀量很小，电流效率可高达 95%，而且与钢铁碰撞无诱发性火花，所以被广泛用于海水介质中使用的船舶外壳、水舱、油舱以及各种海洋设备上。

3）铝基合金阳极：这是 20 世纪 60 年代发展起来的新型阳极材料，其优点是重量轻，发生电荷量大，电位较负，材料来源丰富，价格便宜，制造工艺简单。但是它的溶解性能比锌合金阳极差，电流效率也较低。所以，各国都对它进行了大量研究工作，其中比较成熟的商品有以下几种：

① 铝-锌汞系合金：它的突出优点是效率高，可达 90% 以上。但是由于汞有毒性，在应用方面将受到一定的限制。

② 铝-锌-铟系合金：它的效率可达85%以上。但是腐蚀产物不够均匀，所以进一步发展成四元体系，其中以铝-锌-铟-锡系合金和铝-锌-铟-镉系合金的性能较好。由于前者无镉的公害影响，有比较大的发展前途。

③ 其他合金：由于铝基合金阳极在各国都有许多研究，不断有新的品种问世，例如铝-锌-锡系合金、铝-锌-钙系合金和铝-镁-锌系合金等，还有许多四元、五元系合金。随着海洋事业的发展，出现了长寿命、大容量的铝基合金阳极，而且在深海、低温等条件下仍具有较好的保护性能。

（2）外加电流阴极保护法　将外加直流电源的负极接于船壳上，正极接于安装在船壳外部并与船体绝缘的阳极上，当电路接通后，电流从阳极、海水至船体形成闭合回路，使船体钢板受到阴极极化而免受海水腐蚀的方法，称为外加电流阴极保护法。

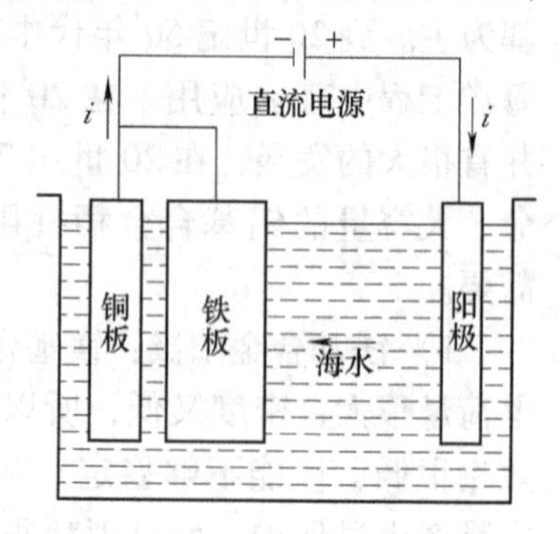

图1-3　外加电流阴极保护原理

在外加电流阴极保护系统中，电流是由船上电源经变压整流器变成直流电提供，阳极与电源的正极连接，被保护的物体与负极连接。阳极通常是以不活泼的金属构成，具有很长的使用寿命。

外加电流阴极保护原理如图1-3所示。外加电流阴极保护法主要由以下几个部分组成：

1）连续测定船体电位的参比电极。

2）输出低压直流电的自动恒电位仪。

3）用于排除防蚀电流的辅助阳极。

4）为扩大保护范围而采用的阳极屏。

5）为使舵接地用的舵接地部件。

第五节　色彩知识与应用

我国各行业的产品正逐步走向世界，在国内、外市场的激烈竞争中，新型产品的不断涌现，对产品的涂装提出了更高的要求，涂装的色彩需求越来越多，色彩的外观质量已成为产品竞争的重要内容。涂料生产厂虽然努力研制新产品，但遇到产品涂装急需情况仍是供不应求。为此，产品用户为了某些产品配套色彩的一致或突出产品的作用，则要求某些新颖色彩。但在一时难购到的情况下，产品用户适时进行一定量的涂料配色，以及时满足产品涂装施工要求，实为一种应急办法。凡是进行涂装生产的部门，这种配色技术往往都是必不可少的。这是从事涂装生产技术工作的人员必须具备的基本功。通过涂装生产过程的不断实践和积累经验，逐步完美地掌握涂料配色技术，将会给环境和人们的生活增添新的美的色彩。

一、光和色

1. 色彩与配色

世界是色彩缤纷的，人们每时每刻都生活在色彩之中，人们对颜色并不陌生。但是，对有关色彩的知识和进行配色，则不是都知晓很多和容易办到的。从事涂装和工业美术工作的人们，如不了解有关色彩知识与配色（也称调色），则是一种职业上的缺陷。只要认真学习有关色彩的基本知识，再通过涂装生产的不断实践，掌握涂料配色的技术本领，并不是太困难的。虽然现代科学技术的发展，为涂料配色提供了如分光光度计、色泽仪、光电比色计等先进的配色仪器和设备，使配色的速度与准确程度都会有所提高。但在某些单位一时还不具备先进配色仪器和设备的情况下，如能掌握一定的色彩知识与配色技术，对做好目前工作更具有现实意义。

2. 色彩基本知识

人们每时每刻都生活在色彩之中，色彩是怎么回事，色彩是怎么产生的，在学习一些有关色彩的基本知识后，就会对色彩有个最基本的了解，以便在配色时得以应用。

（1）光与色的关系　色是人的眼睛受到可见光刺激后所产生的视觉感。所以说有光才有色，无光便无色。这是人们能够亲身体会得到的。人们常常看到的阳光、荧光灯、白炽灯，如不在灯的玻璃表面涂上其他颜色，人们眼睛看到的只是阳光和这些灯光本身的光源色。我们看到的红、橙、黄、绿、青、蓝、紫是各种颜色是不同波长的光，从各种物体上反射回来，刺激人的眼睛，而使人的眼睛看到了那些物体本身的颜色。经常进行配色的人，配色时，为了求得准确，需要反复拿到各种不同的光线下面观察对比。这是通过各种不同波长的光照反射到眼睛来辨别配出的色相比标准色的色相有多少差别。每个人辨别颜色的能力有所不同，就是在配色能力相同时，还有生理上的视力和色感的差别。因此，光和色的关系是不可分的。

（2）光与色的产生　著名的英国物理学家牛顿在1666年发现由于光的折射而产生色的现象。即把波长400～700μm的可见光（这是人所能见到的光）引入暗室，在光的通道上设置棱镜，当光照在棱镜上产生折射时，则在白色幕布上就会出现彩虹一样的红、橙、黄、绿、青、蓝、紫的美丽彩带。这种现象在色彩学中称为色散。彩带则称为光谱。即是色光的混合。光是一种电磁波，波长不同的各色光线（光波）照在物体上，折射的曲率也不同，从而产生色散，使人的眼睛看到了各种不同颜色。

（3）光的波长与色的关系　由上述可知，因为光的波长不同，才有各种不同的颜色，形成万紫千红的色彩组合。可见光的波长范围见表1-7。

表1-7　可见光的波长范围

颜　色	波长范围/μm	颜　色	波长范围/μm
红	700～610	绿	570～500
橙	610～590	蓝	500～450
黄	590～570	紫	450～400

（4）物体的颜色是怎样显示出来的　人们所能看到的各种物体的颜色，有单一的颜色，也有同一物体呈现两种以上的颜色，这是

什么原因呢？用色彩学的知识解释这些现象，是因为各种物体都是物质组成的，不同物质的性质不同，对阳光的照射吸收和反射也不一样，所以才显示出各种不同的颜色，构成了色彩缤纷的世界。每个物体都具有质量和色素，又具有折射（反射）光和吸收光的性质。当每个物体全色（红、橙、黄、绿、青、蓝、紫色）接受时并不全折射（反射），而是能吸收某些色光折射（反射）某一种或几种色光，而使物体本身呈现所折射（反射）色光赋予的颜色。

（5）颜色的表示　变幻莫测的颜色又怎样进行表示呢？在众多的色彩中，可以找出它们的规律性，即把人们所能看得见的色彩分成两大类：有色彩和无色彩两大类。将白色、黑色和灰色以及它们的所有深、浅不同的颜色都称为无色彩类，而把红、橙、黄、绿、青、蓝、紫色以及其他不同的色彩，称为有色彩类。

（6）颜色的特性　概括起来，颜色有三种显著的特性，又称为色彩的三属性。即明度、色相、纯度（又称为饱和度）。有色彩的颜色才全部具有三属性，而无色彩的颜色只具有三属性中的一个属性，即明度。颜色特性的产生是很复杂的，但也有它们的规律性。1929年出版的美国画家孟赛尔色系表中，将颜色的特性用立体坐标的方法表示出来，称为孟赛尔色立体。在立体坐标图中把明度、色相、纯度用字母和阿拉伯数字表示出来，组成色相环。以红用R、黄用Y、绿用G、青用B、紫用P五个色相为基础，再在五个基本色中间加上黄红、黄绿、青绿、青紫、红紫五个色相，分别用YR、YG、BG、BP、RP等字母表示，以这样的十个色组成色相环。孟赛尔又把上述的十色相的每一色相用阿拉伯数字1~10再分成十个色相，如3R、4B、5PB等，这样共组成了100个色相。孟赛尔又通过这100个色相的不同明度、纯度的色的再组合，就成了5000多个不同的颜色块。为了辨别方便，孟赛尔采用HV/C字母形式表示明度/纯度，如5B4/13，意思是第5号青色，明度4，纯度13。孟赛尔色块中纯度14为最高纯度。孟赛尔色立体中，还确定了其中的10个色相为代表色，分别用5R4/14、5YR5/10、5Y8/12、5GY7/10、5G5/8、5BG5/6、5B4/8、5PB3/12、5P4/12、5RP4/12表示。

（7）颜色的色相、明度和纯度　颜色的色相、明度、纯度（又

称为饱和度）的含义分别是：

1）色相（又称为色调）：颜色的产生是由物体接受光照射时反射（折射）光的波长的长短决定的。各种物体由于质量和色素不同，而形成的吸收和反射色光也不同，因而构成了各种物体呈现出红、橙、黄、绿、青、蓝、紫色彩，色彩又都与色光的光谱相对应，即由色光的光波长短范围内的波长决定颜色。所以，各种物体出吸收的色光外，折射出去的色光也不是某一个数字的色光的波长的光，而是由某一个范围内的波长决定的光，例如光波在700～610μm这个范围内的光都呈红色。因此，各种物体呈现出的颜色的色相，都是由色光的光源在光谱中的色光波长的长短刚好在某颜色的波长范围内，二者相对应的比例使人看得到颜色和色相。

2）明度：颜色的明度顾名思义就是颜色的明或暗的程度，即通常人们说的这个颜色很亮，亮度很高，或者说这个颜色很暗，亮度不够等。用色彩的理论解释颜色的明度不够是指光的反射不强，对人的眼睛刺激不够。白色的刺激最强，红色、黄色的刺激也很强。所以，在配色时，为了辨别所配制颜色的度，总是要在各种光线下辨别配色的色相和明度，只有光线适合的情况下才能辨别准确，明度太亮太暗都不好。有时色相配对了，而明度不对，不是太亮就是太暗，要介于两者之间，需要反复调整明度，才能最后找准确。白色和黑色最分明，纯白和纯黑，一个最亮，一个最暗。白色和黑色的色相和亮度也有程度不同的深浅色。因为有颜色的色相和明度，所以能配调出很多颜色来。

3）纯度（又称为饱和度）：颜色的纯度即通常人们所说的颜色的纯正。配出很纯正的颜色是很不容易的。单靠人用眼睛来辨别尤为困难。最纯正的颜色是光谱的颜色。如果采用现代化的光电比色计、分光光度计或色泽仪，再配一台高精度的电子计算机的仪器设备进行调配颜色，当然是最快最准确了。因为色泽仪、分光光度计和光电比色计的精密光色仪器都是按光谱的颜色制造的。所以，与所配颜色相对比再经过高速计算，可快速找出色料之间的比例数量，很快会知道其中哪种色料加入量不足和相差数量。无配色仪器设备时，只能慢慢的找比例，凭经验，经验多则调配得快和接近准确，

但完全与光谱色一致是很不容易的。因此，我国的涂料生产，各批涂料的颜色之间都有一定的差别。就是使用了光谱仪器和计算机配色的国外厂家和国内厂家，也还有生产中所造成的差别，完美的与光谱色一致的涂料是极少的，只能取得相当接近的颜色。

（8）颜色的基本色　人对颜色的视觉感，是光刺激人的眼睛后由人的生理本能而感觉得到的，也就是看得见的各种颜色。而光的波长不同，光的强度不一样，同一种光源的同一种光却能产生不同的颜色，所以，辨别颜色单靠用人的眼睛是困难的。调配颜色必须找出颜色的基本颜色，才能使配色有规律可循。颜色的基本色有三个，即红、黄、蓝。所以称其为基本色是因为这三个颜色用其他任何颜色也不能调配出来，因此又称为三原色。以三个基本色为基础进行颜色调配，据研究可调出 800 万个左右。现将各色的名称含义分述如下。

1）三原色：红、黄、蓝是基本色，是用任何颜色也不能调配出的三个颜色，故称为三原色。

2）间色：两种基本色以不同的比例相混而成的一种颜色，称为间色。间色也只有三个，即红色 + 蓝色 = 紫色；黄色 + 蓝色 = 绿色；红色 + 黄色 = 橙色。

3）复色：两个间色与其他色相混调或三原色之间不等量混调而成的颜色，称为复色。复色可调出很多。

4）补色：两个原色可配成一个间色，而另一个原色则称为补色。两个间色相加混调也称为一个复色，而与其对应的另一个间色，则称为补色。

5）消色：原色和复色中加入一定量的白色，可调配出粉红、浅红、浅蓝、浅天蓝、淡蓝、浅黄、蛋黄、奶黄、牙黄等深浅不一的多种颜色。如再加入黑色，则可调配出棕色、灰色、褐色、黑绿等明度和色相不同的多种颜色。黑色和白色起到了消色的作用，因此把白色和黑色称为消色。还有靠近色、对比色等。

（9）颜色对比　调配颜色如没有对比色来检验，则很难说调配得是否准确，一般情况下都应进行对比。颜色的对比方法有两种：一种方法是和光谱对比，可采用光泽仪、光电比色计、分光光度计等仪器对比；另一种方法就是目测对比，以各种标准色卡相对比，其关键是标准色卡要制作得很准确才行。标准色卡应以光谱颜色为标准，这样才能使与标准色卡相对比的颜色达到高准确度。颜色对比的内容是要对比色相、明度和纯度。颜色对比时，使用的对比色板面积有很大关系，色板的面积小，则对比的准确度差距大；面积大的色板，其色彩的色相、明度和纯度的呈现都比较有层次，对比起来很容易找出差距。

（10）颜色调配的层次　颜色调配的层次非常重要。调色时，要首先找出主色和依次相混调的颜色，最后才是补色和消色。两相近色相调配，一般都可以调配出鲜艳的颜色，颜色柔和谐调。补色是调整灰色调的，所有颜色与其补色相调，都只能调成灰色调和较为沉着的色调。因此，在调配颜色时，补色一定要慢慢的少量加入，否则一旦加量过多，则很难再调整过来。消色同样也是要少量的分次加入，一旦加多，也是很难调整。白色的加入或作为主色尚可容易调整，而黑色则实难调整过来。补色和消色的过量，一方面是难以调整，另一方面是调配量越调越多，浪费时间和原材料，使用不完则难以保管。对于复色调配。应当主色、次色依次序分清，按比例顺序逐步加入的方法。用补色和消色进行最后的慎重调整，首先要调配好色相，然后再调整明度和纯度，使调配颜色有秩序的按步进行，按主次顺序加入色料的调配方法才能调得又快又准确。

（11）色彩感觉和作用　颜色有多种多样的色相，构成了万紫千红、五彩缤纷的世界。人们对颜色有各种各样的感视，美丽、柔和、谐调、鲜艳的颜色，会给人以兴奋、愉快、心旷神怡、催人上进，给人以美的享受。反之，则会使人感到沉闷、灰心，影响身心健康。颜色给人的感觉和对经济的作用简述如下。

1）颜色感：人们不管走到哪里，无不与颜色相接触，人们对各种颜色会产生各种感觉和联想。鲜艳的色彩会使人愉快舒畅，否则使人感到压抑、沉闷。

2）冷暖感：红、橙、黄色会使人感到兴奋、温暖与欢乐；红色会使人感到焕发、奋进、明快、醒目，故多用于制作明显的标志；红色似烈火熊熊燃烧，使人感到温暖。故上述三色称为暖色。而蓝、

绿、紫色给人以清新安静、高雅和凉爽的感觉，故称为冷色。

3）明亮感：浅色明亮轻快，深色暗淡。一般居室的墙壁都粉刷白色，阳面用冷色，阴面用暖色，避光的地方用深色，家具大都用明亮的浅淡色。

4）远近感：画家在作画时，非常巧妙地利用色彩来表示浩瀚的大海、无垠的天空、旷野的远近以及形象的前进与后退等。高明度的红、黄、橙色能使人感到近。明亮度低的蓝、绿、青等色能使人感到远离后退。

5）轻重感：浅色使人感到轻快，深色使人感到沉重、压抑。重的产品应用浅色，小巧的产品也要用浅色，如电风扇、台灯、厂房和居室的天花板都宜用浅色，勿使感到压迫感。水泥地面与地板面宜用深色，这样会给人感到上轻下重的稳定感，否则会使人感到头重脚轻

6）疲劳感：人们在涂有红、黄色的环境中工作久了会感到精神疲劳，刺激性强，觉得时间过得慢，而浅淡的天蓝、淡绿、水绿、牙黄等冷色布置到工作环境与生活环境中，会给人以淡雅、清净、舒适，会使人感到精神愉快，时间显得过得快，使人不易疲劳。

7）象征感：色彩千变万化，给人以各种感觉，当人们看到一幅美丽的图画时会浮想联翩，天空中的白云，夜晚的明月，蓝蓝的大海和绿绿的原野等，这些充满色彩的大自然都会给人以想象，给人以乐趣。人们也赋予色彩以各种象征，如形容纯洁用白色，形容上进、温暖、热情用红色，形容不幸和狠毒用黑色。人们用色彩来表达象征感以及富有、地位、欲望和美丽等。

涂装生产过程中，人们利用涂料的色彩装饰和美化产品，体现现代光学最新成果的色彩美，增强了各种产品在国内外市场上的竞争力，提高了产品的经济效益。人们对色彩的认识越来越丰富，工业美术的发展一定会在更大范围内不断地充实涂装色彩新的内容。

二、色彩配合

在涂装生产中，为满足产品涂装颜色的要求，但又一时买不到该种颜色的涂料时，就需要涂装工作者使用现有涂料进行调配颜色，

因此涂装工作者必须掌握调配颜色的技术。调配颜色是一项技术性很强的工作，而用涂料调配颜色又是比较难掌握的技术。涂料生产厂都是采用各种颜料和颜料色浆进行调配颜色的，而涂装工作者调配颜色多数是采用各种颜色的涂料进行调配颜色。采用涂料调配颜色是不太科学的，因为涂料已经用颜料调配好一定的颜色了，并且加入了树脂和其他辅助材料及有机溶剂，如用作调配颜色的几种涂料的互溶性和配套性不好，这时调配颜色就更加困难。所以，采用涂料调配某种颜色涂料时，要注意下列各项技术上的准备工作与调配方法，以求涂料调配颜色的准确性。

1. 涂料调配颜色前的准备工作

应备好要求调配的涂料颜色的标准色卡或用户提供的标准色板，在自然光线和光源比较明亮、柔和与谐调的场所，辨清要求调配的涂料颜色。如果是只需用 1～2 种原色涂料，则调配颜色还比较容易，如果是需要多种颜色调配复色涂料时，则需要调配者在调配颜色前准备选定主色涂料，按顺序加入其他颜色涂料，而且用作调配颜色的涂料必须是真正的原色涂料。例如黄色，则应当是纯正的黄色，而不是淡黄或奶黄；应是纯正的红色，就不能是浅红或粉红色，否则调配出来的颜色的色相、明度和纯度都很难准确。调配颜色前，应准备好各种原色涂料及稀释剂，并且应当是配套的类型品种，涂料相互间的互溶性要好。根据涂装要求是否需要加入某种适宜的催干剂或其他辅助材料也应一并准备齐全。准备好调配颜色用的足够量的各种配套的原色涂料配套的稀释剂后，再准备好盛装配置复色涂料的容器及调配颜色工具，例如料桶、清洁适宜的搅拌工具、用作调配颜色对比的标准色卡或样板，如有比色计、色泽计等仪器则更好。

2. 涂料调配颜色的方法

涂料调配颜色应按照一定的顺序进行，不能随意进行。调配颜色需遵循各种颜色成色的规律性，两个原色相调能够成为什么颜色，复色是怎样成色的，都有一定的规律性。掌握调配颜色的规律才能调配得准确。涂料调配颜色的步骤和方法分述如下。

（1）涂料调配颜色先调小样　需要进行较大数量的调配时，应先调配小样。调配小样时按先主色后次色的顺序加入，由浅到深先调好基本接近于标准色卡或标准色板的颜色，再边对比边调整已配成色的色相（色调）、明度和纯度。对比调整时，要试探性地分次加入少量的补色或消色，待调配的颜色很接近标准色卡时，将配色涂料涂在样板上，稍待溶剂挥发后，观察与标准色卡或样板色的差别再行边调边对比，直至反复对比认为相差甚微时，再将配色涂料涂在一块较大的样板上，待干燥后进行对比，调配的涂料颜色是否符合要求颜色。注意涂料配色时，未干燥前的涂料颜色要比标准色卡颜色或干燥的标准色样板颜色稍浅，通常说干湿差一度（指标准色环上的分度），指干燥后才能颜色一致，如湿调一致，则干燥后就会比标准色卡深。应注意调配小样时记录好主、次色涂料加入的比例数量。最后进行大批调配时，只要扩大相互间的比例，很快就可以调配出基本符合要求的颜色，只需再对比进行微量调整色相、明度和纯度就可以了。调制小样是为了找准主、次原色涂料的加入量和顺序以及成色的准确性，避免大量配置时延误时间和因找不准相互间的成色比例的准确性而越调越多，调配小样时配色的重要工序绝对不可废置不用。

（2）大量调配颜色的方法　大量调配时，将按调配小样时的主、次顺序及成色的原色涂料比例扩大加入量就可以了。大量调配颜色的方法与步骤是先调好基本色调后，再进行充分搅拌下逐步加入其他应顺序加入的原色涂料，由浅至深逐步加入。如果粘度大混溶不好，可加入适量稀释剂后再充分搅拌，直至色相非常相一致时，再对比调整明度和纯度，至湿干色相差极微时，将调配好的涂料涂饰样板，干燥后再对比标准色卡。颜色对比时需将对比样板合在一起，在同一角度下对比，对比时色板与眼睛视线距离应稍远一些，目测对比时间不要太久，否则不准确。最好将配置好的涂料涂在加大的对比色板上，样板面积大，颜色的色相、明度和纯度与标准色卡或色板的差距层次分明；样板面积小不易对比准确。对比时，要注意浮色和表面光泽。

3. *颜料配色*

使用颜料配色是科学的调配颜色方法，各种颜料本身的颜色是很纯正的本色。把颜料经研磨分成一定细度后，再分别分散成原色浆进行调配，比原涂料之间的进行调配要准确得多。涂料生产厂一般都先将一种或几种颜料按调配颜色比例计算好颜料的加入量，加入涂料的基料中，并与其他辅助成膜物质一起在球磨机或砂磨机中进行研磨混料，边研磨边充分机械搅拌，经过热混熟炼，混溶得特别均匀，当颜色的色相、明度和纯度有差别时，还可以在料池中或灌桶前进行调整，以使调配颜色很准确。如再使用色泽仪、光电比色计、分光光度计和电子计算机配合进行颜料调色则更精确无误了。颜料配色的步骤和方法如下。

（1）颜料配色的准备工作　使用各种颜料进行配色时，要以标准色卡为基准，首先要弄清所要配制的颜色在色卡上的名称，然后找出同标准色卡相一致的调配颜色的基本色相，判断出颜色的主色和辅加色，色彩的明度和纯度。需要几种颜料色相调配时，要明确主、次颜色的加入顺序，相互间的比例（即配比）及需用量。然后选择使用性能和色彩度都比较好的颜料，准备好调配设备与工具，就可以进行颜色调配了。涂装工作者用颜料配色时，都是向涂料生产厂或市场上购买需用的颜料。若是来不及时，可使用由原色涂料已调配好的主色相调配。所谓主色，是用两种或两种以上的原色涂料调配出基本色调，再用颜料色浆进行调整色相、明度和纯度。涂料生产厂的颜料配色则是把配制涂料组分的树脂、油料、颜料（按配色比例量）、催干剂等和有机溶剂混合，先研磨混溶后经炼制而成一定颜色的成品涂料。

（2）颜料配色方法　根据色彩基本理论，颜料配色方法可分为加色法和减色法两种。现简述如下。

1）加色法配色：各种波长不同的色光照射在物体上后各种物体反射出来的色光的波长也不相同，人眼所见的颜色是一定波长范围内的色光所能呈现的颜色，如蓝色是波长在 450 ~ 500μm 范围内的颜色。这种蓝色的色相、明度和纯度都很标准。如用两种不同颜色的光，把它们照射在同一点上（照射在白色幕布上），则反射（折射）回来的色光刺激人的眼睛，人们眼睛可见到的这种色光的颜色比单一色的人眼可见色光的色彩（色相）更显眼明亮。这说明颜色

相加可以获得色相更鲜艳更明亮的混合颜色。以颜色相加而能获取更多不同明亮度的混合色彩的方法称为加色配色法配色。

2）减色法配色：阳光组成的光谱中有六种主要的颜色，即红、橙、黄、绿、蓝、紫。从色彩理论知识可知，物体中的色素可以吸收某些色光，而又反射不能吸收的色光，从而呈现反射色光所赋予物体的颜色（也是一定波长范围内所能呈现的一种颜色）。颜料也是如此，阳光照射到蓝色颜料上时，蓝色颜料吸收了全部橙色光、大多数的红色和黄色光。黄色颜料能吸收全部的紫色光、蓝色光以及被蓝色光吸收了大部分而留下少部分的红色光。所以黄和蓝两种颜色相混合后吸收了其他的色光而剩下的只是绿色光。因此，绿色是其他颜色的色光都被吸收后的一种混合色，即黄和蓝色混合后的颜色。由此得出，几种颜料色相混调后而得到的一种复颜色，是吸收了用来调配这种颜色的其他那几种原色，而且降低了那些颜料色的本来很高的色相、明度和纯度，也就是说，不同程度地减低了色相、明度和纯度。这种颜料配色法称为减色配色法配色。

三、色彩在涂装中的应用

涂料与颜料的配色，有一定的规律和方法。违反颜色相调成色的规律性和方法，调配出的颜色就不会准确。涂料与颜料配色使用的色料选择，关系着配色的准确性。配色所需的色料选择，不能违反一定选择原色的原则，不能任意代替。色料选择也应按照一定的要求和方法进行选择。

1. 涂料与颜料配色的原则

涂装生产过程中涂料与颜料的配色方法，有目测对比法和仪器设备配色法两种。将两种或两种以上颜色相混调成另一种颜色，有一定的配色规律，不可随意进行，必须遵循配色的各项原则。

（1）涂料颜色的辨别　涂料颜色的辨别，应用有关色彩理论知识和色彩辨别方法，才能准确地判别出所要调配颜色的本色。辨别涂料的本色，首先应在标准色卡上找出涂料颜色的名称，将标准色卡或标准色板置于足够亮度的阳光下或标准光源之下，辨别出涂料的主色，以及主色是由哪几种颜色调配而成的、基本比例关系、色

料的主次混合顺序、色相的组合及明度和纯度等。辨别应以原色的成色、间色、复色、补色和消色等调配成色的色相、明度和纯度进行准确地判别。如果辨别有误，则很难调配出所要求的标准颜色。

（2）配色的依据与步骤　绝大多数的配色依据是按照光谱色制作的标准色卡和标准色板。如不是按光谱色制作的色卡，则不可作为标准，只能作为参考用。如果是标准色板，首先要在标准色卡中找到样板颜色的涂料与颜料的混合色的名称和代号，需要调配颜色的色相、明度和纯度。配色前，要准确地判断和辨别出所要调配颜色的主色（即底色），需要哪几种涂料与颜料相配，分清主、次相配的顺序等。将颜色辨别清楚后，就可以进行色料的选择并准备。再依次准备好配色的盛装容器和工具、选择好适宜配色后与标准色卡或标准样板进行对比的场所（有标准的自然光或光源）、配色后用作对比的标准样板等就可以进行配色了。

（3）调配小样　涂料与颜料配色时，须先调配出试验性的小样（即少量但必须涂装后与标准色卡或标准样板对比）。首先配置小样，可避免大量配色时找不准几种颜色相混调后的色相、明度和纯度，造成材料和时间浪费以及调配量过多或配色失败。先配小样，从中可找准几种所需颜色的主、次顺序和加入量的比例，进行配比记录，为大量调配提供条件。

（4）配色的“先主后次，由浅至深”的原则　无论调配小样或大量调配，都要遵循以主色和调整色相混调成基本的色相（色调），再由浅至深地调整色相、明度和纯度，以及光泽和浮色等。配色时要进行充分搅拌，使之均匀互溶。

（5）颜色对比与色料用法　配色时，无论是调配小样或大量调配，在调配出基本色相后，再进行色相、明度和纯度的调整，在调整至与标准色卡相近时，应边调边将调配好的涂料涂装在样板上，待溶剂挥发后，与标准色卡进行对比，再边调整边对比，直至颜色完全一致为止。调配鲜艳色相、明度纯正的颜色时，应遵循选用的颜料或原色涂料的品种越少越好。根据减色配色法的原理，使用原色涂料与颜料的品种越多，配出颜色的色相鲜艳度越差，明度越暗。

（6）配色涂料中辅助添加剂的加入原则　配色过程中，根据涂

料与涂装的使用要求，需加入催干剂、固化剂、防霉剂等辅助材料或添加定量清漆。因配色时使用原色涂料与颜料色浆而使粘度增大，需加入稀释剂，使之互溶，但应当加入适宜的配套品种，加入量也应以少为佳。催干剂、固化剂等要按适宜比例加入，如加入过量，会影响明度和色泽。

2. 配色的色料选择

配色时，依据标准色卡或标准样板，判断出配色所需的几种原色涂料或颜料后，对使用色料的选择是非常重要的。选择色料不当，则难以调配出所要求颜色的涂料。色料选择应遵循下列原则。

（1）配制复色涂料用色料选择　涂料配色大多数是配制复色涂料，需要几种原色涂料或颜料的色料。选择时，必须选择类型、品种、性能、用途等相一致的色料，相互之间配套，互溶性好，稀释剂也应配套，辅助添加剂的加入要适应所选色料允许加入的原则，否则会无法成色或调配色相不准确，使涂料产生质量弊病，使用时产生分层、不溶、树脂析出和颜料沉淀等。

（2）色料颜色的辨别　配色前，将选择的色料与标准色卡或标准样板置于标准的自然光或标准光源下，对比辨别主色料和底色料的色相、明度和纯度。色料是否都是红、橙、黄、绿、青、蓝、紫等原色的涂料和颜料，如不是原色料，则配色不会准确。多种色料配色时，因颜料的密度不同而易产生浮色和浑浊，因此选择色料时应特别注意不要选择密度差别太大的色料。如果确实需要如此选择，可用硅油加以调整。

（3）颜色对比与性能测试　配色的色料选择得正确与否，可以在配色后涂装一块或几块较大面积的样板与标准色卡对比。未干燥前对比很难准确一致，最好干燥后对比，则会准确无误。配色量较大时，配制好后使用前要涂装几块样板，对颜色外观（色相、明度、纯度）、附着力、冲击强度、硬度、光泽等做常规性能测试或进一步的防腐试验，符合要求后再进行批量使用。

涂料和颜料配色，有难有易，但只要掌握原色、间色、复色、补色、同类色、近色、对比色、消色等的含义和成色的道理，运用加色法或减色法进行颜色的混合调配，逐步掌握涂料与颜料的配色

规律，一定会使配色技术很快提高。当然，由于各种颜料及原色涂料性能影响，以及缺少配色的精密仪器配合，目测法配色比较困难，但涂装生产的配色实践经验是很重要的，只要经过多次配色的实践，也能取得准确的配色。配色知识和涂装生产中经常配色的实践，两者结合，是完全可以调配出涂装生产中所要求的涂料颜色的。

四、美术漆涂装

为了给被涂物以绚丽多彩的花纹图案，除了可采用描绘施工外，也可以在施工过程即时形成美丽花纹，这就是美术漆涂装。依其花纹形式不同，可分为皱纹漆、锤纹漆、裂纹漆、结晶漆、晶纹漆、多色漆、彩纹漆和斑纹漆等。此外，烛光漆、虹彩漆和发光漆也属于美术漆的范畴。在各类美术漆中，以皱纹漆和锤纹漆的应用最为普遍。

1. 皱纹漆

皱纹漆的涂膜能形成美丽而有规则的各种皱纹，并能将粗糙的物面隐蔽。在涂料组成中含有聚合不足的桐油和较多的钴干料，当其干燥成膜时涂膜表面干得快，里面干得慢，产生收缩而使涂膜起皱；并利用颜色种类和数量的不同而呈现出粗细花纹。

皱纹漆需用喷涂法施工，尤其需要注意控制涂膜厚度，烘烤温度和烘烤时间等，以便保证花纹的形成。皱纹漆的施工技巧较高，需要细心和经验。

2. 锤纹漆

锤纹漆的涂膜能形成犹如锤击金属表面后产生的花纹，故此而得名。它的花纹美观大方，漆膜平滑，但观之却尤似凹凸不平，易于揩洗，不积尘，故广泛用于仪器、仪表等的涂装。

锤纹漆是用不浮型铝粉与快干、较稠、不易展平的漆料制成的。既可常温干燥，也可烘干。属于前者的有硝基锤纹漆和苯乙烯改性醇酸树脂锤纹漆等；属于后者的有氨基锤纹涂等。锤纹的形成主要是在干燥过程中，溶剂的迅速挥发而使涂膜形成漩涡固定形成盘状，加之施工采用喷溅操作，从而形成了锤击状的花纹。通常采用两种方法形成锤纹：其一，当锤纹漆的涂膜似干而未干时，喷溅一道稀

释剂，使面漆溅上稀释剂的细点被溶解，在稀释剂挥发后即形成锤纹，这种方法常称为溶解花纹法。其二，在喷最后一道时，调节喷枪和喷涂压力，将漆液成粗点溅到被涂物上，成为斑点，干后现出锤纹，此法称为点花锤纹法。不论采用哪种方法施工，欲得美丽均匀的锤纹涂膜，必须注意喷嘴口径的选择和调节压缩空气压力（一般以 0.07 ~ 0.12MPa 为宜），以及涂料粘度的控制和点花时间（即最后一道喷漆的时间和前一道喷漆的时间间隔的掌握，一般夏天为 5 ~ 10min，冬天为 10 ~ 20min）等。

第六节　涂装的估工及估料

在进行一项涂装工程设计和涂装生产之前，都要考虑到涂装用原材料的消耗和人员的安排，也就是事先必须进行估工估料，因为它直接影响涂装产品的成本，所以在满足涂装产品质量和完成涂装生产任务的情况下，正确地选择原材料和合理的安排劳动人员，是保证涂装质量、提高涂装经济效益的必要条件。

一、涂装前的估工

1. 估工的依据

涂装前的估工，就是操作前对完成一定数量的涂装生产任务所用的生产时间进行粗略的估算。估算的工作并不要求十分准确，但应与产品涂装工时定额基本接近。

2. 制定涂装工时定额的方法

涂装工时定额，即完成指定涂装任务所需的工时，它是进行劳动人员安排的重要依据。制定涂装工时定额有两种方法：一是实际测定；二是参照同类劳动或同类企业涂装工时定额来确定。对于工厂设计来说，有时不具备以上两种条件，则往往是凭经验来确定涂装工时定额。

3. 工业涂装中常见的涂装作业经验工时

在工业涂装作业中，我们可以通过长期的经验积累，下列的一些常见的涂装作业经验工时，可供制定涂装工时定额时参考。例如，

在运转距离为2m，每个挂具上装挂4～15个重量为1kg以内小工件，或装挂2～6个重量为3kg以内的中小工件的场合，其经验装卸工时见表1-8。在容易装卸的、每个挂具挂件多的场合，装卸每个工件的工时就短些。在转运距离为3m，装卸较重的工件的场合（工件重量在25kg以上），应由两人装卸，其经验装卸工时见表1-9。若依靠滚道和吊车装卸时所需工时见表1-10。各种表面预处理所需工时分别见表1-11～表1-14。

钢铁工件一般采用化学预处理，当脱脂、除锈和磷化处理不便采用浸渍法分步操作时，另外由于工件的形状、大小不同和处理槽的容积不相等以及工艺配方等因素，处理每1m²工件消耗的工时差距较大，此时应根据现场实际情况对上述推荐工时加以调整。

表1-8　装卸中小型工件工时

工件重量/kg	装　或　卸	单位工件所需工时/min	平均工时定额/min
1kg以内	装挂	0.10～0.22	0.14～0.16
	从悬链和挂具下卸下	0.08～0.20	
3kg以内	装挂	0.18～0.30	0.20～0.21
	从悬链和挂具上卸下	0.16～0.24	

表1-9　装卸较重工件所需工时

工件重量/kg	5	10	20	30	40
装卸每个工件或吊具所需时间/min	0.20	0.29	0.42	0.65	0.8

表1-10　依靠滚道和吊车运转、装卸重型工件所需工时

方式	转运距离 / 工件重量/kg	每个工件所需时间/min				
		3m	5m	8m	10m	12m
滚道	50以内	0.11	0.16	0.24	0.29	0.35
	100以内	0.16	0.24	0.35	0.41	0.51
	150以内	0.20	0.29	0.40	0.48	0.56
吊车	50以内	0.33	0.40	0.53	0.65	0.80
	100以内	0.36	0.47	0.60	0.73	0.87
	150以内	0.40	0.53	0.67	0.80	1.03

表 1-11 清除工件上铁锈及氧化皮所需工时

序号	预处理方式	清理每 $1m^2$ 工件的工时/min		
		小件（$0.3m^2$以内）	中件（$0.4\sim1.5m^2$）	大件（$1.5m^2$以上）
1	使用铲刀、刮刀、钢丝刷等手工处理	10~15	8~10	≥6
2	手工、机械和钢丝刷配合处理	—	4~6	≥4
3	喷砂处理	—	3~5	≥1.5
4	喷丸处理	—	2~3	≥1.0
5	滚桶处理	0.75~1①	—	—
6	甩砂机处理	0.1~0.5	—	—

① 清理 1kg 工件的工时。

表 1-12 用压缩空气吹去工件上的水分或灰尘所需工时

被处理工件面积/m^2	0.5	0.6~3	3.0 以上
吹 $1m^2$ 工件所需时间/min	0.13~0.16	0.11~0.14	0.08~0.20

表 1-13 用蘸有溶剂汽油的擦布或用干净的擦布擦去工件上的油的工时

序号	表面处理面积/m^2 \ 工件外形复杂程度	擦净每 $1m^2$ 工件的工时/min								
		在工作台上			在悬挂输送链上					
		0.1 以内	0.25 以内	0.5 以内	1.0 以内	≥2.0	1.0	2.0	3.0	≥3.0
1	外形简单工件，如平板、管、角钢等	1.4~1.6	1.0~1.2	0.8~1.0	0.6~0.8	0.4~0.5	0.5	0.4	0.3	0.2
2	外形比较复杂工件	1.8~2.0	1.5~1.6	1.0~1.2	0.8~1.0	0.8~0.9	0.9	0.65	0.5	0.4
3	外形复杂工件（有深孔、缝隙）	2.2~2.4	1.8~2.1	1.5~1.8	1.2~1.5	1.0~1.4	1.1~1.4	0.9~1.2	0.75~1.0	0.65~0.9

表 1-14　工件化学预处理的工时

工件面积/m²	作业时间/min	工件面积/m²	作业时间/min
0.15	1.30	1.30	3.70
0.20	1.40	1.35	3.95
0.25	1.50	1.40	4.15
0.30	1.60	1.45	4.40
0.35	1.65	1.50	4.60
0.40	1.75	1.55	4.85
0.45	1.85	1.60	5.10
0.50	1.95	1.65	5.30
0.55	2.05	1.70	5.55
0.60	2.15	1.75	5.80
0.65	2.25	1.80	6.0
0.70	2.30	1.85	6.25
0.75	2.40	1.90	6.45
0.80	2.50	1.95	6.70
0.85	2.55	2.0	6.95
0.90	2.65	2.05	7.15
0.95	2.75	2.10	7.40
1.0	2.85	2.15	7.60
1.05	2.95	2.20	7.85
1.10	3.0	2.25	8.10
1.15	3.10	2.30	8.30
1.20	3.20	2.35	8.55
1.25	3.45	2.40	8.70

遮蔽工件的作业工时见表 1-15。摆放工件的作业工时见表 1-16。

表 1-15　遮蔽工件的作业工时

遮蔽方式	遮蔽 $1m^2$ 工件的工时/min				
	≤0.01m^2	≤0.02m^2	≤0.03m^2	≤0.04m^2	≤0.05m^2
用毛刷涂二硫化钼脂或硅橡胶	8～12	8～10	6～8	4～6	3～5

表 1-16　摆放工件的作业工时

工件重量/kg	摆放每个工件的工时/min	平均时间/min
<1	0.05～0.18	0.08～0.12
<3	0.20～0.25	0.22～0.24
<5	0.26～0.30	0.25～0.28
<10	0.32～0.38	0.33～0.35
<20	0.40～0.46	0.42～0.44
<30	0.48～0.60	0.52～0.56

工件烘干温度一定的情况下，涂膜厚度为 20～25μm 时，薄钢板件比厚钢板件烘干时间要短些，铝及铝合金件比钢板件的烘干时间要短些。采用同一品种涂料涂装时，深色涂料工件比浅色涂料工件烘干时间要长些。各种涂料涂膜的烘干温度和烘干时间见表 1-17。

表 1-17　各种涂料涂膜的烘干温度和烘干时间

涂料名称	干燥温度/℃	干燥时间/h
酚醛红灰底漆	65±2	≤4
铁红醇酸底漆	105±2	≤0.5
锌黄醇酸底漆	100±2	≤2
铁红环氧底漆	120±2	≤1
锌黄环氧底漆	120±2	≤1
各色氨基烘干漆	120±2	≤3
各色醇酸磁漆	60～71	≤3
各色丙烯酸烘干磁漆	110～120	0.5～1
醇酸腻子	100～120	0.5
各色环氧酯腻子	100～110	0.5
各色酚醛腻子	60～70	≤3

清理工件遮蔽面积的工时见表1-18。

反转工件时间，按工件的重量测定，可参考摆放工件的工时测算。

用手工喷涂底漆和喷涂面漆的工时见表1-19。用手工刮涂腻子和打磨腻子层的工时见表1-20。

表1-18 清理工件遮蔽面积的工时

遮蔽面积 /m^2	清理工时 /min	遮蔽面积 /m^2	清理工时 /min
0.1	0.192	1.1	0.952
0.2	0.265	1.2	1.025
0.3	0.344	1.3	1.10
0.4	0.421	1.4	1.178
0.5	0.491	1.5	1.26
0.6	0.573	1.6	1.334
0.7	0.654	1.7	1.409
0.8	0.722	1.8	1.494
0.9	0.795	1.9	1.60
1.0	0.875	2.0	1.772

表1-19 用手工喷涂底漆和喷涂面漆的工时

序号	涂层类型① / 涂漆状态难易	涂装每1m^2 工件所需工时/min							
		≤0.1m^2 以内		≤0.5m^2 以内		≤3.0m^2 以内		≤5.0m^2 以内	
		P	C	P	C	P	C	P	C
1	外形简单的工件单面涂漆	0.42	0.50	0.30	0.35	0.25	0.30	0.20	0.28
2	外形中等复杂的工件	0.85	0.95	0.65	0.75	0.45	0.50	0.40	0.45
3	外形复杂的工件	0.95	1.0	0.70	0.80	0.50	0.55	0.45	0.50

① 涂层类型中：P代表底漆涂层；C代表面漆涂层。

表 1-20　用手工刮涂腻子和打磨腻子层的工时

序号	工作内容	刮涂和打磨 $1m^2$ 工件的工时/min		
		0.02～0.3m^2	0.3～1.5m^2	1.5m^2 以上
1	局部刮腻子、填坑	4～6	3～4	3～4
2	全面通刮一层腻子	15～25	10～15	8～10
3	全面刮一薄层腻子	12～20	9～12	7～9
4	局部用1#砂纸轻打磨腻子	2.4～5	1.5～2	1～1.5
5	全面湿打磨腻子和擦净	30～60	20～30	16～20
6	全面湿打磨最后一道腻子或二道浆并擦干净	35～64	25～35	20～25

4. 工时定额的计算

前面介绍的是常见涂装作业的经验工时，是指作业时间或称实际操作时间，并不严格代表工时定额。实际上，工时定额应由作业时间、辅助操作时间、休息时间及其他时间组成。通过实际测算，其中的辅助操作时间、休息时间及其他时间约占作业时间的1/3。该时间可用系数（K）表示，一般K值为30%～32%。工时定额可按下式计算

$$T = T_{作}(1 + K)$$

式中　T——工时定额（min）；

$T_{作}$——作业时间（min）；

K——系数。

集体操作时的个人工时定额可按下式计算

$$T_{个} = T_{单}/S$$

式中　$T_{个}$——个人工作定额（min）；

$T_{单}$——单件作业时间（min）；

S——岗位人数。

出口产品或湿热带使用的产品的工时定额，根据技术要求不同，将上面工时定额乘上经验系数，一般经验系数（f）取1.5～3。出口

产品或湿热带使用的产品工时定额可按下式计算

$$T_{出} = T_{作}(1 + K)f$$

式中 $T_{出}$——出口产品工时定额（min）；

$T_{作}$——作业时间（min）；

K——非作业时间占作业时间的百分比；

f——经验系数。

采用以上的计算公式，可以计算出工时定额。再根据工时定额，就可以对涂装作业进行估工。

5. 专用工位数的计算

根据工时定额，可以估算各种工件的操作时间，可以按下式计算专用工位数

专用工位数 = 工序操作时间/(生产节拍 × 每个工位采用的人数)

每个工位采用的人数，以作业时互不影响为原则。

6. 人员数的计算

一般来说，工序的年工作量除以相应的工人年时基数，即得所需的生产工人数。然而，实际进行人员设置时，往往事先确定工位数，然后按工位设置人员，再在此基础上增加5%～8%的顶替缺勤工人的系数，即为生产工人数。在实际生产中，除了生产工人外，还有辅助工人，在大量流水线生产场合，调整工、运行工、化验员等辅助生产工人的配备，一般为生产工人数的15%～25%，在单件或小批量生产的场合为25%～30%。

7. 劳动量的计算

在工人数确定之后，即可按下式计算劳动量

劳动量 = 工人年时基数 × 基本工人 × K

式中，K 为工时利用系数。在低产量的场合，K 值为60%～70%；产量较低时取70%～80%；产量较高时可取80%以上。

二、涂装前的估料

1. 原材料消耗定额的制定

在涂装前进行涂装设计时，都要制定原材料消耗定额。制定原材料消耗定额的目的，一方面是为了计算涂装成本；另一方面是作

为涂装前估料的依据。

原材料消耗定额表示方法有两种：即单位材料消耗定额（或称为标准定额）和被涂物件的材料消耗定额。单位材料消耗定额，一般以每平方米工件消耗涂料量或辅助材料量表示。被涂物件的材料消耗定额等于单位材料消耗定额乘被涂物件的面积。

确定涂料消耗定额的方法，有计算法、统计法和实测法三种。

（1）计算法　单位面积的涂料消耗量可采用下式求得

$$q = \delta\rho/(N\eta)$$

式中　q——单位面积的涂料消耗量（g/m^2）；

δ——涂膜的厚度（μm）；

ρ——涂膜的密度（g/cm^3）；

N——原漆或施工粘度时的不挥发分（%）；

η——材料利用率或涂着效率（%）。

被涂物件的材料消耗定额按下式计算

$$Q = gA$$

式中　Q——被涂物件的涂料消耗定额（kg）；

g——单位面积的涂料消耗量（kg/m^2）；

A——被涂物件的面积（m^2）。

（2）统计法　统计法是以一个月或一年的涂料消耗总额除涂装的被涂物总件数（或总面积），即得涂料消耗定额。这样经过多次的考核，可使所制定的定额较客观且较精确。

（3）实测法　在涂装前称取装有涂料的容器重量（g_1），涂布一定数量的工件或面积（A）后。再称重量（g_2），按下式计算即可求得涂料消耗定额

$$Q = (g_1 - g_2)/A$$

实测的定额往往偏高。因为人的因素影响较大，故只作为制定定额工作时的参考。

以上确定涂料消耗定额的方法中，计算法和统计法在涂装生产中比较实用。

2. 影响涂料消耗定额的因素

（1）涂装方法的影响　由于不同的涂装方法涂着效率不同，因

而直接影响涂料消耗定额。例如，采用静电粉末涂装、刷涂、浸涂以及电泳涂装等，涂着效率可达95%以上；静电喷涂的涂着效率在90%左右；而空气喷涂的涂着效率只有50%～60%，喷涂小件时涂着效率更低，约为20%～30%。

（2）涂料特性（颜色、遮盖力、涂膜密度、不挥发分等）的影响　深色、遮盖力强的涂料，涂料消耗定额偏低；浅色、遮盖力差的涂料消耗定额偏高。在同一涂膜厚度条件下，涂膜密度大的，涂料中固体分低时，涂料消耗定额偏高，反之偏低。

（3）被涂物的材质、形状、大小的影响　在木制品和混凝土制品上涂漆比在金属上涂漆涂料消耗定额高。因为这些材质吸收涂料。在铸件上涂漆比在钣金冲压件上涂漆涂料消耗定额要高。这时因为铸件的表面粗糙，实际表面积大。在采用喷涂法的场合，喷涂大型平板件时涂料消耗定额低，喷涂外形复杂的小件时涂料消耗定额高，甚至成倍增加。

（4）操作熟练程度的影响　在手工涂装（喷涂、刷涂、浸涂等）的场合下，涂料消耗定额与工人的操作熟练程度成反比。

（5）被涂物产量的影响　一般来说，在涂装条件相同的条件下，涂装件产量与涂料消耗成反比。

3. 工业涂装常用涂料的经验消耗定额

表1-21和表1-22分别介绍了常用涂料的单位面积消耗定额和涂装用辅助材料的单位面积消耗定额，可供涂装技术人员和操作人员参考。

4. 涂装前估料的步骤

（1）计算工件表面积　根据工件的外形尺寸，将复杂的图形，例如凹陷和凸起较多的部分，可以用切除和补偿的方法进行折算，即可把复杂的图形简化成比较简单的长方形、三角形、圆形、梯形及扇形等，然后按照涂装技术要求，计算出工件单面或双面的表面积。

（2）选择所用材料的单位消耗定额　根据涂装所选用的涂装方法和被涂件材质等因素，选择涂料和辅助材料的单位消耗定额。

表 1-21　常用涂料的单位面积消耗定额（单位：g/m^2）

序号	典型涂料名称	材料型号 \ 涂装方法	喷涂法				浸涂	电泳涂装	静电涂装	刷涂	刮涂	备注
			钢铁件		木质件	铸铁件						
			$<1m^2$	$>1m^2$								
1	铁红底漆	C06—1	120～180	90～120	—	150～180	—	—	—	50～80	—	—
2	阴极电泳底漆	CED 涂料	—	—	—	—	—	70～80	—	—	—	固体分以 50%计算
3	磷化底漆	X06—1	—	20	—	—	—	—	—	—	—	膜厚 6～8μm
4	黑色沥青漆	L06—3	—	—	—	—	70～80	—	—	—	—	—
5	黑色沥青漆	L04-1	100～120	—	180	—	80～100	—	90～100	90～100	—	浸涂小工件
6	粉末涂料	环氧涂料	—	—	—	—	—	—	70～80	—	—	膜厚以 50μm 计
7	各色硝基底漆、面漆	Q06—4 Q04—2	100～150	—	—	150～180	—	—	—	—	—	—
8	各色醇酸磁漆	C04—2， C—49， C—50	100～120	90～100	100～120	—	—	—	—	100～120	—	—
9	各色氨基面漆	A04—1， A0—9	120～140	100～120	—	—	—	—	80～120	—	—	—
10	油性腻子	T07—1， A07—1	—	—	—	—	—	—	—	—	180～300	—
11	硝基腻子	Q07—1	—	—	—	—	—	—	—	—	180～200	—

（续）

序号	典型涂料名称	涂装方法 材料型号	喷涂法 钢铁件 <1m²	喷涂法 钢铁件 >1m²	喷涂法 木质件	喷涂法 铸铁件	浸涂	电泳涂装	静电涂装	刷涂	刮涂	备注
12	防声、阻尼涂料	—	400~600		—	—	—	—	—	600	—	厚度为1~3μm
13	红丹防锈底漆	—	—	—	—	—	—	—	—	100~160	—	—
14	各色皱纹漆	—	160~210	—	—	—	—	—	—	—	—	
15	各色锤纹漆	—	80~160	—	—	—	—	—	—	—	—	

注：1. 除磷化底漆、粉末涂料、腻子、防声和阻尼涂料外，其他涂料形成的涂膜以20μm计（即一道膜厚）。

2. 表中数据除电泳涂料、粉末涂料和腻子按原涂料计算外，其他均以调整到施工粘度的涂料计，扣除稀释率，即为原涂料（溶剂型涂料的稀释率一般为10%~15%，硝基漆、过氯乙烯漆为100%左右）。

表1-22　涂装用辅助材料的单位面积消耗定额

（单位：g/m²）

序号	涂装用辅助材料名称	规格	被处理件类型 金属板件	被处理件类型 金属件或锻件	备注
1	表面活性剂	OP—10 三乙醇胺	3~5 1~2	—	各种碱式盐及表面活性剂
2	三氯乙烯	工业用	15~25	—	脱脂用
3	溶剂汽油	工业用	25~30	—	脱脂用
4	磷化液	—	15~30	—	总酸度600点
5	重铬酸盐	工业用	0.65~1	—	清洗后钝化用
6	硫酸（密度为1.84g/cm³）	工业用	65~80	65~80	热轧钢板和锻件酸洗去锈用
7	碳酸钠	工业用	12~25	—	酸洗后中和用
8	硅砂（喷砂用）	—	—	5%~12%	按零件重量计

（续）

序号	涂装用辅助材料名称	规格	被处理件类型		备注
			金属板件	金属件或锻件	
9	铁丸（喷丸用）	—	—	0.03%～0.05%	按零件重量计
10	砂布	2#～3#	0.1	—	除锈用
11	砂纸	0#～2#	0.1	—	打磨腻子用
12	砂纸	0#～200#	0.01～0.025	—	打磨腻子用
13	水砂纸	220#～600#	0.02～0.04	—	打磨腻子用、中涂层用
14	水砂纸	600#～1000#	0.05～0.06	—	打磨面漆层用
15	擦布	—	10	15	擦净用
16	法兰绒	—	0.04～0.05	—	抛光用

（3）计算被涂件所用材料的消耗定额　根据计算得到的被涂件的总表面积和所选用材料的单位消耗定额，即可计算出被涂件所用材料的消耗定额。

（4）估料　根据被涂件的消耗定额，留出适当的余量（一般取质量分数为10%～20%），就可以进行估料。如果是批量生产，再乘以产品件数。

三、估工估料实例

1. 估工实例

图1-4所示为用钢板制成的电控箱壳体，几何形状比较简单，涂装操作也比较容易，涂装技术要求是满足一般条件下的使用，加工精度为2级，使用的涂料品种是铁红醇酸底漆、灰氨基烘漆及醇酸腻子。

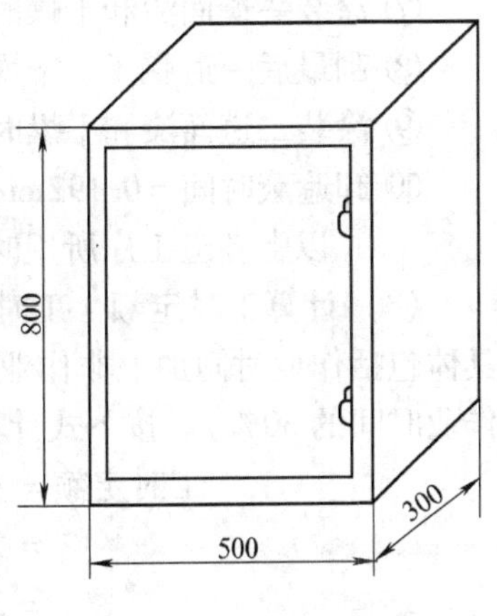

图1-4　电控箱壳体

（1）涂装工艺流程　涂装前预处理（表面清理脱脂、磷化）→摆放工件→保护接地螺栓遮蔽→涂底漆→干

燥→局部刮腻子→干燥→打磨→涂装头道面漆→干燥→局部刮最后一道腻子→干燥→打磨→涂装二道面漆→干燥→卸遮蔽。

（2）估工步骤

1）计算电控箱涂装表面积：按图 1-4 尺寸计算电控箱壳体的表面积和壳体的质量（钢的密度为 $7800kg/m^3$）。壳体内外部表面积都要求涂装。总涂装表面积应是内外表面积之和。

$$
\begin{aligned}
\text{壳体内外表面积} &= 0.8m \times 0.3m \times 4 + 0.3m \times 0.5m \times 4 \\
&\quad + 0.8m \times 0.5m \times 2 \\
&= 2.36m^2 \\
\text{壳体重量} &= 7800kg/m^3 \times 1.19m^2 \times 0.001m \\
&= 9.3kg
\end{aligned}
$$

2）计算手工喷涂壳体的作业时间：由表 1-8 ~ 表 1-19 计算可得：

① 涂装前预处理时间 = 8.7min

② 使用压缩空气清理时间 = 1min

③ 使用擦布擦拭时间 = 1.18min

④ 摆放工件时间 = 0.35min

⑤ 喷底漆和干燥时间 = 31min

⑥ 局部刮腻子、干燥和打磨时间 = 36min

⑦ 涂装一道面漆和干燥时间 = 61.18min

⑧ 刮最后一道腻子、干燥和打磨时间 = 37.18min

⑨ 涂装二道面漆和干燥时间 = 61.18min

⑩ 卸遮蔽时间 = 0.192min

以上各道工序所用时间之和 = 作业时间 = 238min

（3）计算工时定额　工时定额就是作业时间和非作业时间之和，具体包括作业时间加上非作业时间的百分比（也就是 K 值。K 值取作业时间的 30%）。按下式计算

$$
\begin{aligned}
\text{工时定额} &= \text{作业时间} \times (1 + K) \\
&= 238min \times (1 + 30\%) \\
&= 310min
\end{aligned}
$$

（4）估工　根据计算，喷涂 1 台电控箱壳体所需工时估算为

310min。

2. 估料实例

某厂计划喷涂电动机端盖 100 件，已知单件表面积为 $0.45m^2$，要求涂 C06—1 铁红醇酸底漆一道、银灰氨基醇酸面漆两道。试估算需要准备铁红醇酸底漆、银灰氨基醇酸面漆及其稀释剂各为多少公斤。

（1）计算工件的总面积　$A=0.45m^2\times100=45m^2$。

（2）计算用漆量　工件的几何尺寸简单，面积较大，单位面积消耗定额取 $G=0.35kg/m^2$。

1）银灰氨基醇酸面漆消耗量：按下式计算为

$$Q=GA=0.35kg/m^2\times45m^2=15.75kg$$

2）两道面漆消耗量为

$$15.75kg\times2=31.5kg$$

3）铁红醇酸底漆消耗量：按下式为

$$Q_{底}=0.6Q=0.6\times15.75kg=9.45kg$$

4）配套稀释剂消耗量：按涂料的 30% 计算为

$$Q_{稀}=(31.5kg+9.45kg)\times30\%=12.3kg$$

根据上述计算，估计需要准备：银灰氨基醇酸面漆 34kg，铁红醇酸底漆 10kg，配套稀释剂 15kg。

复习思考题

1. 简述磷化溶液总酸度及各种成分的测定方法。
2. 简述脱脂常见的质量问题及解决方法。
3. 简述磷化常见的质量问题及解决方法。
4. 简述磷化处理原理。
5. 简述影响磷化膜质量的因素。
6. 简述金属腐蚀的分类及其含义。
7. 简述金属腐蚀的原因。
8. 简述金属腐蚀的含义和金属腐蚀的表现形式。
9. 金属为什么会遭受腐蚀？氧化物有几种形态？
10. 什么是原电池与腐蚀电池？

11. 简述电化学腐蚀原理。
12. 金属腐蚀中的晶间腐蚀、电偶腐蚀、缝隙腐蚀、点蚀是怎样发生的？
13. 金属防腐方法有哪几种？
14. 什么是阳极保护法？
15. 简述光与色的关系。
16. 物体的颜色是怎样显示出来的？
17. 简述涂料与颜料配色的原则。
18. 简述美术漆涂装的分类方法。
19. 简述涂装前估工的依据。
20. 制定工时定额的方法有哪些？
21. 简述工时定额的组成。
22. 简述涂料消耗定额的影响因素。

第二章

常用涂装工艺选用、质量分析和涂膜缺陷的排除

培训目标 掌握涂料、涂装方法的正确选择；掌握电泳涂装工艺、自泳涂装工艺、粉末涂装工艺，以及涂料与涂膜缺陷和防止措施。

第一节 涂装方法及涂装工艺

涂装工艺卡和操作规程，是指导涂装生产全过程的技术文件，它从原材料准备、设备使用到涂装工艺和技术管理都有详细规定，涂装操作人员必须严格遵照执行。现将有关涂料选择及其涂装工艺简介如下。

一、涂装方法分类

（1）按被涂物的材质分类 有金属涂装（黑色金属涂装、有色金属涂装）和非金属涂装（木器涂装、混凝土制品表面涂装、塑料制品涂装等）。

（2）按被涂物的范围分类 有汽车涂装、船舶涂装、飞机涂装、铁道车辆涂装、轻工产品涂装（自行车涂装、缝纫机涂装、洗衣机涂装、电冰箱涂装、微波炉涂装、空调机涂装、电视机涂装等）、仪器仪表涂装、家具涂装、桥梁涂装、建筑涂装、机床及其他机电产品涂装等。

（3）按涂膜的性能和用途分类 有装饰性涂装（又分为高级装

饰性涂装、中级装饰性涂装和一般装饰性涂装）、装饰防腐涂装、防腐蚀涂装（又分为一般防腐蚀涂装和重防腐蚀涂装）、电气绝缘涂装、防声涂装等。

（4）按涂装生产方式分类　有个体涂装（手工作业，自然干燥）、设备结构和建筑物涂装（在现场涂装，自然干燥）、工业涂装（涂装工艺已形成工业化生产流程，可进行流水线生产，涂装设备的机械化和自动化程度高，涂膜干燥一般采用烘干方式）。

（5）按涂装方法分类　有手工涂装（刷涂、滚涂、喷涂等）、静电涂装（自动旋杯、自动喷枪、手工喷枪等）、电泳涂装（阴极电泳、阳极电泳）、粉末涂装等。

二、涂料选择与涂膜作用

涂料的选择非常重要，它直接影响到涂装质量和涂装成本。选择涂料，首先应明确产品的涂装目的，然后确定涂膜的质量要求，再依照价低质高的原则选择性能优良的涂料。现在各个涂料生产厂家依照国家、化工部门和本企业的标准生产涂料。因此，在选择涂料时，可参照上述标准，再根据产品的性价比要求，即可做出正确选择。以上是选择涂料的第一步，一般是先挑选出两种以上，然后进行现场试验对比，因为不同的涂装设备和涂装环境对涂料有着不同的要求，所以涂料与涂装设备的配套性也是涂料选择的重要依据。

涂料的选择一般包括以下几个步骤：

1）初始认可检验。

2）现场试验与调整。

3）少量试装（试装数量一般为5~10件）。

4）批量试装（试装数量一般为100~500件）。

5）正式采用。

1. 底层涂料的选择及涂层作用

底层涂料的特点，是底层涂料与不同底层材质的被涂物表面直接接触，一般底层涂料的原材料组成中都加入了各种防锈颜料或抑制性颜料，目的是对底层金属表面分别起到防锈、钝化作用。底层涂料的性能还应具有对底层金属或其他底层材质有很强的附着力，

而对上层面料有很优良的结合力。但是，底层涂料的作用必须要有可靠的产品涂装前的表面预处理质量作为保证。

涂装前被涂物表面不得存在油污、锈迹、氧化皮、锈蚀物、灰尘杂质等污垢。金属表面的锈蚀物，是金属表面遭到腐蚀破坏后生成的松散的氧化物。氧化皮多是金属加热过程中形成的，除了黑硬的氧化皮外，其他颜色的氧化皮也多是松散的氧化物。灰尘、泥土及其他污垢内，则含有能腐蚀金属表面的有害物质。油污、油膜来自金属加工后的防锈油。其他物质主要是来自机械加工过程中的污染等。上述的各种有害物质，如果不彻底清除，都会不同程度地破坏底层涂料与金属表面的附着力，使之不能发挥其应有的防锈和钝化作用。此外，若材质表面上存在有害的化学物质，则危害性更大，它将很快地使底涂层失去固着作用。所以，涂料选择要充分考虑到这些因素的破坏作用。

目前，金属涂装应用最广泛的底层涂料为电泳涂料（尤其以阴极电泳为主），而与之配套使用的涂装前表面预处理则多为磷化处理。还有一种较新的电泳工艺——二次电泳工艺，它是采用两涂层电泳材料，采用第二层电泳来代替中涂，具有质量稳定、可靠性高、一次合格率高、材料利用率高、设备投资少以及废弃污染物少等优点。

2. 中间涂层涂料的选择及涂层作用

要求装饰性高的产品涂装，因材质表面的平整度往往不高，例如铸铁表面涂膜质量要求具有一定的装饰性与保护性，则必须采用中间涂层。中间涂层具有承上启下的作用。选择中间涂料的质量条件，要求与底层涂料、腻子、面层涂料，具有良好的结合力、良好的流平性、较高的遮盖力、能自干或烘干、干燥后的涂层平整光滑、容易打磨、可进行干磨或湿磨。中间涂层可弥补腻子层尚未填平的表面造成的缺陷、刮涂较大面积造成的缺陷、填平打磨腻子层留下的砂布痕迹或砂纸痕迹（又称为砂布纹道或砂纸纹道），还应能弥补涂层厚度不足等。其品种有多种深、浅不同颜色的涂料与面层涂料色彩配套，具有适宜的平光、微平光、中高光的光泽，涂膜致密度高，坚硬柔韧，有一定的保护作用，是产品涂装的又一道防腐蚀的

屏障。多层涂装中因为有了中间涂层，可以较容易地得到光滑平整、丰满度好、光泽美观的装饰性高的涂膜外观。

3. 面层涂料的选择及涂层作用

表面涂层是产品多层涂装的最后一道涂层，首先受到外界多种腐蚀污染物的侵蚀，必须具有能抵抗机械冲击、碰撞、气候变化、阳光暴晒、酸雨、风霜雪等恶劣环境条件的侵害。有些涂膜要求有色彩鲜艳、光亮丰满、柔韧性好、高光泽的外观。有些涂膜还要求耐高温、耐低温、耐高速气流冲刷、抗燃烧、不延燃、三防性（防湿热、防盐雾、防霉菌）、防辐射、防毒、防污、伪装和示温等特殊作用。面层涂料必须适应涂层作用的要求，还需同选用的底层涂料、中间层涂料有良好的结合力，并经正确的涂装操作，形成性能优良的复合涂膜。

中间涂层涂料和面层涂料应用最普遍的还是溶剂型涂料，但目前已经有先进技术研究出水性涂料，国外已经开始使用。为了适应环境保护要求，相信水性涂料很快就会被推广使用。

4. 高固体分涂料、电泳涂料、粉末涂料、水性涂料的选择及涂层作用

高固体分涂料、电泳涂料、粉末涂料、水性涂料等，都是随着涂装技术的不断进步，为提高材料的利用率，降低有害物质的排放量而研制出来的。它们是低溶剂或无溶剂的涂料品种，也称为环保涂料。目前，国内外涂料生产正向着高装饰、高保护、低毒、低污染、特殊作用、美术性涂料等类型结构发展，被称为是现代涂料生产发展的总趋势。涂料的选择和使用，应当适应涂料和涂装的发展趋势。而选择适宜的设备工具，例如电泳涂装、静电喷涂（包括高压无气静电喷涂）、粉末涂装等方法的设备工具，以及涂装工艺，都要适应现代涂装技术的发展要求。所以，对高固体分涂料、电泳涂料（阳极电泳、阴极电泳）的选择使用，以及这些涂料经涂装后形成的涂层的良好作用应给予充分的重视，这也是现代新老产品涂装技术发展的要求。力求减少或最大限度地消除环境污染，改善劳动条件，有利于操作者的健康，缩短涂装周期，大力实现机械化和自动化流水线生产，提高涂装质量与效率，节省能源，省工省料，大

幅度地降低生产成本，以取得产品涂装的最佳技术经济效益，这也是涂装生产发展新趋势的要求。

(1) 高固体分涂料的选择及涂层作用 国内外生产的高固体分涂料可供选择的类型及品种有：氨基醇酸树脂、丙烯酸树脂（它们中都有三聚氰氨树脂）、无油聚氨酯树脂涂料等类品种。涂料的性能、质量都很优良，它们的基本性能与溶剂型低固体分涂料相同。但由于它们的组分中树脂含量高，用于涂装施工时固体分质量分数可达到65%～70%，虽然涂料中的挥发分没有降到20%以下，但涂装时的有机溶剂挥发量降低了30%，涂装后形成的涂层厚度有明显提高，一道涂层厚度可达到30～40μm。采用高压无气喷涂、高压无气静电喷涂、静电喷涂，其涂装效率可提高2～20倍。涂层均匀致密，形状复杂的尖边、棱角或内腔等部位，都可得到很好的喷涂效果。不仅涂装质量可以提高，而且涂装成本也可以降低，是很值得推广使用的涂料。

(2) 电泳涂料的选择及涂层作用 目前，国内可供选择的电泳涂料有阳极电泳涂料和阴极电泳涂料两个品种。

1）阳极电泳涂料有不同颜色的环氧和异氰酸脂等阳极电泳涂料。电泳涂料以蒸馏水或去离子水作为溶剂。配槽浸渍电泳涂料极易形成涂装自动流水线生产。涂装时，无溶剂及雾化涂料飞散，环境污染和操作者的劳动条件可得到明显改善，电泳涂膜均匀、平整、一致、附着力强，具有很高的抗腐蚀性，丰满，光滑，无流挂，形状复杂的被涂件的各个部位都能达到均匀一致的涂膜效果。目前，此法已广泛应用于机械、仪器仪表、轻工、电器、汽车、航空、国防等工业产品的涂装。但阳极电泳涂装有两个主要缺点：第一是涂料槽液呈碱性，易使高分子成膜物产生降解，使涂膜作用下降；第二是电泳时金属被涂物表面（例如磷化膜）溶出物使电泳涂料颜色变深，还会使涂膜的防腐性能和物理力学性能下降。

2）阴极电泳涂料的出现，解决了上述阳极电泳涂料在涂装过程中出现的两大缺点，因为被涂件成为阳极，金属表面溶出物极微，不致于加深涂料颜色，不影响槽液的稳定性。因此，阴极电泳涂膜质量好，防腐蚀性能大大提高。又因为槽液呈酸性，高分子降解倾向小，对腐蚀有抑制性，涂料成膜后性能不会降低，这是阴极电泳涂料的突出特点。但阴极电泳涂料呈酸性，使用的设备和工具应耐酸，阳极的材质以不活性金属较好（以免金属溶出），电泳槽体不能做相反极使用。

选择电泳涂料进行涂装，尤其是广泛应用的阴极电泳涂装，涂膜能获得很高的性能。但是，电泳涂料的涂装方法有很强的技术特点，需要较高的涂装设备条件，涂装工艺与操作技术较复杂，并要求必须具有很高的涂装前表面预处理质量，涂装工艺的各项工艺参数必须经反复试验后认真选择最佳参数，生产中还应定期检测、调整槽液并严格执行操作规程，才能获得最佳的涂膜质量。产品的材质不同时，所要求的最佳涂装参数也不相同，所以电泳涂装工艺参数需要慎重选择。

（3）粉末涂料的选择及涂层作用　20 世纪 80 年代以来，国内生产的粉末涂料有热塑型、热固型两大类。可供涂装选择的热塑型粉末涂料有聚乙烯、聚氯乙烯、聚酰胺（尼龙）、聚酯等。热固型粉末涂料有环氧树脂、聚酯环氧、聚酯、丙烯酸等。

1）热塑型聚乙烯树脂粉末涂料，具有优良的耐化学药品性、耐水性、耐各种溶剂、电绝缘性、耐低温、柔韧性、塑性好、无毒、力学性能较好、价格低、适宜流化床涂装和静电喷涂法涂装。但涂膜表面硬度及耐候性差。适用于电器、轻工、电缆线、金属线、容器、工具、充电工具等涂装。

2）热塑型聚氯乙烯树脂粉末涂料，具有优良的耐候性、耐水性、耐化学药品性、耐湿、柔韧性、耐磨损、抗挠曲、边缘覆盖性好、耐久性好、价格便宜等优点。适用于家用电器、金属网制品、化工设备、各种泵和阀等产品涂装。适宜流化床涂装和静电喷涂法涂装。但不足之处是对底材覆盖力差，需要涂底漆，烘烤时增型剂挥发，熔融温度与分解温差小，烘干温度范围窄，高温烘烤不宜用于 100μm 以下涂膜，否则涂膜性能变差。

3）热塑型聚酰胺树脂粉末涂料，具有优良的耐化学药品性、耐水性、耐沸水性（可耐 100℃ 热水）、耐熔剂性、电绝缘性、柔韧性、耐磨性、抗冲击性、耐候性好等。其缺点是与金属表面附着力

差，需涂底层，熔融张力大，涂装时尖端棱角处易流淌，烘干温度高，价格较贵。可采用流化床、静电喷涂法涂装，其中流化床法涂装应用较多。

4）热塑型聚酯树脂粉末涂料，具有优良的附着力，涂膜表面光滑、平整光泽、装饰性好、耐候性好、耐化学药品性好、不需底涂层。但烘干温度范围较窄，耐冲击性较差。国内在20世纪80年代生产和应用较多的是聚乙烯粉末涂料、聚氯乙烯粉末涂料等少数品种，其原因是热塑型聚酯、尼龙等粉末涂料都因烘烤温度高、涂料质量尚有差距而用量不多。

5）热固型粉末涂料自20世纪80年代中期起，国内用量逐年增长，其中，热固型环氧树酯、聚酯环氧粉末涂料（也称为不饱和聚酯树脂粉末涂料）应用最多最广。热固型环氧树脂粉末涂料，适用于室内、地下工程、地下管道、矿井、不接触阳光暴晒等大气条件下作用的产品涂装，以及装饰性要求不高、保护性（防腐蚀）要求高的产品涂装。

6）聚酯粉末涂料（不饱和聚酯品种类型）适用于室外产品涂装，耐大气性好（不怕阳光曝晒），也适用于装饰性要求高的产品涂装。

7）丙烯酸树脂粉末涂料比聚酯粉末涂料具有更优良的耐候性、保光保色性、抗污染、耐腐蚀、附着力优良、力学性能高等。

（4）水性涂料的选择及涂层作用　水性涂料是以水作为溶剂，只以少量醇醚作为助溶剂，采用不同的水性树脂配制而成，可分为水溶型、胶体分散型和乳胶型三种。目前，水性中涂漆主要有水性聚酯氨基树脂漆和封闭型聚氨酯型树脂漆两种。水性底色面漆主要有水性丙烯酸氨基漆和水性聚氨酯漆两种。水性罩光面漆主要由水溶性甲醇醚化三聚氰胺甲醛树脂与水性丙烯酸树脂或醇酸树脂按比例配制而成。在欧洲，水性涂料已经得到了很广泛的应用。目前已经发展到第二代水性涂料，它与传统的溶剂型涂料相比，施工参数窗口更为宽松一些，而且涂膜性能完全可以达到溶剂型涂料的水平。

三、涂装方法的选择与涂装工艺

1. 涂装方法选择

涂装方法是指利用涂装设备和工具，将涂料薄而均匀地涂布在被涂物表面上的方法。涂装方法很多，从原始的手工工具涂装，发展到现在的自动涂装，已经有近百年的历史，尤其是在近一二十年以来，随着工业生产的发展和技术的进步，随着新型涂料的出现和对涂膜质量要求的提高，涂装方法不断改进，发生了显著的变化，并已逐步向自动化、无污染和高效化的方向发展。

（1）涂装方法种类　国内外常用的涂装方法有刷涂、浸涂、淋涂、辊涂、刮涂、空气喷涂、高压无气喷涂、电泳涂装、静电喷涂、粉末涂装等。常用的涂装方法及工具和设备见表 2-1。

表 2-1　常用的涂装方法及工具和设备

分　类	涂装方法	所用的主要工具和设备
手工工具涂装	刷涂 揩涂 辊涂 刮涂	各种刷子 棉布包的棉花团 滚筒刷子 刮刀
机动工具涂装	空气喷涂 高压（或低压）无气喷涂 热喷涂 转鼓涂装	各种喷枪、空压机、输漆装置 无气喷涂装置 油漆加热装置，其他与上述两者相同 滚筒
器械装备涂装	抽涂（又称挤压涂装） 滚筒涂装（辊涂） 离心涂装 浸涂 淋涂 幕式涂装 静电喷涂：手提式或固定式 自动涂装：门式或机械手式 电泳涂装：阳极涂装或阴极涂装 化学涂装 粉末涂装：热熔融法、静电涂装法和粘附法	抽涂机 辊涂机 离心涂装机 浸涂设备 淋涂设备 幕式涂装机 静电喷枪、高压静电发生器 自动涂装机或机械手 电泳涂装设备 化学泳涂设备 各种粉末涂装设备

（2）常用的涂装方法的优缺点　常用的涂装方法各有其优缺点。选用时要认真考虑。常用的涂装方法的优缺点见表2-2。

表2-2　常用的涂装方法的优缺点

涂装方法	主要优缺点
刷涂法	优点：适用于涂刷各种形状的被涂物，工具简单，适用涂料的品种多 缺点：劳动强度大，生产效率低，涂膜外观、刷涂效率和涂料的用量在很大程度上取决于操作者的素质
浸涂法	优点：生产效率高，操作简单，节省涂料，适用范围广 缺点：涂膜质量不高，易产生流挂，被涂物上、下部涂膜有厚度差
淋涂法	优点：生产效率高，易形成流水线生产，涂层均匀，适用范围广 缺点：溶剂的消耗量大
辊涂法	优点：生产效率高，一次涂装可达到涂膜厚度要求，涂层均匀，涂料利用率高，易形成自动化生产，手工辊涂效率较低，但质量较好 缺点：适用于平板和带状的平面底材涂装
刮涂法	优点：对被涂物表面不平整部位填充性好 缺点：涂膜质量差，打磨工作量大
空气喷涂法	优点：应用范围广，操作简便，涂装效率高，涂膜质量好 缺点：涂料消耗量大，环境污染较严重，对操作工人健康有损害，需要增设环保设施
高压无气喷涂法	优点：应用范围广，涂装效率高，涂料利用率高，环境污染小，涂装覆盖率高 缺点：操作时喷幅和喷出量不能调节，必须更换喷嘴才能实现，涂膜质量不高，不适用于薄层装饰性涂装
电泳涂装法	优点：涂料利用率高，涂膜厚度均匀，生产效率高，适用于流水线涂装作业，涂膜的附着力好，防腐性强，环境污染小 缺点：设备复杂，投资多，涂装管理复杂，生产中不能换色
静电喷涂法	优点：涂料利用率高，生产效率高，适用于大批量流水线生产，可改善作业环境，减少涂装公害 缺点：静电喷涂法使用的是高压电，容易产生火花放电引起火灾；又因为有静电屏蔽作用和电场分布不均匀，被涂物凸凹部位涂膜厚度不均匀，另外对涂料和溶剂有一定的特殊要求
粉末涂装法	优点：涂装生产效率高，涂料附着力强，涂膜厚度均匀，涂膜质量好，节省涂料，环境污染小，容易形成自动化流水生产 缺点：复杂形状产品的凹处、尖棱角部位涂装效果不好

（3）各种涂装方法的适用范围　不同的涂装方法与不同品种涂料和涂装条件相适应。各种涂装方法及其适用范围见表2-3。

表2-3　各种涂装方法及其适用范围

涂装方法		适用范围
刷涂法		要求装饰性不高的各种形状和大小不同的工件涂装，例如机械设备、船舶、车辆、木器、家具、建筑工程等
辊涂法		大批量连续涂装生产的平板和卷材工件涂装，例如建筑物、船舶的平板件及平面、各种钢铁板件、人造革、纸张、塑料薄膜和各种金属卷材等
浸涂法	手工浸涂	装饰性要求不高，批量小，无孔及深腔的工件涂装，例如小五金、小型铸件、电气绝缘件等
	自动浸涂	大批量流水生产的涂装表面要求不高的各种较小型的金属件，要求防腐性的大型工件，或作为底层涂装，例如机械、化工、农机、交通、船舶、电器等
淋涂法		大批量形状较简单的只涂装单面的工件，例如船舶的大型平板件、缝纫机木台板、各种机械平板件等
刮涂法		各种涂装工件的底层涂装，例如刮涂腻子、填孔、底漆等
空气喷涂法		各种材质、形状和大小不同的工件涂装，例如机械、化工、船舶、车辆、电器、仪器仪表、玩具、纸张、钟表、乐器等
高压无气喷涂法		厚膜装饰性要求不高的工件，例如建筑、船舶、化工设备、汽车底盘等
电泳涂装法		批量和大批量流水生产防腐性能要求高的工件涂装，例如汽车、机械、化工设备、飞机、船舶、电机等
静电喷涂法		大批量流水生产，要求保护性、装饰性能高的工件涂装，例如汽车、机械、电器、轻工、船舶、化工、建筑、航空、仪器仪表等
粉末涂装法		大批量流水生产的各种形状的中小型产品，要求涂装表面保护、装饰性能高的产品，例如轻工、机械、电器、仪器仪表、钟表、车辆、航空等

（4）涂装方法的选择和应用　正确地选择涂装方法，应当考虑

的因素很多，主要是根据产品涂装的目的选择涂料，与此同时，再根据被涂件的材质、形状、大小、表面状况以及涂装前预处理方法、现有涂装设备及工具、涂膜干燥设备条件、涂装环境条件、组织管理以及操作人员的技术水平等，综合考虑选择涂装方法。但在当今节省资源和高环保的要求下，各种喷涂方法的涂着效率（或称涂料利用率）也是选择涂装方法的关键因素。涂装方法的选择是否合理，关系到涂装质量、生产批量、涂装的经济性等技术经济效益问题。

1）被涂件的使用环境：被涂件的使用环境是室内、室外、静的、动的；是低空还是高空；是普通工业产品还是化工设备；是浸在油中工作的还是地下管道；是工业区还是居民区；是厂房内还是家庭使用的等。以上各种环境条件可用以下技术条件予以概括，如防锈、防潮、三防性（防湿热、防霉菌、防盐雾）、耐高温低温、耐水、耐油、耐各种化学腐蚀、表面装饰程度（一般装饰还是高装饰）、绝缘、导电、示温、耐辐射、隔热、伪装、防污、延燃等不同涂装要求。为了满足产品的涂装目的，就需要选择能够满足产品涂装质量要求的优良涂料品种，根据涂料的涂装特点，进而选择相适应的涂装方法。例如大批量的工业产品涂装，可采用浸、淋、辊、空气喷涂等涂装方法，还可以采用自动涂装生产线的电泳、静电及粉末涂装方法。又如轿车等高装饰性产品涂装，可采用多涂层体系，底漆一般可采用电泳涂装法，中涂、面漆可以采用空气喷涂或静电喷涂。总之，被涂件的使用环境要求与涂装方法的选择密切相关。

2）被涂件材质：被涂件的材质有黑色金属、有色金属、非金属等众多的不同材质，材质不同、表面状况及涂装前预处理方法不同，与之配套的涂料品种也不同，应采用不同的涂装方法。例如铸铁件，经喷砂、喷丸或抛丸处理，可采用浸、喷、静电喷涂等方法。冷轧件，经涂装前预处理后，可采用浸、淋、辊、喷、电泳、静电、粉末喷涂等方法。

3）涂装的经济性：在确保涂装质量、生产批量、一定经济效益的前提下，能采用刷、浸、淋涂装时，就不要采用喷涂；能采用自干型涂料时，就不要选用烘干型涂料。对于涂膜质量要求高、批量大的产品，如汽车、家电、农机等，应采用电泳、静电、粉末涂装

方法涂装。

4）涂层的配套：在现代涂装生产中，要求单层涂装的很少（粉末涂装除外，因一次涂覆能形成较厚涂层）。对于溶剂型涂料，一次涂装干燥后，所形成的涂层厚度只有30~40um，由于涂装过程中多种因素的影响，一次涂装不可能达到防腐性能好、又有一定装饰性的色彩美观的致密涂膜。因此，在选择涂装方法时，要考虑多涂层的配套涂装，使涂装产品既能满足防腐性能要求，又具有高的装饰性。

5）涂装设备与工具：选择涂装方法时，既要充分考虑涂装方法所必需具备的设备、工具，也要考虑工厂的现有设备与工具情况，例如既能保证产品涂装质量、批量要求、一定的经济效益，又能符合选用涂料的涂装方法时，就可以采用本单位现有设备与工具的涂装方法。待条件允许时，再采用先进的设备与工具，这样既能取得高的涂装质量、高的生产效率和经济效益，又能节能、减少环境污染和改善劳动条件。

6）涂装环境及技术力量：涂装环境条件（施工场地和涂装配套设施）、操作者的技术水平条件，对涂层的形成、涂装质量有很大影响。选择了性能优良的涂料，采用了正确的涂装方法，但没有相适应的涂装环境条件，操作者技术水平也不高，又无现代化的管理方法，仍然不能达到产品涂装质量的要求。例如涂装高保护、高装饰的产品，既要有高素质的人员操作，同时又要有相适应的环境条件作保证，例如适宜的温湿度、良好的送排风的喷漆室、洁净的烘干设备等。否则，不论是多么好的涂料和多么合理的涂装方法也难以保证涂装质量。涂料与涂装技术发展到20世纪90年代末期，随着涂装新技术的不断完善、高性能的涂料的问世、涂装环境的逐步改善等，同时要求必须有相适应的现代化管理技术、现代化的高水平的涂装操作水平，以满足现代化的涂装生产需求。

2. 涂装方法的基本技术特点

（1）刷涂法　刷涂法是一种使用最早和最简单的涂装方法，适用涂料的品种多。其操作是手工用毛刷蘸上或由供给泵供给涂料，按一定的操作方法，将涂料刷涂在被涂物表面上，经干燥形成涂膜。

此法的优点是设备简单，适应性强，几乎所有的涂料都可以采用刷涂法进行施工。缺点是由于所用设备及工具纯属手工操作，劳动强度大，生产效率低，涂膜质量不高，多用于建筑物、木器涂装上，其他行业也有不同程度应用。

（2）浸涂法　浸涂法是将工件浸没于涂料中，经过一定时间后取出，除去其上的过量涂料，通过烘干室烘干或自然干燥成膜。浸涂法过去用的是手工浸涂法。现在对批量产品采用传动浸涂法、离心浸涂法、回转浸涂法、真空浸涂法等。这些方法的优点是浸涂设备简单，生产效率高，材料消耗低，操作简单，适用于小型的五金零件、钢质管架、薄片件以及结构比较复杂的器材或电气绝缘件等涂装。但对于带有深槽、不通孔等能积蓄余漆且余漆不易去除的被涂物不宜采用浸涂法。

（3）淋涂法　淋涂法是通过喷嘴将涂料淋涂在被涂物件表面上，涂料经自上而下的流淌将被涂物表面完全覆盖，滴去余漆形成涂膜的一种涂装方法。对于小批量物件，可用手工往被涂物件上浇漆，故又称为浇漆法。现在发展为自动幕帘淋涂法，是将涂料储存于高位槽中，当工件通过传送带自幕帘中穿过时，涂料从槽下喷嘴细缝中呈幕帘状不断淋在被涂工件上形成均匀涂层，淋涂后的工件通过通道，将溶剂蒸发并使涂料很快流平，即可进入烘房干燥成膜。淋涂法使用的涂料，要求颜料不易沉淀、浮色，在较长时间内与空气接触不易氧化结皮干燥，为此可在涂料中加有一定量的湿润剂、抗氧化剂和消泡剂等。此法适用于平板件、流线形件、管状件等涂装。其特点是生产效率高，劳动强度低，适合于流水线生产，节省涂料，涂膜厚度均匀，但溶剂消耗量较大。

（4）辊涂法　辊涂法有手工辊涂法和自动辊涂法两种方法。手工辊涂法，是用带有手柄的长绒辊筒，沾浸涂料并涂到产品表面上，涂层经干燥成膜，多使用自干型涂料。手工辊涂法主要用于室内建筑墙面的涂装。其优点是涂膜厚度较均匀，无流挂等缺陷。缺点是边角处不易辊到，需用刷子手工补涂。自动辊涂法是采用由多个辊子组成的辊漆机进行辊涂施工。涂装时，将调配好的涂料通过涂漆辊涂到被涂物表面上，经干燥形成涂膜。自动辊涂法因为能使用较

高粘度的涂料，污染小，又能进行自动化生产，涂装效率高，一次辊涂涂层可达到要求厚度，适用于平面状的被涂物涂装，广泛应用于金属板、胶合板、布与纸的涂装，特别适用于金属卷材涂装。

（5）刮涂法　刮涂法主要用于刮涂腻子，以修饰被涂物凹凸不平的表面，或修整被涂物的造型缺陷，其操作是采用刮刀对黏稠涂料进行厚膜涂装的一种方法。此法适用于各种涂装产品的底层刮涂腻子和填孔，也可用于刮涂油性清漆和硝基清漆。

（6）空气喷涂法　空气喷涂法是靠压缩空气的气流使涂料雾化，在气流带动下，将雾化涂料喷涂到被涂物表面上成膜的一种涂装方法。空气喷涂法最初是为解决硝基漆类快干型涂料的涂装而开发的一种涂装方法。由于此法几乎适用于各种涂料和各种被涂物，涂装效率大约是刷涂法的 8 ~ 10 倍，作业性好，且能得到均匀美观的涂膜，因此合成树脂涂料的施工普遍采用此法。此法适用于各种形状、大小不同、材质不同产品的涂装，喷涂方法简单，能进行大批量自动流水线生产，因此在国内应用十分广泛。此法的缺点是涂料损耗量大，涂料利用率一般只有 50% 左右，漆雾飞散多，操作环境差。

（7）高压无气喷涂法　高压无气喷涂法是靠密闭容器内的高压泵压送涂料，获得 11 ~ 25MPa 高压的涂料从小孔中高速喷出，其速度为 100m/s，随着冲击空气和压力的急速下降，涂料内的溶剂急剧挥发，体积骤然膨胀而分散雾化并高速地附着被涂物表面上。高压泵的动力源虽常用压缩空气，但不参与涂料的雾化，故又可称为高压无气喷涂。此法可分为热喷型、冷喷型和静电涂装型三种。其优点是一次涂层较厚，涂装效率为空气喷涂的 3 倍，涂料利用率高，适用于喷涂高粘度的涂料。缺点是不适于喷涂高装饰薄层涂膜，操作时喷涂幅度和喷出量不能调节，必须更换喷嘴才能达到调节的目的。

（8）电泳涂装法　电泳涂装法是一种特殊的涂膜形成方法，仅适用于专用的水性电泳涂料（简称电泳涂料）。它是近二三十年来汽车涂装底漆的最普及的涂装方法之一。

所谓电泳涂装，是将具有导电性的被涂物浸渍在装满用水稀释的、浓度比较低的电泳涂料槽中作为阳极（或阴极），在槽中另设置

与其相对应的阴极（或阳极），在两极间通入一定时间的直流电，即可在被涂物表面上析出均一、水不溶涂膜的一种涂装方法。根据被涂物的极性和电泳涂料的种类，电泳涂装可分为阳极电泳（被涂物是阳极，涂料是阴离子型）和阴极电泳（被涂物是阴极，涂料是阳离子型）两种涂装法。电泳涂装过程伴随着电解、电泳、电沉积、电渗四种电化学物理现象，在被涂物表面上即析出均一、水不溶涂膜，待一定时间后取出工件，用超滤液和去离子水冲洗工件表面，然后送入烘干炉内干燥即可形成附着力极好的涂膜。此法的优点是涂膜厚度均匀，外观好，泳透力好，耐腐蚀性能好，涂料利用率高，低污染，安全性比较高，能实现自动化流水线生产等。缺点是设备复杂，投资费用高，管理较复杂。由于阴极电泳比阳极电泳有更多的优点，所以目前阴极电泳有逐渐取代阳极电泳的趋势。

(9) 静电喷涂法　所谓静电喷涂，是以接地的被涂物作为阳极，涂料雾化器或电栅作为阴极，接上负高压电，在两极间形成高压静电场，阴极产生电晕放电，使喷出的涂料滴带电并进一步雾化，按同性相斥、异性相吸的原理，带电的涂料滴在静电场的作用下沿电力线的方向吸往被涂物，放电后粘附在被涂物表面上成膜的一种涂装方法。静电喷涂法，根据涂料的雾化形式又可分三种方法：一是离心力静电雾化式，又细分为旋杯式和圆盘式两种方法。二是空气雾化式，又细分为固定式、手提式、自动式三种方法。三是液压雾化式，又细分为手提式和固定式两种方法。无论是哪一种静电喷涂法，它们共同的优点是涂膜装饰性好，质量稳定，涂着效率高，节省涂料，易实现机械化、自动化，节能降耗、保护环境，可改善劳动条件。缺点是工件边角处和凹陷部位涂膜厚度不均匀。

(10) 粉末涂装法　粉末涂装法是因无溶剂粉末涂料的研制而出现的一项新型涂装技术。粉末涂装法实现了无溶剂干法涂装的设想，它具有无环境污染、提高施工效率、提高涂膜质量等优点，是涂装领域倍受重视和具有良好发展前景的一种涂装技术。

粉末涂装法又细分为粉末流化床涂装法、粉末静电流化床涂装法、粉末静电振荡涂装法、粉末静电喷涂法、粉末电泳涂装法和粉末涂料热融射喷涂装法等。在汽车涂装领域最常用的是粉末静电涂

装法。

1）粉末流化床涂装法，是将被涂件预热后放入粉桶内，在粉桶的多孔板下部通入经油水分离后的压缩空气，使装入多孔板上的粉末在压缩空气的作用下产生沸腾（即粉末在桶内受压缩空气作用悬浮起来），因已预热的被涂件表面温度超过了粉末的熔化温度，粉末涂料就粘附在被涂件表面上，经烘干即可形成较厚的涂膜。

2）粉末静电流化床涂装法形成涂膜的过程与粉末流化床法相同，只是被涂件不需要在涂装前进行预热，而是在流化床粉桶中多孔板上面装入负高压电极板，被涂件为正件，通入负高压电后，与被涂件正极之间形成高压静电场，粉末在流化粉桶内沸腾时被带上负电荷并吸附在被涂物表面上，将被涂件取出烘干后即形成涂膜。

3）粉末静电振荡涂装法，是在上述粉末静电流化床涂装法的基础上，把原有的直流高压静电场改成为交变的高压静电场，交变高压静电场可以产生周期性变化，即产生电场的振荡，在这种交变高压静电场的作用下，使流化床粉桶内的粉末产生振荡悬浮，将正极的被涂件放在悬浮的粉末中（粉末粒子带负电），使粉末涂料吸附其上，经烘干后形成涂膜。此法不使用压缩空气。

4）粉末静电喷涂法的基本原理与静电喷涂溶剂型涂料的原理是相同的，它是靠高电压使粉末带负电，借助于静电引力吸附在接地的被涂物表面上，在加热熔融（和固化）后成膜的一种涂装方法。被涂件接地为正极。粉末静电喷涂法与溶剂型涂料静电喷涂法的不同之处在于粉末喷涂是分散的，而不是雾化的。静电粉末喷涂法是靠静电粉末喷枪喷出粉末涂料，在分散的同时使粉末粒子带负电荷。荷电的粉末粒子在空气流的带动下，受静电场静电引力的作用，涂着到接地的被涂物表面上，在加热熔融后固化成膜。

5）粉末电泳涂装法简称 EPC，EPC 是粉末涂装和电泳涂装的融合。在电泳树脂溶液中，把粉末分散在其中，并带上分散介质（树脂溶液）的电荷，这些带电荷的粒子向电极移动后析出，显示通常电泳涂装的性质，分散介质和被分散的粉末粒子同时在电极析出，经过烘烤时同时构成涂膜成分。

6）粉末涂料热融射喷涂装法又称为火焰喷涂法或融射法。粉末

涂料热融射喷涂装法的原理是借助压缩空气将粉末涂料从融射机的喷嘴喷出，并以高速通过从喷嘴外围出来的乙炔（或其他可燃气体）和氧气的火焰中，使其成为熔融状态喷射到被涂物表面上成膜。

粉末涂装法的优点是一次涂层可达到要求厚度（一次涂层厚度可达 50 ~ 100μm 以上），涂层均匀，附着力强，涂层的保护与装饰性能都较高，涂料的利用率高，容易实现自动化流水线涂装生产，粉末涂料为无溶剂涂料，涂装时几乎不产生挥发性有机化合物（VOC）的污染。缺点是换色困难，形状复杂工件的内腔、尖边棱角处因静电屏蔽现象涂装效果不好。

3. 涂装方法的现状及发展前景

涂装技术发展到 20 世纪 90 年代的末期，国内采用的先进的涂装方法有电泳涂装（阴极电泳涂装法和阳极电泳涂装法）、静电喷涂（主要有高速旋杯式、圆盘式、空气雾化式、液压雾化式）、粉末涂装（主要有流化床法、静电流化床法、静电振荡涂装法等）。这些涂装方法比刷、浸、淋、辊、空气喷涂法等传统涂装方法有着无可比拟的优点，适用范围很广，其共同特点是能够形成机械化、自动化流水线的大批量涂装生产，提高产品涂装质量，省工省料，减少了环境污染，改善了操作者的劳动和健康条件。目前，国内在某些大型机械设备、建筑工程、化工设备的涂装上，仍采用刷、浸、辊、空气喷涂等传统涂装方法。面向 21 世纪，随着新型涂料不断涌现，环境保护意识的不断增强，国内外市场产品的激烈竞争，企业的集团化发展，先进的涂装方法，如电泳、静电、粉末喷涂和机器人喷涂等，将逐渐在我国的各个行业得到推广应用。近年来，由于环保法规对涂装的限制越来越严格，欧美等先进国家对挥发性有机溶剂的排放都有严格的规定，涂料水性化是必然的发展趋势。根据水性涂料本身具有导电性的特点，目前已经实现水性涂料的静电涂装。随着粉末涂装技术的发展，发达国家已经在粉末涂装方面取得了较大的进展，如控制涂层的厚度，改善涂膜的外观等，目前采用粉末进行汽车的面漆罩光喷涂已经进入实施阶段。

4. 主要涂装工序及涂装工艺

对于不同的产品，有着不同的涂装方法，而产品涂装工艺的工

序都有着相同之处，现将其主要施工工序介绍如下。

(1) 涂装工序　涂膜一般是由多道作用不同的涂层组成。通常的施工工序为涂底漆、刮涂腻子、涂中间涂层、打磨、涂面漆以及抛光上蜡和维护保养。

(2) 涂装工艺

1）涂装前的准备工作：涂装前，首先需要对被涂物的涂装要求做到心中有数，避免施工完毕后，发现质量不符合工艺规定而造成返工浪费等事故。

在选择涂料品种及其配套性时，既要从技术性能方面考虑，又要注意经济效益，应选用既经济又能满足性能要求的品种，一般不要将优质涂料品种降格使用，也不要勉强使用达不到性能要求的涂料品种。因为被涂装件的表面处理、施工操作等在整个涂装工程费用中所占的比例很大，甚至要比涂料的费用高出一倍以上，所以不要仅仅计较涂料的费用，而忽略涂装施工方面的经济核算。

① 涂料性能检查：各种不同包装的涂料，在施工前都需要进行性能检查，还需要核对涂料名称、批号、生产厂和出厂时间。了解涂装前预处理方法、施工工艺和干燥方式。对于双组分涂料，应核对其调配比例、适用时间和准备配套使用的稀释剂。对于涂料及稀释剂，应按产品的技术条件规定的指标和施工的需要，最好先在被涂件上进行小面积的试涂装，以确定施工工艺参数。

② 充分搅匀涂料：有些涂料储存日久，涂料中的颜料、体质颜料等容易发生沉淀、结块，所以需要在涂装前充分搅拌均匀。双组分包装的涂料，需要根据产品说明书上规定的比例进行调配，充分搅拌均匀，经过规定时间的停放，使之充分反应后再使用。

调制涂料时，先将包装桶内的大部分涂料倒入另一容器中，将桶内余下的涂料颜料沉淀充分搅拌均匀后，再将两部分涂料合在一起充分搅拌均匀，使涂料色泽上下一致。涂料批量大时，可采用机械搅拌装置搅拌均匀。

③ 调整涂料粘度：在涂料中加入适当的稀释剂，涂料粘度调整到规定的施工粘度。采用喷涂或浸涂时，涂料粘度应比刷涂时低些。

稀释剂是稀释涂料的一种挥发性混合液体，由一种或数种有机

溶剂混合组成。优良的稀释剂应符合以下要求：液体清澈透明，与涂料容易相互混溶，挥发后不应留有残渣，挥发速度适宜，不易分解变质，呈中性，毒性较少等。

稀释剂的品种很多，需要根据与涂料的配套性加以选择。如果错用了稀释剂，往往会造成涂料中某些组分发生沉淀、析出。或在涂装过程中发生出汗、泛白、干燥速度减慢等弊病，以致涂料成膜后出现附着力不良、光泽减退、疏松不牢等缺陷。

④ 涂料净化过滤：不论使用何种涂料，在使用之前，除应充分搅拌均匀、调整施工粘度外，还必须用过滤器滤去杂质。因为涂料储存日久，难免因包装桶密闭不严进入杂质或进入空气，从而使涂料上层结皮等。小批量施工时，通常采用手工方式过滤。大批量施工时，可用机械过滤方式。手工过滤常用的过滤器是用 80 ~ 200 目的铜丝网制作的金属漏斗，如图 2-1 所示。机械过滤方式是采用泵将涂料送入金属网或其他过滤器中滤去杂质。

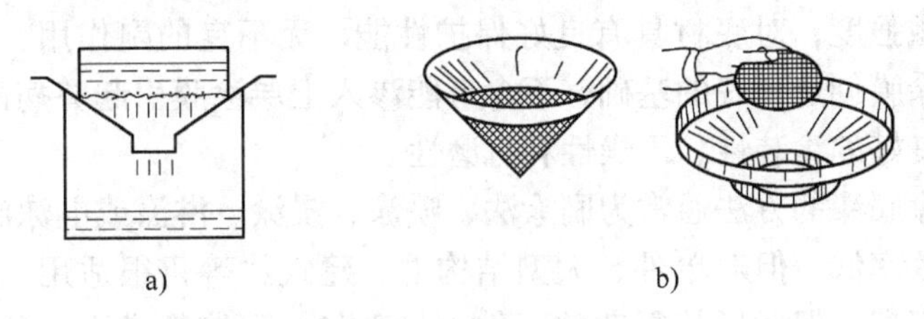

图 2-1　方形或圆形的涂料过滤漏斗
a）方形漏斗　b）圆形漏斗

⑤ 涂料颜色调整：一般情况下使用的颜色涂料，施工时不需要调整。大批量连续施工所用的颜色涂料，生产厂应保证供应品种颜色前后一致。涂料颜色调整是个别情况，在涂装专业厂中遇到的情况可能较多。

施工前的涂料颜色调整是以成品涂料调配，必须使用同种涂料，且尽量用颜色接近的涂料相配，配色后要采用干膜对比进行检查。过去一般是采用目测配色。现在常采用色差仪测定。采用微机控制的配色机械配色是发展方向。

2）涂底漆：被涂件经过表面预处理后，第一道工序就是涂底

漆，这是涂装施工过程中的最基础工作。

涂底漆的作用是在被涂件表面与随后的涂层之间创造良好的结合力，是形成涂膜的坚实基础，可提高整个涂膜的保护性能。涂底漆是紧接着涂装前表面预处理进行的，两道工序之间的间隔时间应尽可能缩短。

底漆是涂料中的重要品种，其种类很多，选用时应依据被涂件材质，性能要求以及中间涂层和面漆的配套适应性确定。近年来，底漆品种发展很快，性能也提高很多。例如，近年来广泛使用的阴极电泳底漆，其涂膜的抗盐雾性能比阳极电泳底漆要高很多。

正确地选择底漆品种及其涂装和干燥工艺，就能起到提高涂膜性能、延长涂膜使用寿命的作用。各种不同材质的被涂件都有专门适用的底漆。用于同一材质的底漆也从通用型向专用型发展，并依据选用的底漆品种和被涂件的使用条件确定施工工艺。

对底漆的性能要求：应与底材有很好的附着力，本身应有极好的机械强度，对底材具有良好保护性能，无不良的副作用，能为以后的涂膜创造良好的基础，不含有能渗入上层涂膜引起弊病的组分，具有良好的涂装性、干燥性和打磨性。

涂底漆的方法通常为刷涂法、喷涂、浸涂、淋涂或电泳涂装等。刷涂效率低，但对单件、大型结构件、建筑物等仍很适用。喷涂虽然效率高，但对形状复杂的工件不易喷匀，致使涂膜不完整，影响整个涂膜性能，因而逐渐为其他涂装方法所取代。浸涂适用于形状复杂工件。淋涂则多用于平面板材。电泳涂装是近年来在金属工件大批量流水线生产中最广泛应用的涂底漆的方法，世界各国汽车产品的底漆涂装均采用此法。

涂底漆时应注意以下事项：

① 底漆颜料分较高，易发生沉淀，使用前和使用过程中要充分搅拌均匀。

② 底漆涂层厚度应根据底漆品种确定，涂层应均匀、完整，不应有露底和流挂缺陷，这是最重要的。

③ 按照干燥工艺烘干，要防止过烘干。在底漆层上如果涂装含有强溶剂的面漆时，底漆层必须先干透，使用烘干型底漆较好。

④ 在涂装前表面预处理后，按照规定的时间及时涂底漆。还要根据底漆品种规定的条件，在底漆层干燥后的规定时间内涂下一道漆，既不能提前，也不能超过。

⑤ 一般涂底漆后，必须经过打磨再涂下一道漆，以改善涂膜粗糙度，使其与下一道涂层结合好。近年来，已开发出无需打磨的底漆，可节省底漆的打磨工序。

3）刮涂腻子：涂过底漆的工件表面不一定很均匀平整，往往出现细孔、裂缝、针眼以及其他一些凹凸不平之处，需要刮涂腻子，以使涂膜均匀平整，提高其外观质量。

腻子中颜料含量高，含粘结料较少，刮涂膜较厚，弹性差，虽然能改善涂膜外观，但容易造成涂膜收缩或开裂，以致缩短涂膜使用寿命。刮涂腻子效率低，费工时，一般需刮涂多次，劳动强度大，不宜流水线生产。目前，较多工业产品涂装多从提高被涂物的加工精度、改善被涂物表面外观入手，力争不刮涂或少刮涂腻子，采用涂中间涂层来消除被涂物表面的轻微缺陷。

腻子品种很多，应用于金属、木材、混凝土和灰浆等表面时分别有不用品种，工厂生产的腻子往往比施工单位自制的腻子质量要好。腻子有自干和烘干两种类型，分别与相应的底漆和面漆配套。性能较好的有环氧腻子、氨基腻子和聚酯腻子等。现在聚酯腻子应用较广，建筑物涂层多采用乳胶腻子。

腻子除了必须具有与底漆良好的附着性和必要的机械强度外，更重要的是要具有良好施工性能，主要是要有良好的刮涂性和填平性，适宜的干燥性，厚层要能干透，收缩性要小，对上层涂料有较小的吸收性，打磨性良好，即坚固又易打磨，以及相应的耐久性能。

按腻子使用要求，可分为填坑、找平和满涂等不同品种。填坑使用的腻子，要求收缩性小，刮涂性好。找平用的腻子，用于填平砂眼和细纹。满涂用的腻子，要求其稠度较小，机械强度较高。

刮涂腻子的方法，填坑时多为手工操作，选用木质、玻璃钢，硬胶皮，弹簧钢刮刀，将腻子刮涂平整。其中，以弹簧钢刮刀使用最为方便。

刮涂腻子时，要用力按住刮刀，使刮刀和腻子表面形成60°～

80°角，顺着工件表面刮平，需要注意不宜往返刮涂，以免腻子中的漆料被挤出而影响干燥。

局部找平或大面积刮涂时，可采用手工刮涂方法涂刮腻子。大面积刮涂时，可采用机械方法刮涂腻子。

精细的涂装表面需要刮涂多次腻子，每刮完一次都要求充分干燥，并用砂纸进行干打磨或湿打磨。腻子层一次刮涂不宜过厚，一般应在0.5mm以下，否则不容易干燥或收缩开裂。刮涂多次腻子时，应先局部填孔，再流刮，最后细刮的程序操作。为增强腻子层，最好采用刮一道腻子涂一道底漆的工艺。

4）涂中间涂层：中间涂层是底漆与面漆之间的涂层。腻子层是中间涂层。目前，还广泛应用二道底漆、封底漆或喷涂腻子作为中间涂层。

二道底漆中含颜料量比底漆多、比腻子少，它的作用既有底漆性能又有一定填平能力。喷涂腻子具有腻子和二道底漆作用，颜料含量较二道底漆高，可喷涂在底漆上。封底漆则综合了腻子与二道底漆的性能，是现代大量流水生产线上广泛推广的中间涂层的新品种。

中间涂层的作用是保护底漆和腻子层，以免被面漆咬起，增加底涂层与面涂层之间的结合力，消除底涂层的缺陷和过大的粗糙度，增加涂膜的丰满度，提高涂膜的装饰性和保护性。中间涂层适用于装饰性要求高的涂装件。

中间涂层使用的涂料，应与底漆和面漆配套，具有良好的附着力和打磨性，耐久性应与面漆相适应。

涂中间涂层的方法基本与涂底漆相同。

封底漆现在较多地应用在表面经过细致的精加工的被涂物，以代替腻子层。封底漆有一定的光泽，既能填充小孔，又比二道底漆减少对面漆的吸收性，能提高涂膜的丰满度，它具有与面漆相仿的耐久性，又比面漆容易打磨。现在采用的封底漆，有与面漆相接近的颜色与光泽，可减少面漆的涂装道数和涂料用量，对某些被涂物的内腔可省去涂装面漆的工序。封底漆通常由与面漆相同的漆基制成。涂两道时，可采用湿碰湿喷涂工艺。

中间涂层的厚度应根据需要而定，在一般情况下，中间涂层厚度约为35～40μm。中间涂层干燥后，经过湿打磨后再涂装面漆。

5）打磨：打磨是涂装施工中一项重要工序。它的主要功能是：清除被涂物表面的毛刺及杂物，清除涂层表面的粗颗粒及杂质，以获得一定的平整表面。对于平滑的涂层或底材表面，需打磨到需要的粗糙度，以增强涂层之间的附着性。所以，打磨是提高涂装质量的重要工序之一。原则上每一层涂层都应当进行打磨。但打磨费工时，劳动强度大，现在已开发出不需要打磨的涂料和不需要打磨的工艺。

① 打磨材料：常用的打磨材料有浮石、刚玉、金刚砂、硅藻土、滑石粉、木工砂纸、砂布和水砂纸，应按工艺要求选用打磨材料。

② 打磨方法

a. 干打磨法：采用砂纸、浮石、细的滑石粉磨光表面，打磨后应将表面清理干净。此法适用于干硬而脆的或装饰性要求不高的被涂物表面。采用干打磨的缺点是操作过程中容易产生粉尘，影响环境卫生。

简易的打磨机，适用于打磨几何形状不规则的小型被涂物表面。例如，电表罩壳、小五金零件等。简易打磨机构造简单，能在自由弯曲的弹簧连杆头上接一个用砂纸包起来的泡沫塑料轮，以供打磨用，当砂纸磨平后可随时更换。

b. 湿打磨法：湿打磨的工作效率要比干打磨高而且质量好。湿打磨法是在砂纸或浮石表面泡蘸清水、肥皂水或含有松香水的乳液进行打磨。浮石可用粗呢或毡垫包裹，并浇上少量的水或非活性溶剂润湿打磨。对于要求精细的被涂物表面，可取少量细的浮石粉或硅藻土蘸水后均匀地打磨。打磨后的表面再用清水冲洗干净，然后用麂皮擦拭一遍，再进行干燥。

c. 机械打磨法：机械打磨比手工打磨生产效率高。一般是在抹有磨光膏的电动抛光机上进行打磨。操作时应注意：

- 必须在涂层表面完全干燥后方可打磨。
- 打磨时，用力要均匀，打磨成平滑的表面。

• 湿打磨后必须用清水洗净，然后干燥，最好进行烘干。

• 打磨后的表面不允许有肉眼可见的大量露底现象。

6）涂面漆：被涂物经涂底漆、刮腻子、打磨修平后，再涂装面漆，这是完成涂装工艺过程的关键阶段。涂面漆，要根据被涂物表面的大小和形状选定施工方法，一般要求面漆涂得应薄而均匀。除了原涂层外，涂层遮盖力差时不应以增加一次厚度来弥补，而是应增加涂装次数。涂层的总厚度，要根据涂层的层次和具体要求决定。下面介绍计算涂层厚度和涂盖面积的方法，可供参考。

以涂料中100%不挥发分计，每千克涂料涂刷面积与涂层厚度关系见表2-4。

表2-4 每千克涂料涂刷面积与涂层厚度关系

涂层厚度/μm	100.0	50.0	33.3	25.0	20.0	16.7	14.3	12.5	11.1	10.0
涂刷面积/m²	10	20	30	40	50	60	70	80	90	100

涂层厚度（μm）也可用下列公式计算求出

$$涂层厚度(\mu m)=\frac{所消耗漆量(kg)\times 不挥发分体积分数(\%)}{不挥发分密度(g/cm^3)\times 涂刷面积(m^2)}\times 1000$$

或将涂料不挥发分体积分数乘以涂层面积的厚度，即得涂层的总厚度。

例如，涂刷面积为50m²，不挥发分体积分数为52%，查表2-4得知涂层厚度为20μm。则涂层总厚度为52%×20μm=10.4μm。

面漆涂布和干燥方法依据被涂物的条件和涂料品种而定。应涂在确认无缺陷和干透的中间涂层或底漆上。原则上应在第一道面漆干透后方可涂第二道面漆。

涂面漆时，有时为了增加涂膜光泽和丰满度，可在涂膜最后一道面漆中加入一定数量的同类型的清漆，有时还需再涂一层清漆罩光加以保护。

近年来，对于涂装烘干型面漆，采用了湿碰湿涂漆烘干工艺，改变了过去涂一次、烘干一次的方法，可节省能源，简化工艺，以适应大批量流水线生产的需要。这种工艺的做法是在涂第一道面漆后，晾干数分钟，在涂膜还湿的情况下就涂第二道面漆，然后一起

烘干，还可以喷涂第三道面漆一起烘干。涂膜状况保持良好，节能，已获得普通应用。金属闪光涂料也可以采用这种工艺，即两道金属闪光色漆打底，再加一道清漆罩光，然后一次烘干。

为了提高被涂物表面的装饰性，对于热塑型面漆，例如硝基磁漆，可采用溶剂咬平技术，即在喷涂完最后一道面漆并干燥之后，用400#或500#水砂纸打磨，擦洗干净，喷涂一道用溶解力强而挥发慢的溶剂调配的极稀的面漆，晾干后，可得到更为平整光滑的涂层，以减少抛光工作量。

对于一些丙烯酸面漆，还可应用“再流平”施工工艺，即当涂膜半固化后，用湿打磨法消除涂膜缺陷，最后在较高温度下使其熔融固化，所以“再流平”工艺又称为“烘干、打磨、烘干”工艺。

涂面漆时，需要特别精心操作。面漆应先采用细筛网或多层砂布仔细过滤。涂漆和干燥场所应干净无尘。装饰性要求较高时，应在具有调温、调湿和空气净化除尘的喷漆室中操作。晾干和烘干场所也应有同样要求，以确保涂装质量。

涂面漆后，必须有足够时间干透，方能投入使用。

7）抛光上蜡：抛光上蜡的目的是为了增强最后涂膜的光泽和保护性。经抛光上蜡，可使涂膜光亮、耐水，能延长涂膜使用寿命，一般适用于装饰性涂膜，如家具、轻工产品、冰箱、缝纫机以及轿车等的涂装。但是抛光上蜡仅适用于硬度较高的涂膜。

抛光上蜡操作，首先是对涂膜表面采用棉布、呢绒、海绵等浸润砂蜡（磨光剂）进行磨光，然后擦净。大表面涂膜抛光，可采用机械方法，例如用旋转的擦亮圆盘来抛光。磨光以后，再用擦亮上光蜡进行抛光，即可使涂膜表面富有均匀的光泽。

砂蜡是专供各种涂膜磨光和擦平表面高低不平度用的，可清除涂膜桔皮、污染、粗粒等缺陷。

砂蜡的成分，其大部分为一种不流动性的蜡浆状物。在选择磨料时，不能含有磨损打磨表面的粗大粒子，而且在操作过程中不应使涂膜着色。

使用砂蜡打磨后，涂膜表面基本上是平坦光滑的，但光泽还不太亮。若再涂上光蜡进行擦亮推光后，不但可提高涂膜亮度，还能增强涂膜的耐水性能。上光蜡的质量，主要取决于蜡的性能。较新型的上光蜡是一种含蜡质的乳浊液，由于其分散粒子较细，并且其中还存在着乳化剂或加有少量有机硅成分，所以在抛光时有助于分散、去污，因此可得到较光亮的效果。

8）装饰和保养

① 装饰：涂膜的装饰可采用印花和划条。印花（又称贴印）是采用石印法，将带有图形或说明的胶纸印在被涂物表面上（例如缝纫机机头、自行车车架等），操作时先抹一薄层颜色较浅的罩光清漆（例如酯胶清漆），待表面略感发粘时，将印花的胶纸贴上，然后用海绵在纸片背面轻轻地摩擦，使印花图案胶粘在酯胶清漆的表面，然后用清水充分润湿纸片背面，待一定时间后，小心地把纸片撕下即可。如发现表面有气泡时，可用细针刺穿小孔，并用湿棉花团轻轻研磨表面使之平坦。为了使印上的图案固定下来不再脱落，可再在其表面喷涂一层罩光清漆加以保护。

对于某些装饰性物品，需要绘画各种图案或画出直线彩色线条，可采用长毛细画笔进行人工描绘，或用可移动的划线器进行涂装。

② 保养：被涂物表面涂装完毕之后，必须注意涂膜的保养，绝对避免摩擦、撞击、沾染灰尘、油污和水迹等。根据涂膜性质和使用条件，一般应在 3 ~ 15 天以后方能出厂或使用。

9）质量控制与检查：根据被涂物的使用要求，制定涂装施工工序和最后成品的质量标准。在每一道涂装工序完成之后，都要进行严格检查，以免影响下一道工序施工和最后的涂装质量。

① 涂装前表面预处理的质量控制

a. 涂装前工件表面必须仔细修整，气孔、砂眼、矿渣以及凹陷部位均应填补后磨光。

b. 金属工件表面需经脱脂处理，将油污脏物除净，表面应干燥。

c. 除锈要彻底，应无残锈存在，表面应干燥。经酸洗除锈后的金属工件不允许有过腐蚀现象和大量的新生锈，应达到规定的质量标准，并在规定时间内转入下一道工序。

d. 磷化处理后的膜层外观呈灰黄色，结晶细致，无斑点及未磷化到的地方，无氧化物及马日夫盐等固体沉积物残留于表面，磷化

膜水洗应彻底，并用热风彻底干燥。

e. 阳极氧化膜表面不允许有斑点、机械损伤和未氧化部分。

f. 表面预处理和磷酸盐处理工序之间相隔时间不应超过24h。

g. 磷化、阳极氧化处理与涂漆工序之间相隔时间不应超过10天。

h. 采用脱漆剂去除旧漆后，应检查是否仍有蜡质残留在工件表面，应擦拭干净并使之干燥。

② 中间涂层的质量控制

a. 底漆层要求薄而均匀，按工艺规范要求应彻底干燥后才能涂面漆，涂膜不应有露底、针孔、粗粒或气泡缺陷。

b. 多次刮涂腻子时每次应刮得较薄，按工艺规范的干燥时间彻底干燥后才能打磨。

c. 干燥后的腻子层不允许有收缩、脱落、裂痕、气泡、鼓起、发粘或不易打磨等缺陷，打磨后不应有粗糙的打磨纹。

d. 检查涂膜质量时，要在涂膜完全干燥后进行。

e. 涂膜表面应光滑平整，不允许有肉眼可见的机械杂质、刷痕及色彩不均匀等缺陷。涂膜光泽应符合工艺规定的标准，如均匀无光、半光、有光。

f. 在施工前必须测定涂装现场的空气温度及其相对湿度，如果不符合涂装施工工艺规范，不允许进行涂装。

g. 为保证涂装质量，在施工的每一个阶段，均要对湿膜厚度或干膜厚度进行检查，如果涂膜厚度达不到要求，将影响成品质量。

③最终涂膜质量控制：涂装施工结束后，要依据涂装工艺标准对涂膜进行全面质量检查。

a. 检查面漆的干燥程度。按照工艺规范的干燥期限检查涂膜厚度、硬度和附着力。涂膜硬度检查可采用手持仪器测定，也可以在被涂物表面上直接测定。

涂膜干透后应与工件表面牢固的附着，才能提高使用寿命。涂膜附着力可采用非破坏性的测定方法，最简单的方法是用压敏胶带，将其粘在涂膜表面，然后用手拉开，检查涂膜附着程度。较科学的方法是采用环氧树脂等胶粘剂，将其粘结在涂膜表面，待固化后，采用仪器拉拔粘结接头来检查。

b. 检查涂膜的颜色、光泽和表面状态。涂膜颜色和光泽应符合工艺标准要求。涂膜表面应无沾附的砂粒、灰尘、颜色不均匀、皱纹、气泡、脱皮、流挂、斑点、针孔或缩孔等缺陷。

针孔是涂膜的严重缺陷，日久将据此向四周蔓延锈蚀。可采用针孔探测器进行检查。

为保证涂膜质量，应特别强调在工件涂装过程中应定期取样抽查，包括各种破坏性试验及各种性能试验，以确保最终涂膜质量。

10）涂膜常见缺陷及产生原因：涂膜产生质量问题是多方面因素造成的。为了预防或尽量减少缺陷的产生，除了正确合理使用涂料外，还应严格遵守工艺规程。发生质量问题时，要找出产生的原因，及时地采取必要的措施加以解决。

第二节　电泳涂装工艺

电泳涂装工艺流程（以汽车车身的阴极电泳涂装为例）由电泳、电泳后清洗、吹干和烘干（涂膜固化）等工序组成。各工序的功能、工艺参数管理要点等见表2-5和图2-2所示。

表2-5　汽车车身的阴极电泳涂装工艺流程

工序名称	处理功能	工序处理内容			控制管理要点	备注
		方式	时间	温度		
1. 用阴极电泳涂装法涂底漆	在前处理过的车体内、外表面泳涂上一层均匀的规定厚度的电泳涂膜	浸涂（通入直流电）	3～4min	28～29℃	槽液固体分、pH值、温度、电泳电压等	电泳涂膜厚度一般为(20±2) μm；在采用厚膜电泳涂料的场合可达到35μm

（续）

工序名称	处理功能	工序处理内容			控制管理要点	备注
		方式	时间	温度		
2. 电泳后清洗 a. 0 次 UF 液清洗 b. 1 次 UF 液清洗 c. 2 次 UF 液清洗 d. 新鲜 UF 液清洗 e. 循环纯水清洗 f. 新鲜纯水清洗	洗净车体表面的浮漆，提高涂膜外观质量，回收电泳涂料。浸洗消除缝隙部位的二次流痕。溢流槽上 0 次 UF 液清洗，对回收电泳涂料和防止表干有益	a. 喷洗 b. 喷洗 c. 浸洗 d. 喷洗 e. 浸洗 f. 喷雾清洗	通过 20～30s 全浸没即出 通过 全浸没即出 通过	室温 室温 室温 室温 室温 室温	各工序清洗液的体积或电导率	①UF 液逆工序补加，最终返到电泳主槽中 ②工序 f 用 RO-UF 液替代纯水，实现全封闭清洗，向 d 工序补加，可大大减少电泳污水的排放量 ③出电泳槽至 UF 液清洗时间不能大于 1min
3. 除水 （防尘，吹 30～40℃ 的热风或预加热 60～100℃，10min）	车身倾斜，倒掉积水，吹掉车身表面的水珠	自动倾斜和自动或人工吹风	2～3min	室温 可吹热风	检查涂膜表面积水和水珠状况	消除电泳涂膜的水斑、二次流痕等缺陷（提高电泳涂膜的外观质量）
4. 烘干	使涂膜固化	热风或辐射加热	30～40min	160～180℃	烘干温度，涂膜干燥程度	测定烘干温度-时间曲线、采用溶剂擦拭法测定涂膜干燥程度

注：磷化处理过的车身进入电泳槽液时表面全干或全湿（无水珠）均可，但半干或不干表面易使电泳涂膜发花。

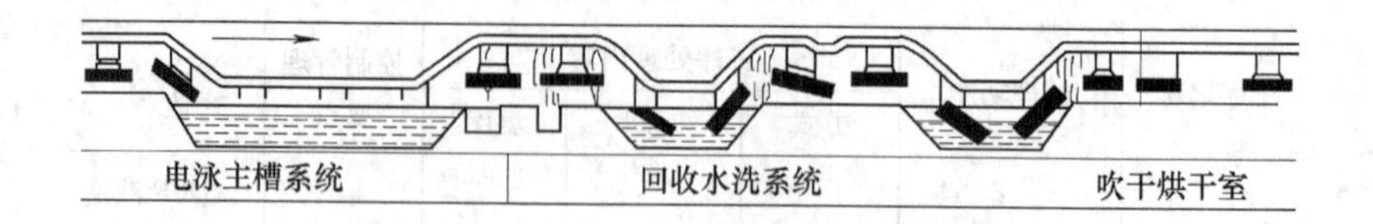

图 2-2　电泳涂装工艺（设备）流程示意图

一、阴极电泳涂装的工艺条件

阴极电泳涂装的工艺条件或称为工艺参数，包括以下四个方面13 个条件（或参数）。

（1）槽液的组成方面　固体分、灰分、MEQ[⊖]值和有机溶剂含量。

（2）电泳条件方面　槽液温度、泳涂电压、泳涂（通电）时间。

（3）槽液特性方面　pH 值、电导率。

（4）电泳特性方面　库仑效率、最大电流值、膜层厚度和泳透力。

上述工艺参数之间的相互关系和对电泳结果的影响见表 2-6。

表 2-6　槽液组成、特性值及涂装条件相互对应关系

槽液组成和电泳条件		槽液特性值		电泳涂装特性值					现象结果		备注
		pH	电导率	库仑效率	最大电流值	膜层厚度	泳透力	UF 透过量	漆面平滑性	镀锌钢板适应性	
槽液组成	槽液固体分		↗	↗	↗	↗	↗	↘	↗	↗	膜厚下降电压上升
	灰分		↘	↗	↘	↘	↗	↘	↘	↘	
	MEQ 值	↘	↗	↘	↗	↘	↘	↗		↘	
	有机溶剂含量		↗	↗	↗	↗	↘	↘	↗	↗	

⊖　MEQ 值为中和当量。

（续）

槽液组成和电泳条件		槽液特性值		电泳涂装特性值					现象结果		备注
		pH	电导率	库仑效率	最大电流值	膜层厚度	泳透力	UF 透过量	漆面平滑性	镀锌铜板适应性	
电泳条件	槽液温度				↗	↗	↘		↗	↗	
	泳涂电压				↗	↗	↗			↘	
	泳涂时间					↗	↗				通电时间
说明				库仑 mg/C				槽液温度过高对 UF 不利		镀锌铜板表面有针孔	

二、电泳涂装工艺参数的含义及其影响

除了表 2-6 中所列的工艺参数外，还有槽液稳定性、槽液更新期、加热减量、L 效果、熟化期、杂质离子许可浓度等。

（1）固体分　电泳涂料和槽液在（105 ±2）℃下烘干 3h 所留下来的不挥发分为电泳涂料的固体分（固体分质量分数 = 残留物质量/样品起始质量 ×100%）。

电泳槽液的固体分是电泳涂装的重要工艺参数之一，直接影响涂层质量。一般在阳极电泳（AED）场合槽液固体分控制在10% ~15% 范围内，在阴极电泳（CED）场合控制在（19 ±1）% 范围内。进厂电泳涂料的固体分随着产品类型和供应厂而有不同，单组分的高的达 60% ~70%，双组分的一般为 40% ~50%。一般由供需双方商定供应标准。

（2）灰分和颜基比　灰分系指固体分或干涂膜经高温烧结后的残留分，表示涂料、槽液和干涂膜中的含颜料量。要注意含有在高温下能烧掉的颜料（如炭黑）时，故应作修正。颜基比系指电泳涂料、槽液干涂膜中颜料与基料（如树脂）含量的比值。上述两者对电泳涂料的电泳特性和涂膜都有影响。

（3）MEQ 值　电泳涂料的 MEQ 值是表示使涂料具有水溶性所需中和剂的中和程度，即化合部分的中和剂耗量的当量值。

（4）有机溶剂含量　为提高电泳涂料的水溶性和槽液的稳定性，电泳涂料的配方中加有亲水性的有机溶剂，一般使用中、高沸点的酯系和醇系溶剂。槽液的溶剂含量一般系指槽液中除水以外的有机溶剂的百分含量。新配制的槽液中原漆带入的有机溶剂含量较高，一般待槽液的熟化过程中挥发掉低沸点的有机溶剂，才能泳涂工件。国外已有配制的槽液不需要熟化的电泳涂料的品种，即原漆本身的有机溶剂含量已较少。

槽液有机溶剂含量现今还是电泳涂装的主要工艺参数之一，一般应控制在 2.5% ~4%，有些电泳涂料品种需要较高的有机溶剂含量。槽液中有机溶剂含量高了，涂膜臃肿、过厚、泳透力和破坏电压下降，再溶解现象严重；槽液中有机溶剂含量低了，槽液的稳定性变差，涂膜干瘪。

由于有机溶剂挥发后污染大气，从环保考虑，发展趋势是提高树脂的水溶性，不用有机溶剂。槽液的有机溶剂含量的测定可采用气相色谱仪。

（5）泳涂电压、破坏电压和临界电压　在电泳涂装场合，能获得规定的外观优良的涂膜厚度，两极间接通的电压称为电泳涂装的工作电压（简称泳涂电压），一般应有一定的电压范围；超出泳涂电压上限的一定值时，在沉积电极上的反应加剧，产生大量气体，使沉积电极上的涂膜炸裂，绝缘被破坏，产生异常附着，这一电压值称为破坏电压。低于泳涂电压下限的某一电压值时，几乎泳涂不上涂膜（或沉积与再溶解涂膜量相抵消），这一电压值称为临界电压。泳涂电压介于临界电压和破坏电压之间。

泳涂电压是电泳涂装的重要工艺参数之一。在其他泳涂条件不变的场合，涂膜厚度和泳透力随着泳涂电压增高而增厚和提高。在生产实践中，常借助调整泳涂电压来控制涂膜厚度。

为获得优良的涂膜外观和较高的泳透力，在生产实践中一般起始电压低一些，以减轻电极反应；随后电压高一些，以提高内腔缝隙表面的泳涂质量。例如在垂直升降的泳涂设备上，起始 15 ~30s

电压低一些，随后升到该漆的泳涂电压，这也称为软起动，同时也为了降低通电时的脉冲电流。在连续式带电入槽的电泳生产线上，电压分段控制，最少分为两个区段，约1/3的汇流排（极板）为低电压第一区段，后2/3的汇流排为较高电压的第二区段。

因为某种原因被涂物停在电泳槽中，为防止膜厚再溶解，将电压降到临界电压，但是，这种方式不好，尤其在阳极电泳场合，阳极溶解继续进行，甚至使被涂表面的磷化膜全部被溶解掉。

漆厂在阴极电泳涂料的技术条件中都推荐介绍其泳涂电压值和破坏电压值，如以某厚膜电泳涂料为例，在其他泳涂条件处在最佳状态下，泳涂电压为150~250V，破坏电压为350V。在各个泳涂电压下所得涂膜厚度分别是：150V时为（25±5）μm，200V时为（30±5）μm，250V时为（35±5）μm。

（6）pH值和电导率　电泳涂料依靠碱或有机酸中和其漆基中的羟基或胺基，并保持一定的氢离子浓度（酸性和碱性）而获得的较稳定的水溶液或乳液。电泳涂料的水溶液或乳液的氢离子浓度也是用常规的pH值来表示。

阳极电泳涂料所用中和剂是KOH、有机胺，其原漆和工作液（又称为槽液）呈碱性，其pH值一般保持在7.5~8.5范围内。阴极电泳涂料所用中和剂是有机酸，其原漆和槽液呈酸性，其pH值保持在5.8~6.7，一般控制在6.0~6.3。有些品种的色浆或原漆未完全中和，pH值超过7.0，调配工作液时需要加酸，或用pH值低于6.0的槽液（或乳液）中和。第一代阴极电泳涂料的pH值较低（3~5）。据资料介绍槽液的pH值低于5.8时，对设备的腐蚀严重，因而很快被淘汰掉。

极液和超滤液（UF）的酸、碱度也用pH值表示。

测定pH值可采用市售的各种pH计。按pH计使用说明书校准好pH计，测定温度一般为25℃，测定重复三次，取平均值。槽液、极液和UF液的pH值可直接测定。电泳涂料（原漆）和树脂（乳液）应用去离子水调稀一倍后测定。

电导率是指在1cm间距的1cm^{2}极面的导电量，在电泳涂装场合的槽液、UF液、极液和所用纯水的导电难易程度用电导率来表示，也有用电阻率来表示的。电导率是电阻率的倒数。

电泳漆槽液的电导率与槽液固体分、pH 值和杂质离子的含量等有关，是重要的工艺参数之一，一般应控制在一定范围内，范围的大小取决于电泳涂料的品种，槽液的电导率偏低或偏高都不好，直接影响电泳涂装的质量。

电泳涂料的调配、极液的更换和电泳后的最终清洗都需用纯水，一般是采用去离子水或蒸馏水。电泳涂装用的纯水水质一般用电导率表示，水质纯度标准为 10μS/cm。如果水质超过 25μS/cm，则漆液可能被污染，水质低于 25μS/cm，在实际操作中不会产生问题。

槽液的 pH 值、电导率是电泳槽液的两大特性值。它们对电泳特性、槽液的稳定性和涂装效果都有较大的影响，因此，应将槽液的 pH 值、电导率值严格控制在工艺规定的范围内。不同品种的阴极电泳涂料都有特定的最佳 pH 值范围，工艺控制范围为 ±0.05～0.1，以保持槽液和涂装质量的稳定。

阴极电泳槽液系酸溶液体系，需要依靠适量的酸度才能保持槽液的稳定。当 pH 值高于规定值时，槽液的稳定性逐渐变差，严重时产生不溶性颗粒，槽液易分层、沉淀、电导率值下降、堵塞阳极隔膜和超滤膜，涂膜外观变差，尤其水平面有颗粒，小的像针尖状，大的手摸凸出。随着酸量增加（pH 值降低），槽液的可溶性有所增加，对涂膜的再溶性和对设备的腐蚀性增大。据资料介绍 pH 值在 5.9 以上，对设备腐蚀性算不上问题。

不同品种的阴极电泳涂料的槽液电导率值也有最佳的控制范围，基于电导率值的微小变化，如 ±100μS/cm 将不会影响涂膜性能，故一般控制范围较宽，为 ±300μS/cm。槽液电导率值过高或过低对涂膜厚度、外观和泳透力有影响，随着槽液电导率值增高，泳透力也随之增高，膜厚也相对增厚。

槽液电导率值超过规定值的上限或偏高时，可采用去离子水置换超滤液来降低。例如对 300t 槽液可用去离子水替代 20t 超滤液，可使槽液电导率值下降 ±100μS/cm。

（7）库仑效率　在电泳涂装场合库仑效率是表示涂膜生长难易程度的目标值，有两种表示法：消耗 1C 电量析出涂膜的质量，以

mg/C 表示，故又称为电效率。或沉积 1g 固体漆膜所需电量的库仑数，以 C/g 表示。如阴极电泳涂料的库仑效率应大于 30mg/C，或 28～35C/g。采用 NC—1320 型库仑计测定。

（8）泳透力　在电泳涂装过程中，使背离电极（阴极或阳极）的被涂物表面涂上漆的能力称为泳透力。也表示电泳涂膜在膜厚分布上的均一性，故又称为泳透性。它是电泳涂料的重要特性之一，与电泳漆槽液的电导率和湿涂膜的电阻率的大小有关，两者越大该漆的泳透力越高。泳透力与涂装工艺参数（泳涂时间、涂装电压、槽液固体分等）有直接关系。泳涂时间长、电压值和固体分高一些，泳透力也会适当增高。它也是确保被涂物空腔部分、缝隙间等表面涂上漆的目标值。当初开发的第一代阳（阴）极电泳涂料泳透力很低，被除物内腔和缝隙间等表面涂上漆要采用辅助电极。现在市场供应的第二、第三代阴（阳）极电泳涂料基本上都具有较高的泳透力。

泳透力的测定方法很多，有钢管法、间隙法和盒式法。国内常用的是一汽钢管法，它是在福特钢管法的基础上改进而制定的电泳漆槽液的泳透力测量法。

在涂装生产现场衡量泳透力好坏的方法，是测定朝电极和背离电极表面的涂膜厚度差和拆开被除涂物来观察。如果内表面膜厚达到外表面膜厚（朝电极面）的 2/3，则泳透力为优，达到 1/2 为良，膜厚极薄或露底则为差。如果选用了泳透力最佳的电泳涂料及工艺参数，被除物内腔或缝隙间等表面的涂膜还很薄或露底，则应改进被除物的结构、开工艺孔或安装辅助电极等措施来解决被除物内腔的泳涂质量问题。泳透力也有采用钢管的泳透深度（cm）来表示的。

（9）槽液的更新期和稳定性　在电泳涂装过程中随着被涂物面积的大小不同，消耗电泳涂料的多少不同，槽液的固体分下降也不同，因此需及时（每班或每小时）补加电泳涂料，以确保槽液的固体分控制在 ±0.5% 的范围内，当消耗（或补加）的电泳涂料的累计使用量达到初始配槽所用涂料量时，称为一个更新期（简称 T.O），单位以个月表示。也有用涂装面积大的被除物（例如汽车车身）的

数量表示的。

例如，某阴极电泳槽的槽液容量为20t，固体分的质量分数为20%。每天生产118件，每件的涂装面积为30m²，采用厚膜电泳涂装工艺，平均涂膜厚度为30μm，每月工作23天，电泳涂装的材料利用率为95%，所用电泳涂料的固体分的质量分数为45%，涂膜的密度为1.3g/cm³。

试计算原始配槽所需的电泳涂料量（M_0）。

$$M_0 = 槽液容量 \times 槽液固体分/原漆固体分$$
$$= 20t \times 0.2/0.45$$
$$= 8.89t$$

在上述生产条件下电泳涂料的月耗量 M_1 为

$$M_1 = 日产量 \times 每件涂装面积 \times 膜层厚度 \times 涂膜密度 \times 月工作日数/(原漆固体分 \times 材料利用率 \times 10^6)$$
$$= 118 \times 30 \times 30 \times 1.3 \times 23/(0.45 \times 0.95 \times 10^6)t$$
$$= 7.43t$$
$$T.O = M_0/M_1 = 8.89t/7.43t = 1.2 个月。$$

在生产中，槽液实际更新率（即置换率），根据计算：1T.O（更新一次）置换率为65%；2T.O置换率为87%；3T.O置换率为95%。

更新期长不利于槽液的稳定性。电泳涂装法适用于大量生产，一般各漆厂推荐更新期为2~3个月，更新期超过6个月，不宜采用电泳涂装法。因为很难维持槽液的稳定性，因此在设计电泳涂装生产线时应认真考虑更新期。更新期长的场合，在确保电泳条件的基础上，槽液容量应尽可能设计得小一些。

电泳涂料的槽液稳定性，系指槽液在规定的工艺条件下，长期使用槽液不变质，泳涂出的涂膜性能合格。有的涂料公司用更新期长（例如6个月/T.O）来表示其槽液稳定性好，因为更新期越短，槽液越不稳定。

槽液稳定性在试验室中的加速试验方法有两种：敞口搅拌稳定性测定法和仿生产使用稳定性测定法。

敞口搅拌稳定性测定法是考察槽液在敞口状态下连续搅拌，随

着溶剂挥发，槽液与空气接触，对槽液稳定性的影响。一般敞口搅拌一个月，在仅补加纯水场合下，槽液及涂膜的各项性能无明显变化，则可认为该电泳涂料的敞口搅拌稳定性良好。

仿生产使用稳定性测定法，是考察槽液在连续使用中性能的变化，即连续电泳，耗漆量达到配制槽液所需原漆量的15倍，故又称为15倍稳定性试验法。在这一过程中，槽液的各项性能例如颜基比等仍符合技术条件，则可认为该漆的使用稳定性良好。

电泳涂料的稳定性，系指原漆的储存稳定性，即漆厂生产出的电泳涂料在某温度下储存多少个月不变质。双组分阴极电泳涂料因比较稀，易产生沉淀、分层，树脂的水溶性变差等造成变质，一般储存期为3个月左右。

电泳涂料储存稳定性在试验室中的加速测定方法，是在40℃的保温箱中放置72h后再配制槽液，其性质及泳涂的漆膜性能不变为合格。

在开发和选用新型电泳涂料（即在生产线上尚未使用过的电泳涂料）场合，必须认真考核电泳涂料的储存稳定性和槽液的使用稳定性，方能放心使用，一般为漆厂的保证条件。

（10）电泳涂装的L效果　在电泳涂装过程中，往往由于槽液循环、过滤不佳、流速低，造成槽液中颜料或颗粒沉降，致使被涂物的水平面和垂直面的泳涂质量不一，易使水平面上的涂膜粗糙，再加上水平面上易积水，产生再溶解影响涂膜的平滑度。

用泳涂L形样板的方法考核被涂物的水平面和垂直面的电泳涂装质量，其结果称为L效果。又称为水平沉积效果。如果水平面和垂直面上的涂膜光滑度和平整度无差异，可认为L效果好。当槽液有水平沉淀或有树脂的水溶性变差，析出颗粒的场合，水平面涂膜一定变粗，甚至手摸都可感觉出来，则L效果不好。

（11）电泳槽液的熟化期　一般的涂料加溶剂调稀到工作粘度后几乎可立即涂布（喷涂、刷涂、浸涂等），无需放置一定时间再使用。而阴极电泳涂料（例如双组分涂料在按一定配比、未完全中和的涂料，需加定量中和剂）加纯水调配成工作液（又称为槽液），搅均后不能立刻泳涂被涂物，一般规定要在（28±1）℃敞口搅拌48h

后，才能泳涂出合格样板进行检验或试涂被涂物，这个时间称为槽液的熟化期。搅拌48h的功能是使阴极电泳涂料溶化完全，使原漆带入的低沸点的有机溶剂大部分挥发掉。如果熟化时间不足，泳涂所得涂膜臃肿、过厚，在烘干时产生流挂。在新配槽液的初期，投产时还要根据涂膜外观和厚度分布，调整泳涂电压等泳涂条件，来克服熟化不足带来的涂膜弊病。

如果原漆的水溶性好，又不靠大量有机溶剂来助溶，则熟化期可短。据介绍国外已有配槽后就可使用的阴极电泳涂料品种。

（12）电泳槽液的杂质离子及许可浓度　在电泳涂装过程中，由被涂物经涂装前预处理带入、补给水带入槽液的有害离子以及极面溶解产生的有害离子进入槽液，致使槽液电导率增大，当超过一定的限值就会影响作业性和涂膜外观，产生涂膜弊病。

在阴极电泳涂装场合的有害离子是阳离子，如Na^+、Fe^{2+}、Pb^{2+}、Ni^{2+}、Ca^{2+}等。在阳极电泳涂装的场合的有害离子是阴离子，如Cl^-、PO^{3-}、SO^{2-}、NO_2^-等。这些对电泳涂装过程起有害作用的离子称为电泳槽液的杂质离子。槽液被杂质离子污染的程度以其含量表示，规定了有限值，称为杂质离子的许可浓度。例如，某阴极电泳涂料的槽液的Na^+、Ca^{2+}的许可浓度应低于25×10^{-6}。

槽液中的杂质离子含量要定期检查控制，测定频率一般为1～2个月测定一次。

槽液中的杂质离子含量超过许可浓度时（或槽液电导率值过高时），则可排放超滤液（UF），用纯水置换UF液来降低槽液的杂离子浓度。

（13）槽液温度、电泳时间和泳涂电压　槽液温度、电泳时间和泳涂电压是电泳涂装的三个基本工艺参数。经调试，选择最佳值后，在电泳涂装生产线上是保持稳定不变的。

阴极电泳槽液温度一般控制在（28±1）℃范围内，在厚膜阴极电泳涂装场合也有推荐较高的槽液温度为29～35℃（例如PPG公司推荐的条件）。随着槽液温度增高，涂膜增厚。但槽液温度高了，对槽液的稳定性不利。槽液温度低对槽液的稳定性有利，但是涂膜变薄，当槽液温度低于15.5℃时，湿涂膜的黏度大，被涂物表面的气

泡不易排出，因而涂膜薄，且易产生薄膜弊病。槽液温度对泳透力也有影响，通常在较低槽液温度下可获得较高的泳透力（见表2-7）。

表2-7　槽液温度与膜厚、泳透力的关系

项目	测试结果						涂装条件
槽液温度/℃	15.5	21.0	27	29	32	35	
涂膜厚度/μm	6.5	7.5	17	20	35	32	200V，2min，32℃
泳透力/cm	—	—	32	39.3	29.4	28.6	275V，2min，28.3℃

在电泳涂装过程中，电能转变的焦耳热和搅拌产生的热会使槽液温度上升，为使泳涂质量稳定，必须将槽液温度控制在±1℃的范围内。

电泳时间系指被涂物浸在槽液中通电（成膜）时间，通常限定在2～4min。电泳时间一旦设定，将不再变动，除非有提高或降低生产线速度的需要。

随着泳涂时间的增长，涂膜厚度增厚，泳透力增大。适当提高泳涂电压，可缩短泳涂时间，同样可达到涂膜厚度。泳涂膜厚、泳透力与泳涂时间的关系见表2-8。

表2-8　泳涂膜厚、泳透力与泳涂时间的关系

项目	测试结果			泳涂电压/V
泳涂时间/min	1	2	3	—
泳透力/cm	26.6	30.5	33.5	225
	26.0	32.7	36.2	275
	27.2	35.0	39.0	325
涂膜厚度/μm	13.5	16.5	20.0	225
	19.5	24	26	275
	24.8	30.5	33	325

（14）电泳涂装的加热减量　在105℃以下烘干后所得的干燥的阴极电泳涂膜，在进一步升温到规定的烘干温度达到完全固化的过程中，热分解出低分子化合物（即冒烟现象），从而使涂膜失重，称为加热减量。这些低分子化合物变成油烟污染烘干室，增加了清理

和维护烘干室的麻烦，滴在被涂物表面上成为涂膜弊病。所以，加热减量也是衡量阴极电泳涂料优劣的指标之一。从省资源、重环保和减少烘干室的维护角度考虑，阴极电泳涂料的加热减量越低越好。阴极电泳涂料的加热减量高的可达6%－10%，较低的为4%以下，其发展趋势希望降到零。

阴极电泳涂料的加热减量的测定方法为：

1）选择符合标准的样板并称重。

2）在标准条件下进行电泳和水洗。

3）将样板放在（105±2)℃的烘箱中烘3h，冷却后称重。

4）再将样板在正常固化条件下固化，冷却后称重。

5）结果计算。

$$加热减量(\%)=\frac{m_1-m_2}{m_1-m_0}\times 100\%$$

式中 m_0——样板电泳前的质量（g）；

m_1——样板在（105±2)℃烘干后的质量（g）；

m_2——样板在正常固化后的质量（g）。

三、电泳涂膜的烘干条件及干燥程度的评价

烘干条件（规范）系指工件烘干温度和烘干时间，这两者对电泳涂膜的固化十分重要。如果低于规定的烘干温度和烘干时间，则不能固化，严重影响涂膜性能。品种不同的电泳涂料的涂膜烘干条件也不同，应根据漆厂的推荐和试验确定。

阴极电泳涂料属于热固化性涂料，必须在规定的较高温度下才能固化，其烘干过程包括溶剂（水分）挥发、涂膜热融化、高温热固化三个阶段。由于电泳涂膜本身的含水（溶剂）量少，又经吹干、晾干，不含水，所以其烘干过程与热固性粉末涂料相仿，可不像其他水性涂料需要预烘干，可直接进入高温烘干。另外，阴极电泳涂膜在热固化过程中（当涂膜温度达到110℃以上时）有热分解产物，产生较多的油烟。在较高温度、较长时间的烘干，能致使涂膜变薄（2～3 μm），涂膜的平整度明显提高。这些是电泳涂膜烘干的特点。

为了节能和提高生产效率，选择烘干温度宜低不宜高，烘干时

间宜短不宜长，特定条件下可例外。第二三代阴极电泳涂料烘干温度不应低于165℃。随着技术进步，为了节能，现已有在150～160℃可烘干的阴极电泳涂料（例如日本关西涂料的第四代产品KT—10）。一般来说，在最低的烘干温度和烘干时间下能使所有金属件上的涂膜都干透，并保持有优良的耐蚀性、机械强度和附着力，该烘干温度和烘干时间就可认为是最合适的烘干规范。另外，在所选择的烘干温度下过烘干3倍于正常烘干时间，涂膜性能无明显变化，则认为该涂膜的过烘干性能合格。

如果电泳涂膜未烘干透，则严重影响涂膜性能，如涂膜的力学性能、附着力、耐疤形腐蚀性、耐蚀性、抗石击性以及耐崩裂性能。例如，某公司的阴极电泳涂料在170℃以下烘干时，涂膜烘不干，性能极差（见表2-9）。

表2-9　烘干温度对阴极电泳涂膜性能的影响

项　　目	测试结果						附　　注
烘干温度/℃	154	163	171	179	188	204	烘干时间为30min（其中保温19min）
扩蚀宽度/min	10	3	2	2	2	2	扩蚀宽度小，耐蚀性优
崩裂等级	2	7	3	8	8	8	0→10级（优）
附着力/级	2	9	10	10	10	10	0→10级（优）

如果烘干温度过高，烘干时间过长，则会产生过烘干，轻则影响中涂层或面漆层在电泳底漆层上的附着力，严重时涂膜变脆，甚至脱落。烘干条件（规范）也可用烘干窗口（如图2-3所示）来表示，以铅笔硬度来表示涂膜的干燥程度。

正确地评估电泳涂膜的干燥程度，对确保涂装质量十分重要。在生产现场，凭经验观察涂膜的色泽变化，来判断涂膜的干燥程度，涂膜出烘干室时处于热态，不冒烟、不粘涂膜，则表示已基本干透。

检验电泳涂膜干燥程度的最可靠方法是采用溶剂擦拭法。方法的要点是：在脱脂棉或纱布上浸上专用溶剂（丙酮、甲乙酮、异丙醇或MIBK甲基异丁基酮），在电泳涂膜上用力（约1kgf的力量）往复摩擦10次，然后观察涂膜表面状态及纱布上是否粘有涂膜。若涂膜表面不变色、不失光、脱脂棉或纱布上不粘色为合格。

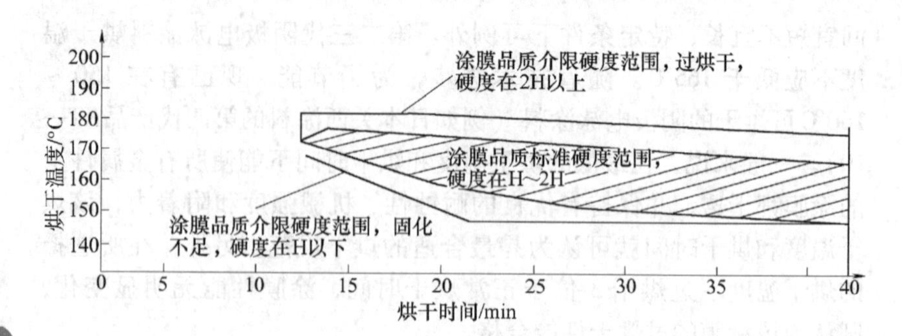

图2-3　阴极电泳涂膜的烘干温度和涂膜硬度

注：1. 该阴极电泳涂料烘干条件为160℃ ×20min。

2. 关于使用可否范围，各涂料制造厂、各汽车厂有差别。

四、电泳涂装生产线的目视管理

电泳涂料和其他涂料不一样，除硅油混入以外，不必全量更换。所以，槽液以及涂装设备的日常管理是非常重要的。在管理项目中，不必做较难的测定，而只要每天认真管理，用目视也可大量地发现异常现象，见表2-10。

表2-10　电泳涂装生产线目视管理的检查项目、故障现象和产生原因

序号	检查项目	故障现象	产生原因
1	电泳槽液面的流动	1. 流动速度慢，气泡难溢出	1-1 循环泵入口部堵塞 1-2 滤芯堵塞 1-3 升气管、喷嘴堵塞
		2. 一部分槽液喷出	2 升气管脱落或折断
2	回收水洗线的发泡状态	气泡溢出水洗线	1-1 喷雾器（喷嘴）水压过高 1-2 水洗槽的液面过高
3	UF液的混浊度	1. 滤液颜色混浊	1. UF膜破损
		2. 在流量计上附有白色结晶	2. 滤液中有碳酸铅
4	隔膜阳极液的混浊度	1. 极液颜色混浊	1. 隔膜破损
		2. 隔膜阳极内或极液	2. 极液中有细菌

（续）

序号	检查项目	故障现象	产生原因
5	涂膜状态	1. 缩孔、凹陷	1-1 在涂装前或涂装后，工件表面附着油或杂质 1-2 在涂装中工件表面附着气泡
		2. 有颗粒	2-1 涂装前或涂装后工件表面粘有灰尘 2-2 在涂装前工件表面粘有化学残渣 2-3 工件表面粘有涂料中的颜料凝聚物
		3. 产生二次流挂	3-1 水洗水的浓度上升 3-2 水洗效果不良
		4. 产生杂质	4-1 化学处理后的水洗不良 4-2 附着有从传送链、吊具上掉下来的脱脂剂和化学处理剂
6	干燥后涂膜颜色	1. 有光泽，但微发白（指灰色电泳涂料）	1. 干燥不充分
		2. 光泽过低	2. 烘烤过度

五、电泳涂装生产线容易发生的故障现象、产生原因和防治措施

1. 杂质

（1）故障现象　涂料异常析离，涂膜凸起，有时还会产生针孔。

（2）产生原因　电泳前，钠等碱性物质（脱脂剂，化学处理剂）掉落在被涂物表面上或是从接头部位渗出来。

（3）防治措施

1）电泳涂装时，不要超过传送链上部。

2）强化吊具及被涂物内部的水洗。

2. 二次流挂

（1）故障现象　在被涂物接头部位上附着的槽液在烘烤时流出变成线状，涂料浓度高时易成为蜂窝状。

（2）产生原因

1）接头部位水洗不良。

2）由于 UF 滤液量减少，从而引起回收水的浓度上升。

3）漆液浓度上升。

（3）防治措施

1）强化每个水洗工序。

2）确保 UF 滤液数量。

3）降低槽液浓度。

3. 水珠问题

（1）故障现象　被涂物上带有水珠烘烤时，涂膜产生凹凸不平，同时还会出现针孔，像贝壳一样。

（2）产生原因

1）从水洗到烘烤的静置时间过短。

2）烘烤前从吊具上落下的水珠落在被涂物表面上。

（3）防治措施

1）延长静置时间。

2）用压缩空气吹扫除去落在被涂物表面上水珠。

4. 干燥斑点

（1）故障现象　出槽后，附着在工件上的涂料易干燥，用水洗也洗不掉。

（2）产生原因

1）出槽至水洗之间的时间较长。

2）第一次水洗不充分。

3）电泳槽附近温度较低使附着在工件上的涂料干燥。

（3）防治措施

1）出槽后，在 30 ~ 60s 内喷雾水洗。

2）调整第一次水洗效果，应均匀喷洗。

3）将电泳槽周围封闭，防止温度降低。

5. 气泡

（1）故障现象　槽液搅拌时或电泳时产生气泡，在初期电泳时，气泡附着在工件表面上，然后变成针孔或缩孔。

（2）产生原因

1）由于工件上有杂质从而产生气泡。

2）电泳槽液搅拌不充分。

3）主槽和副槽的液面落差大。

4）入槽时的电流密度大。

（3）防治措施

1）强化表面预处理。

2）提高槽液流速。

3）增加副槽的液面。

4）减少入槽部位的电极。

6. 颗粒

（1）故障现象　粘有化学残渣的工件在电泳时，电流集中在残渣上变成颗粒。

（2）产生原因

1）化学处理液中残渣较多。

2）化学处理后清洗不充分。

3）入槽时电流密度较高。

（3）防治措施

1）为了降低残渣浓度，应经常更换化学处理液。

2）强化化学处理后的水洗。

3）减小入槽部位的电极。

7. 缩孔、凹陷

（1）故障现象　在涂装前或涂装后，工件表面因粘有油类异物，所以烘烤后涂膜表面产生缩孔（露底）和凹陷。

（2）产生原因

1）水洗后至烘烤之间，有润滑油从传送链上滴下落在工件表面上。

2）烘烤时，防锈油从设备结头部位渗出或流出来落在工件表面上。

3）使用了粘有硅油的阀门或垫片。

4）工件上粘有从其他工序或从其他处吹进来的面漆粉尘或含硅

物质。

（3）防治措施

1）为了防止润滑油从传送链滴下，应彻底检查接油盘，更不要过多地往传送链上注润滑油。

2）强化脱脂工序。

3）使用表面无油的阀门或不含硅的垫片，而且使用前应用溶剂清洗。

4）把电泳涂装生产线全部封闭，减少从外界带来的异物。

8. 针孔

（1）故障现象　涂装镀锌钢板时产生针孔。电泳涂膜上的针孔穴在烘烤时也不能遮盖住，仍残留在工件上，好像是用针扎过似的非常小的缩孔。

（2）产生原因

1）镀锌钢板的镀着量大。

2）涂装时电压高。

3）槽液温度低。

（3）防治措施

1）涂装时降低电压。

2）升高槽液温度至30～32℃。

3）增加槽液中的溶剂量，改善涂膜的平滑性。

第三节　自泳涂装工艺

一、自泳漆涂装的国内外基本情况

自泳漆涂装技术于1973年由美国Amchem公司发明，这也是一种新的水性涂料涂装方法，至今已有30多年的历史了，其发展历程可以分为以下三个阶段。

1. 创始阶段（1973～1979年）

美国Amchem公司在1973年开发了可自动沉积在铁基表面的苯乙烯-丁二烯乳胶，即600系列自泳漆，并用于汽车的框架结构件，

例如汽车灯罩和车桥的涂装。1979 年美国 Amchem 公司被美国 Union Carbide 公司收购，自泳漆的研发就此停止。

2. 完善和推广阶段（1980～1999 年）

1980 年，德国汉高公司收购了 Amchem 公司，重新开始多种聚合物应用的研究，于 1981 年开发了具有较高热稳定性（230℃）的丙烯酸类的 700 系列自泳漆，1982 年又开发了可以在 100℃下烘烤固化、并且不需要重金属就可以获得很高耐蚀性的聚二氯乙烯树脂的 800 系列自泳漆。1987 年，德国汉高公司将 Amchem 公司和 Parker 公司合并，使销售、研发和技术服务资源得到明显加强，至 1998 年自泳漆涂装技术在除了南极洲以外的所有大陆均获得了成功地应用。

3. 创新和发展阶段（2000 年～至今）

2000 年，环氧类的 900 系列自泳漆开始进入市场。2002 年第 100 条自泳漆涂装生产线投入运行。最新的基于环氧类的 900 系列自泳漆的浅色系列产品也已经完成实验室研究，即将商业化，标志着自泳漆告别单一黑色时代的来临。

各阶段代表性的自泳漆的性能见表 2-11。

表 2-11　具有代表性的自泳漆的性能

性能 自泳漆类型	耐蚀性	重金属	VOC①	光泽	热稳定性	再涂装性
聚丙烯酸型	好	有	低	较低	较好	较好
聚二氯乙烯型	优异	无	无	低	较低	低
聚丙烯酸/环氧型	好	无	低	中、高	好	好

① VOC 为挥发性有机化合物。

自泳涂装因其电化学特性，没有电屏蔽现象，不受工件尺寸、形状、内腔等的限制。又由于不需要磷化层，在整个涂装过程中不再有重金属的存在，并且自泳漆本身不含或仅含极少量的有机溶剂，减少了涂装对环境的污染。另外，自泳涂装所需工序少、操作简单、运行成本低廉，适用于大多数铁基制品表面的涂装，已在全球范围内、特别是北美地区得到了广泛应用。

我国的自泳漆涂装工业化应用起步较晚，目前虽然已有近十条自泳漆涂装生产线，但由于对自泳漆的涂装机理及施工工艺认识不足，多半处于试验状态。但因为自泳漆涂装工艺具有节能、降耗、环保，漆膜具有较好的耐蚀性等优点，一直受到涂装界的重视，其使用范围已从小型零件的涂装扩展到载货汽车的发动机罩、减振器、挡泥板、车架等较大零件的涂装。

二、自泳漆涂装的概念及特点

1. 自泳漆涂装的概念

当金属件浸入到自泳漆的槽液中时，其表面被酸侵蚀，在金属和槽液的界面上生成多阶的金属离子，它使乳液聚合物颗粒失去稳定性，从而沉积于金属件表面上形成涂膜，称为化学泳涂法。此法既不同于一般的水性涂料的浸涂法，也不同于电泳涂装法，根据其现象，通常称为自泳涂装或自动沉积或无电泳涂。

2. 自泳漆涂装的特点

金属件涂装前的化学处理和涂装两个过程是在同一工序同时进行的；进入自泳涂装前金属件仅需进行脱脂、除锈（氧化皮）、水洗、纯水洗等洗净的工序，不需要进行磷化处理等工序；涂装过程不耗用电能，不需要严格地控温。所以，自泳涂装的设备比电泳涂装的设备简单，能源消耗低，形成的涂膜厚度均匀具有较高的耐蚀性。

三、自泳漆涂装的原理及工艺

1. 自泳漆的涂装原理

自泳漆的涂装是将钢铁件浸入自泳漆中，自泳漆中的氧化剂，如 HF、FeF_3等，与钢铁件发生反应，腐蚀被涂物表面，其中的一部分铁离子（Fe^{2+}）和自泳漆树脂反应，即在钢铁件表面生成具有一定致密性的、可用低压水冲洗或用水浸洗的涂膜。自泳漆成膜是一个动态的化学平衡过程，其化学反应方程式为

$$2FeF_3 + Fe \rightarrow 3Fe^{2+} + 6F^-$$（主反应）

$$2HF + Fe \rightarrow Fe^{2+} + H_2 + 2F^-$$（副反应）

$$Fe^{2+} + (P.B) + 2e \rightarrow FeP.B$$（涂膜）（P. B 为自泳漆树脂代号）

$$2\,Fe^{2+} + H_2O_2 + 2HF \rightarrow 2\,Fe^{3+} + 2\,H_2O + 2\,F^-$$

$$2\,Fe^{3+} + 6F^- \rightarrow 2FeF_3$$

2. 自泳漆涂装工艺

由于自泳漆涂装是自泳漆中的氧化剂 HF、FeF_3与基体铁的反应，因此要得到良好的涂膜，基体表面在涂漆前应无油无锈，其主要涂装工艺过程如下。

（1）工件自泳漆涂装前表面清理　通过人工清理、脱脂、水洗、纯水洗等工序，除去被涂物表面的油污，如被涂物表面有氧化皮、焊渣等，则需要采用酸洗、中和、水洗，或经喷丸处理等工艺手段，除去氧化皮等杂物，以获得清洁的表面。

（2）自泳漆涂装及涂装后清洗　被涂物浸入槽液中，按下述工艺流程和工艺参数进行自泳漆涂装→水洗（清洗水电导率控制在200μS/cm以下，水温为15～30℃，天冷时需加热，需要有溢流）→反应水洗1min（采用铬酸盐后处理剂，固体分的质量分数为6%～7%，pH值为6.5～7.5，水温控制在15～30℃，天冷时需加热）→沥漆时间小于或等于2min，环境相对湿度（RH）大于或等于60%。

（3）烘干　热风循环烘干，在10min内升温达90℃，在120℃下烘干15～20min。或按所选用的自泳涂料的烘干规范（通常在110℃烘干25～35min）进行，冷却后进行质量检查。

四、自泳漆涂装和电泳漆涂装的比较

1. 自泳漆涂装和电泳漆涂装机理的比较

自泳漆涂装和电泳漆涂装机理的比较见表2-12。

表2-12　自泳漆涂装和电泳漆涂装机理的比较

自泳漆涂装	电泳漆涂装
槽液与铁基体反应生成 Fe^{2+}	利用外加电位差
利用电负性差异	类似于电镀
槽液的稳定性由浓度、温度、槽液的成分比例等控制	电位差可用物理手段调节
颜料的选择性强	颜色的多样性
不放热，不吸热	放热

2. 自泳漆涂装和电泳漆涂装工艺过程的比较

自泳漆涂装和电泳漆涂装工艺过程的比较见表2-13。

表2-13 自泳漆涂装和电泳漆涂装工艺过程的比较

自泳漆涂装工艺	电泳漆涂装工艺
碱洗	碱洗
水洗	水洗
（酸洗）	表调
水洗	—
去离子水洗	水洗
自泳漆浸涂	—
水洗	水洗
反应水洗	电泳涂装
低温烘烤（110℃）	多道水洗
—	中温烘烤（160～180℃）

3. 自泳漆涂装与阴极电泳涂装涂膜主要性能比较

自泳漆涂装与阴极电泳涂装涂膜主要性能比较见表2-14。

表2-14 自泳漆涂装与阴极电泳涂装涂膜主要性能比较

涂膜性能	自泳漆涂装	阴极电泳漆涂装
内腔涂装性	很好	涂膜有限度
边缘覆盖性	很好	需使用特殊涂料
有机溶剂	无	少量
涂膜外观	一般	好
涂膜硬度	6H	HB～H
涂膜弯曲性	很好	较好
涂膜耐热性	＜130℃	＜220℃
涂膜烘烤温度	100～120℃	140～220℃
表面涂装性	有选择性	优秀
冲击强度	40cm，＜1kgf×1/2in	40cm，＜0.5kgf×1/2in
附着力	良好	良好
盐雾试验	600h合格	1000h合格
湿热试验	1000h无脱落	1000h无脱落
槽液固体分（质量分数）	5.5%～6.5%	18%～20%
固化条件	100～110℃，15～20min	165～185℃，15～20min

五、自泳漆涂装设备

自泳漆涂装设备包括：自泳漆涂装前预处理设备、自泳涂装设备、自泳涂装后处理（清洗）设备和自泳漆涂膜烘干室等。自泳漆涂装前预处理设备和自泳漆涂膜烘干室与一般的涂装设备结构和设计相同。因为自泳漆槽液含有氢氟酸且酸性较强，对金属的腐蚀性强；另外由于腐蚀产生的多价金属离子影响槽液的稳定性。所以，凡是与自泳漆槽液接触的设备表面都应具有高耐蚀性的塑料涂层，即不允许使用裸露金属制件用在槽液中。

自泳槽体的结构和设计（如图 2-4 所示）与电泳槽的结构、设计、制作工艺相仿，两者不同之处是：电泳槽内壁的涂层是以电绝缘性为主，槽液应连续搅拌，且循环搅拌量大（4 ~ 6 次/h），外部管路和换热器可采用不锈钢制作；自泳槽内壁涂层是以耐蚀性为主，需要内衬耐氢氟酸橡胶、PVC 塑料或涤纶布的玻璃钢，槽液搅拌可采用螺旋搅拌器或用工程塑料制作的泵，外部管路应采用塑料制品；

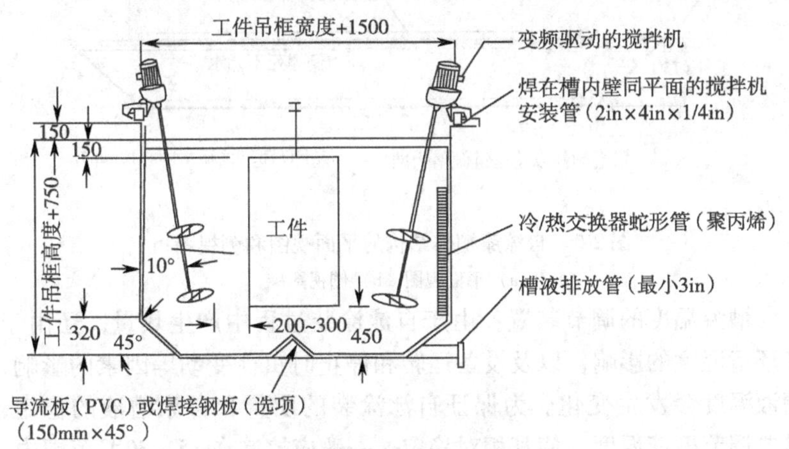

图 2-4　自泳漆槽体的结构和设计

注：1. 浸式板状换热管借助不锈钢带吊挂在槽的顶部。

2. 除排放在溢流管连接外管路外所有配件不允许贯穿槽侧壁，所有管路从槽顶引入。

3. 槽子可用普通钢板和型材制作，槽内必需衬耐氢氟酸的橡胶、PVC 或涤纶布玻璃钢。

采用氟塑料或聚丙烯塑料的换热器。自泳槽液储存槽和自泳涂装后的水洗槽也应采用橡胶内衬或涤纶布玻璃钢。

自泳漆槽液循环搅拌系统的作用，是保证在加料和开工前槽液成分均匀，防止产生沉淀，以保证涂层具有良好的外观、保持槽液的稳定。可选用的搅拌机，其转速为100～300r/min，且可调节；搅拌器材质为316不锈钢材，搅拌轴与垂直面为5°～10°，采用螺旋桨叶，桨叶间距为螺旋桨直径的2～2.5倍，如图2-5所示。

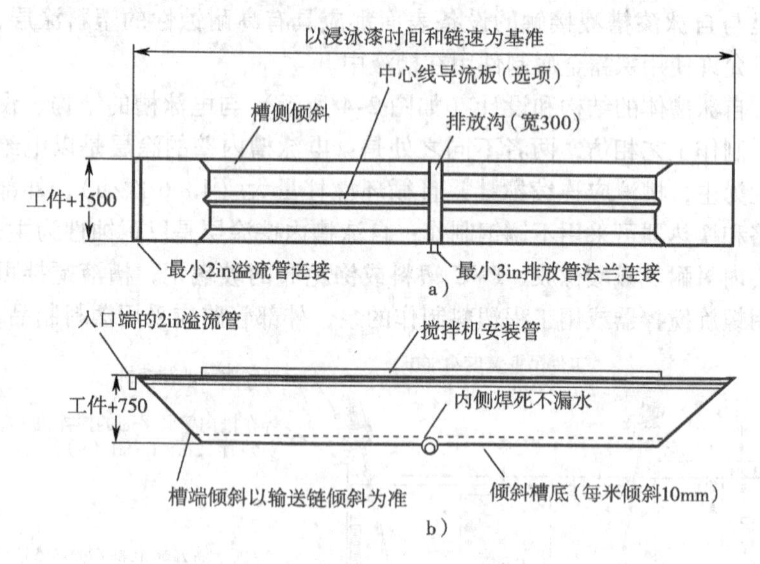

图2-5　自泳漆槽体结构的平面视图和侧视图

a）平面视图　b）侧视图

槽液温度的调节装置：由于自泳涂装过程中产生热量，还由于受环境温度的影响，以及设备运转和停止时负荷变动等因素的影响，槽液温度会发生变化。为保证自泳涂装的质量和自泳槽液的稳定，需要调节槽液温度，使其相对稳定，一般应控制在15～30℃范围内。

自泳涂料的补给方法，可采用计量泵与高位槽两种方法，加液槽采用塑料槽。

六、自泳漆涂装技术的应用情况

自泳漆涂装现仅适用于钢铁件涂装，如车架、空调风管、钢制

暖气包（片）等涂装。其中，应用实例有：北京北新建的暖气包采用自泳漆涂装打底，外表面再喷涂粉末面漆。苏州金龙 12m 长的大客车车架采用自泳漆涂装工艺。自泳涂料供应厂家有武汉材料保护研究所和汉高表面技术有限公司。

典型的自泳漆涂装件如图 2-6 所示。

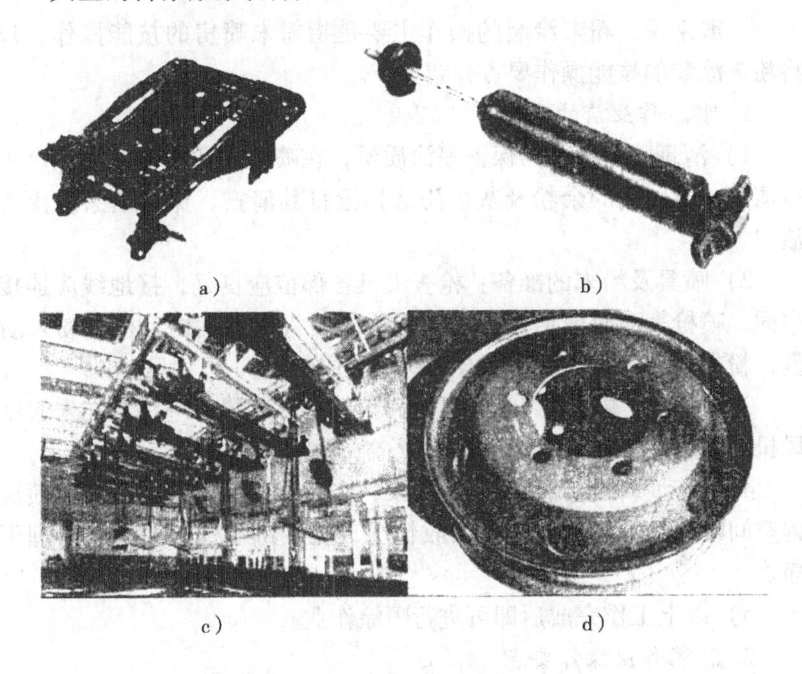

a）　b）

c）　d）

图 2-6　自泳漆涂装件

a）汽车座椅　b）减振器　c）载货车底盘　d）钢圈

其他自泳漆涂装件：

1）座椅调节轮、座椅滑轨、车窗升降调节器、踏板组件、座椅安全带部件、安全气囊部件、千斤顶、扬声器支架等。

2）地盘/悬挂件有板簧、刹车部件、暖风机架、发动机支架、控制杆、地盘、保险杠支架等。

3）支架、车灯、千斤顶等零部件。

第四节　粉末涂装工艺

一、粉末涂装操作训练

一般来说，粉末涂装的操作主要是指粉末喷房的技能操作，现将粉末涂装的技能操作要点介绍如下。

1. 喷涂作业前的准备

1）清理喷涂房：为保证喷涂质量，在喷涂作业前应对喷涂房进行清理，将以前的余粉及灰尘用清扫枪将其清扫，保持喷涂房内清洁。

2）喷具及粉末的准备：检查喷具各部位应良好，接地线应连接牢固，喷枪表面应清洁。将喷涂用粉末装入供粉桶内，检查粉末质量，粉末颗粒过粗或过细都会影响喷涂质量。

3）起动电源以及照明、风机和自动震打装置。应注意在未起动风机及震打装置前禁止喷涂粉末。

4）起动喷枪电源及高压空气泵，在没有工件的情况下，对喷房内空间喷涂粉末，检查粉末回收情况，然后将喷枪内的余粉清理干净。

5）以上工作完成后即可进行喷涂作业。

2. 涂装作业操作要点

1）喷涂作业必须在风机起动、震打装置正常运行的状态下才可进行，以免造成滤芯堵塞。

2）喷枪距离工件应在250～300mm进行喷涂作业。

3）严禁喷枪的放电针接触工件表面，以免发生短路，产生火花，引起粉尘爆炸。放电针短路还可能引起高压击穿，击毁高压电路。

4）在喷涂作业中，应根据喷涂工件的形状及尺寸，随时调整静电高压值及喷涂空气压力。在对平面工件喷涂时，应将静电电压值调高，在静电高压的作业下会产生更好的喷涂效果。在喷涂屏蔽较多的工件时，应将静电高压值调低，将喷涂空气压力调高，依靠高

压空气的作用可使屏蔽区产生较好的喷涂效果。

5）在喷涂作业的间隙应及时清理喷涂房内的积粉。

3. 喷涂作业完成后的工作要点

1）在喷涂作业完成后，应对喷粉房、喷枪等进行清理，清理作业必须在风机及震打装置开启的情况下进行。

2）喷涂房的清理：利用清扫枪对喷涂房内的积粉进行清理，使其进入回收箱内。

3）喷枪及喷涂设备的清理：对喷枪的清理应将喷涂房内进行，关闭静电高压，取出吸粉管，起动喷粉枪，使枪内的余粉喷出至干净。对喷涂设备的清理，主要是将供粉桶内的粉末取出，利用清扫枪将喷涂设备表面的粉末清理干净。

4）将喷涂房及喷涂设备清理干净后，关闭风机及震打装置，取出粉末回收箱内的粉末，进行回收，并将回收箱重新安装到位。

5）再次清扫设备表面及工作场地，最后关闭电源。

4. 注意事项

1）喷涂房内的粉末及回收箱内的粉末应在工作完毕后及时清理，若不及时清理粉末有可能吸收潮气，影响喷涂质量。

2）供粉桶内的粉末最好不要过夜，工作完毕后应将其取出进行防潮处理，以免影响喷涂质量。

3）在清扫作业中会产生大量粉尘，必须在风机及震打装置起动的状态下进行清理。

4）粉末喷涂过程中的安全操作要点

① 操作设备前，应熟悉设备的使用方法及操作规程（包括粉末喷涂房的操作规程、静电喷涂装置的操作规程）。

② 严禁未获得上岗证的操作人员操作设备。

③ 严禁在设备附近进行会产生火花的工作，以防引发粉尘爆炸事故。

④ 操作人员应穿着防静电工作服进行操作，严禁在喷涂作业时穿着绝缘服装及绝缘鞋。

⑤ 喷涂设备及喷涂房均应安全接地并保持良好的导电性。

二、粉末涂料和涂膜的常见缺陷、产生原因及防治措施

在粉末涂装过程中，粉末涂料和涂膜的常见缺陷、产生原因及防治措施见表2-15。

表2-15 粉末涂装过程中粉末涂料和涂膜的常见缺陷、产生原因及防治措施

缺陷名称		产生原因	防治措施
涂料状态	结块	1. 粉末涂料储藏在40℃以上的场所 2. 粉末涂料储藏在潮湿环境场所 3. 在同一容器中储藏了大量粉末涂料 4. 涂料变质	1. 粉末储藏温度应在30℃以下 2. 粉末涂料不能直接与水分接触，应密封储藏 3. 粉末涂料应分小包装储藏(10 kg以内) 4. 检查涂料是否变质
涂装时涂料状态	结块	1. 空气湿度高 2. 粉末涂料在流动槽中不能正常流动或从料斗不能均一地流出	1. 不能在湿度高的空气条件下作业，检查除湿装置 2. 检查流动槽的流动性。供粉桶使用后应及时清理干净
	喷枪堵塞	1. 可能有异物混入 2. 粉末涂料在喷嘴前端可能固化	1. 过筛粉末涂料 2. 清理喷嘴
	涂料喷出量不稳定	1. 空气压力不足 2. 接到喷枪的胶管过长 3. 供料装置运转不正常	1. 检查调整空气压力 2. 供料器与喷枪之间距离不宜过长 3. 检查调整供料装置
	从涂装室飞散出粉末涂料	1. 喷枪的位置不适当 2. 风道可能有堵塞 3. 粉末涂料回收装置工作不正常	1. 检查调整喷枪的位置 2. 检修和检查风道 3. 检修粉末涂料回收装置
	粉末涂料从排风管排到室外	粉末涂料回收装置工作不正常	检修粉末涂料回收装置
	脱落	1. 未接上高压电 2. 烘干室的风幕风速过高 3. 空气压力过高	1. 接通电压电 2. 采用桥式烘干室较好 3. 调节空气压力

（续）

缺陷名称		产生原因	防治措施
涂装时涂料状态	粉末燃烧	1. 喷枪与被涂物的距离过近 2. 接地不良 3. 粉末涂料回收装置运转不正常 4. 由于湿度大电阻不正常 5. 涂装室内的粉末浓度不适当	1. 调整喷枪与被涂物的距离 2. 除去挂具上附着的涂料使接地良好 3. 检查调整粉末涂料回收装置 4. 检查除湿装置 5. 检查涂装室内的粉末浓度，降低空气中粉尘浓度
	膜层厚度不均匀	1. 被涂物与喷枪的距离过近 2. 喷枪与被涂物的距离不适当 3. 粉末涂料老化 4. 供给喷枪的电压不正常	1. 检查调整喷枪的位置 2. 检查电压，调整喷枪与被涂物的距离 3. 检查除湿装置，加入新的粉末涂料 4. 检查涂装室内的粉末浓度，降低空气中粉尘浓度
涂膜的状态	颗粒	1. 粉末涂料中混入垃圾 2. 结块	1. 采取措施防止异物混入粉末涂料中 2. 过筛粉末涂料，除去异物及结块
	局部有凸起	1. 涂膜超过规定的厚度 2. 喷枪前端有结块	1. 调整喷出量、喷枪速度、电压值等 2. 及时清理喷枪前端积存的粉末和涂装室内积存的粉末
	针孔	1. 涂膜厚度不足 2. 磷化膜层过厚 3. 粉末涂层被静电击穿	1. 提高电压和涂装条件的管理 2. 磷化膜应保持 $3g/m^2$ 以下 3. 调整涂装条件和粉末涂料的电特性
	缩孔（花脸）	1. 涂装前脱脂不良 2. 涂膜表面凸凹不平 3. 表面锈蚀 4. 粉末中混有不同类型的其他粉末	1. 检查脱脂条件，改善脱脂效果 2. 消除表面打磨痕迹 3. 缩短前处理与喷涂的间隔时间 4. 更换粉末
	渗色	1. 涂装前脱脂不良 2. 表面锈蚀	1. 检查脱脂条件，改善脱脂效果 2. 缩短前处理与喷涂的间隔时间
	发糊	烘干室的换气量不足	检查换气风机，加大风量
	气泡	1. 预处理后水分烘干不充分 2. 脱脂、除锈不充分	1. 检查水分烘干室的温度 2. 检查预处理工艺

（续）

缺陷名称		产生原因	防治措施
涂膜的性能	附着不良	1. 烘干条件不适当 2. 预处理不良 3. 磷化膜配套性不良	1. 检查烘干温度和烘干时间 2. 检查预处理工艺 3. 更换磷化液
	暴晒性不良	1. 涂膜固化不良 2. 粉末涂料性能不佳	1. 检查烘干温度和烘干时间 2. 更换耐暴晒性好的粉末涂料
	硬度低	涂膜固化不良	检查烘干温度和烘干时间
	涂膜早期生锈	1. 涂膜厚度不均匀 2. 涂装前表面预处理不良	1. 调节涂装机，清理挂具 2. 检查涂装前表面预处理工艺
其他	干喷雾	被涂物未冷却	被涂物应在30℃以下冷却
	模糊	涂装环境有尘埃飞散	改善涂装环境

第五节　其他涂料和涂膜的常见缺陷、产生原因及防治措施

一、概述

涂料及涂膜缺陷是涂料设计、生产制造、运输、储存、涂装等过程中出现质量问题的综合体现。

在涂料设计中，配方的合理性、树脂基料、颜填料、溶剂、助剂等的品种和用量的选择，特别是原材料的规格和稳定性等都会直接影响涂料产品的质量。在涂料生产过程中，对生产设备的选择、生产工艺流程和质量的控制、生产过程的气候条件等，对生产合格的涂料产品都有较大关系。

在涂装过程中，优良的底材表面处理，正确的涂装方法选择，熟练的涂装操作技能，以及涂装时的气温、湿度等因素，都是保证形成高质量涂膜的重要因素。

因此，产生涂膜缺陷的原因是多方面的，有时是极为复杂的。这不仅表现在涂料产品的生产、储存过程中，而且也反映在涂装前后，当其形成涂膜时会产生各种异常现象而形成缺陷，严重地影响涂装质量。根据现场涂装时各种涂料和涂膜缺陷出现的先后，可将

涂料和涂膜缺陷分为三大类：

（1）涂装前的涂料缺陷　涂料在生产、运输和储存过程中产生的缺陷，例如沉淀、结块、发浑、变稠、浮色、发花、胶化、颜料返粗和析出等。

（2）涂装过程中出现的涂膜缺陷　例如流挂、咬底、发白、渗色、起皱、桔皮、针孔、露底、收缩、不干、返粘、失光、裂纹等。

（3）涂装后及使用过程中出现的涂膜缺陷　例如变色、褪色、粉化、起泡、生锈、脱落、腐蚀等。

对于从事涂装工作的现场检验人员和高级漆装工，必须熟知各种涂料和涂膜缺陷的产生原因及防治措施，才能及时排除涂装中出现的质量事故，确保生产出高质量的涂装产品，尽可能延长涂装产品的使用寿命。

涂料和涂膜缺陷有上百种，本节将各种常用涂料和涂膜的常见缺陷、现象、产生原因及防治措施简要介绍如下，以供参考。

二、涂料在生产、运输、储存过程中发生的缺陷及防治措施

1. 沉淀与结块

（1）定义　涂料在储存过程中，其固体分下沉至容器底部的现象，称为沉淀。俗称沉底或沉降。当沉淀现象严重时，涂料中的颜填料等颗粒沉淀成采用搅拌方法都不易再分散的致密块状物时，称为结块。

（2）缺陷现象　当涂料开桶后，用一搅拌棒插入涂料桶中，提起时，若所粘附涂料颜色、稠度均一，则无沉淀现象。若上稀下稠，底部有难以搅动的感觉，即出现沉淀。当搅拌棒无法插到桶底，底部沉淀硬结，无法搅拌均匀时，即出现结块。常见的易出现沉淀的涂料品种有：红丹漆、防污漆、防锈漆（例如云母氧化铁防锈漆）、低性能乳胶漆等。

（3）产生原因

1）所用颜填料研磨不细、分散不良；在配方中，颜基比过大，颜填料密度大等因素，均容易引起沉淀。

2）由于加入的稀释剂太多，涂料粘度又较低，涂料中颜填料失

去了正常的悬浮状态，造成颜填料沉淀。

3）颜填料与树脂之间产生某种化学聚合反应或相互吸附，引起凝胶，产生沉淀。

4）储存时间过长，超过了涂料的保质期，尤其是长时间静止放置。例如色漆储存时间过长时，颜填料因密度大，在盛具底部形成沉淀，最终形成结块。有些树脂也发生变质现象。

5）储存温度过高，一般涂料的储存温度在15～25℃为宜。储存温度超过30℃，某些颜填料和树脂在漆中的悬浮性能被破坏，使涂料粘度降低而沉淀、结块。

（4）防治措施

1）在设计涂料配方时，考虑适合的颜基比，一般颜基比不要超过2:1，特殊品种除外。颜填料尽量选用密度小些的，有些颜填料例如红丹粉、铬黄、石母氧化铁、铁红、硫酸钡等密度都较大，应少用或酌情用低密度颜填料替代。

2）涂料粘度不能过低，选用的颜填料之间不能相互反应。例如锌粉、铝粉、氧化锌等比较活泼。在储存稳定性不佳的涂料中尽量不用或分罐包装。在涂料生产时，采用适合的设备，尽量将颜填料研磨分散均匀，达到规定的粘度、细度。例如氯化橡胶类涂料稳定性差，易与铁类物质发生反应，应采用不锈钢或石衬里设备生产。

3）在涂料中加入防沉剂，利用少量助剂的特殊性能，制成触变性涂料，改变涂料悬浮状态。常用的防沉剂有硬脂酸系列、气相二氧化硅、改性膨润土、氢化蓖麻油等。现在进口的防沉剂品种很多，一般加入质量分数为0.1%～0.5%就可防止沉淀，而加入质量分数为2%～3%时，可将涂料制成触变性涂料，可生成较大的膜厚。

4）涂料储存应放置在阴凉通风处，定期将涂料桶横放、倒置或摇动几次。要注意涂料的储存期限，做到先入库的先使用。对于一些储存期限短的涂料，例如氯化橡胶、氯乙烯、聚氨酯类要特别小心。

5）对于已产生沉淀的涂料，可用手工或机械搅拌均匀后再使用。对于结块涂料，应先把可流动部分倒出，用刮铲从容器底部铲起结块，研碎。再把流动部分倒回原桶中，充分混合。如按此法操

作仍无法混合，仍有干结沉淀，此涂料只能报废或降级使用。

2. 发浑

（1）定义　清漆、清油或稀释剂中由于不溶物析出而呈现云雾状不透明的现象，称为发浑。俗称浑浊、发混。

（2）缺陷现象　在涂料开罐后，清漆、油性清漆和合成树脂清漆出现透明度差、浑浊、沉淀等现象。

（3）产生原因

1）在低温储藏时产生沉淀或析出物，或储存时间过长。

2）涂料中含有水分。例如溶剂中含有水分，或在露天存放、运输过程中从桶口渗入水分。由于水分的存在，促进催干剂析出，造成浑浊。

3）稀释剂选择不当或用量过多。由于清漆是胶体状物质．其储存稳定性取决于各种成膜物质在溶剂中的溶解度。如果溶剂种类选择不当，部分漆料不易溶解，就会出现浑浊。例如中油度醇酸树脂清漆，只采用200#溶剂汽油稀释，不久就会出现浑浊。

4）催干剂选择不当，特别是选用铅类催干剂，在稍有水分或低温时会使清漆变浑浊。

5）性质不同的两种组分物质混用比例不当。例如在慢干清漆中加入过量的铅催干剂；硝基清漆中所用的硝化棉含氮量过高；虫胶漆中含蜡质过多等，都容易造成浑浊。

（4）防治措施

1）在涂料的储存期限内尽可能用完涂料；避免将涂料储存在温度过高或过低的场所，清漆储存温度最好不低于20℃。需将漆桶放置在木架上，使漆桶不接触地面，以防降温；如果清漆略有浑浊，一般可照常使用。若浑浊较严重，可采用水浴加热（65℃）升温，加热时切不可采用明火加热，也不能完全盖严桶盖，但要防止水气混入。

2）涂料生产时，须除去稀释剂中的水分。对于苯类、汽油、松节油可采用分层法分离除去。对于丙酮、乙醇、醇类可采用分馏法分离除去，溶剂桶在储存时要盖严，不要放在室外，防止水分进入桶内。同时，避免在雨天和湿度大的气候条件下施工；如果清漆出现浑浊，可用加热的方法除去水分，也可将桶放平，使水分自然沉

降到桶底，然后除去；使用漆刷涂装时，要甩净漆刷中的水分。

3）稀释剂中可以加入一些松节油或芳烃溶剂来改善。根据成膜物质的不同，选用合适的稀释剂。中油度醇酸树脂若加入200#溶剂汽油，要在短时间内用完，否则要加入少量二甲苯等芳烃溶剂。对于使用溶剂过量的慢干清漆，可加入少许松节油。对于快干型清漆（例如硝基清漆），可加入少量丁醇或苯类芳烃溶剂。

4）选择适当的催干剂，例如对于醇酸清漆，可采用环烷酸钴或锰等，也可采用钴、锰、铁的复合催干剂，少用铅类催干剂。催干剂的用量要随着油的不饱和度的增加而减少。对于醇酸树脂，按树脂固体分对催干剂中的金属以质量分数计。一般可加入0.04%～0.06%的钴，0.3%～0.5%的铅。

5）尽量避免使用不同种类的混合清漆。

6）若清漆浑浊严重，采用上述方法无法补救时，例如已发胀或呈糊状，只能用作调腻子用，或降级使用或报废。

3. 变稠

（1）定义　涂料在储存过程中，由于组分之间发生化学反应，或由于稀释剂的损失，而引起的涂料稠度增高（不一定增加到不能使用的程度）、体积膨胀的现象，称为变稠。

（2）缺陷现象　当开罐检验时，涂料粘度比出厂时明显增高，涂料变稠，难以搅动。

（3）产生原因

1）用熬炼时间过长的漆料配制的清漆，往往在储存过程中变稠。涂料储存时间过久、温度过高，会造成涂料中树脂的进一步聚合而析出，也会引起变稠。储存温度过低时，水性乳胶漆往往变稠，甚至结冻成块。

2）漆桶漏气、漏液，使涂料中稀释剂挥发，造成涂料变稠。

3）由于颜料中含有较多的水分或水溶性盐，造成涂料变稠。

4）稀释剂选用不当，例如沥青漆用200#溶剂汽油稀释会使沥青漆变稠。漆料酸值太高，与碱性颜料发生皂化反应变稠等。

（4）防治措施

1）尽快在允许储存时间内用完涂料。储存时，防止温度过高或过低，一般是在 15～25℃。对因冬季气温低而结冻变稠的乳胶漆，可将其移入温暖的室内 2～3 天，让其自然解冻。对于乳胶漆，可将其连同包装浸入热水中，让其自行缓缓解冻。但解冻后的乳胶漆必须在短时间内用完，不宜再储存。

2）对于漏气、漏液的桶漆，需要更换漆桶，再加入适量的溶剂，搅拌均匀后密封储存。若氨基烘漆储存后变稠，可在溶剂中至少体积分数为 25% 的丁醇调稀。

3）防止在生产和储存过程中水分混入。例如不在阴雨天和湿度大时生产和施工，对于变稠的涂料可加入丁醇等方法调稀。

4）采用改用松节油、二甲苯、重质苯、200# 煤焦溶剂稀释沥青漆。应注意不同种类的涂料应选用各自适用的稀释剂。

4. 发胀

（1）定义　涂料粘度显著增加，直至变为厚浆状、胶体或硬块的现象，称为发胀。其形态上表现为肝化、胶化和假厚（假稠）等形式。

（2）缺陷现象

1）肝化涂料的稠度已经达到必须采用过量稀释后才能使用或仍难以使用的程度。此时的涂料粘稠，无法搅动，呈硬胶状，形状类似肝块。

2）胶化涂料从液态变为不能使用的固态或半固态的现象，涂料中细的颜料粒子结成块粒状，粘度增高，结成胶冻状。

3）假厚也称为假稠或触变。此时涂料看似外表稠厚，但一经机械搅拌，却能流动自如，停止搅拌后又能恢复原来的现象。

（3）产生原因

1）色漆粘稠化的主要原因是所用颜料与基料树脂起反应，例如酸值高的漆料和盐基性颜料在储存过程中起皂化反应，红丹、锌白、铅白与天然树脂相遇而产生肝化；金粉和铬黄等颜料也容易引起硝化纤维素涂料产生肝化现象。

2）胶体的基料分散相大部分带正电荷，与带负电荷的颜填料混合，相互吸引和中和，引起胶化和凝固。例如带酸性的炭黑能使氨基树脂涂料产生胶化。油料聚合过度，易使粘度增高或结成冻胶。

3）假厚现象主要出现在含颜填料成分较高的涂料中，而以滑石粉、氧化锌、锌钡白、红丹粉等最为明显，刷涂时刷痕不易消失。同时，一些防沉淀剂的加入，如气相二氧化硅、有机膨润土、助剂等的添加，也使涂料具有假厚特性，从而可防止沉淀形成厚膜涂料。

4）容器不完全密闭或未装满桶，在储存过程中部分溶剂挥发，使漆液浓缩、增稠、空气中氧则能促进胶化。

5）在涂料生产和储存过程中，水分的混入对酸性漆料和碱性颜填料的反应有促进作用，往往带来涂料的肝化或胶化现象。储存温度过高，也会带来肝化、胶化等缺陷。

（4）防治措施

1）某些漆基应避免选用盐基性颜填料，而应以锌钡白、钛白、氧化锑等颜填料替代。若清油与红丹粉等自行调配，应当天配制当天使用。一般出现肝化的涂料，轻微时可加入相应的稀释剂，调稀使用，但只能用作底漆，如果用作面漆，则会失光。无法再继续使用时，应降级使用或报废。

2）对于出现凝胶现象的涂料，如果是油料聚合过度，这是一种物理变化，属暂时现象，经过机械搅拌作用可以重新分散，或加入少量有机酸（安息香酸）可恢复正常。炭黑的 pH 值低，通常可添加少量三乙醇胺来克服。涂料轻微胶化时，一般可加入同种稀释剂，用力搅拌，涂料会重新转变为均匀液体。桐油胶化时，在短期内可加入体积分数为3%的甘油并加热，即可恢复原状。如果胶化严重，不可逆时，只能报废或调制腻子用。

3）涂料的假厚或假稠缺陷，只要用木棒强力搅拌就可恢复。这也是形成厚膜涂料的一种方法。当涂装过程中，采用刷涂，特别是高压无气喷涂时，由于剪切力的存在，涂料可以轻易地涂装。一旦剪切力消失，涂膜就发生假稠现象，形成较厚的涂膜而不发生流挂，这是某种涂料的特性，一般不能当作缺陷处理。在涂装厚膜涂料时，不能擅自多加稀释剂，必须保证规定的膜厚。而作为装饰性涂料时，假稠现象就是一种缺陷，因为它会产生严重的刷痕，影响涂膜的美观和装饰性能。

4）盛装涂料的容器一定要密闭，如果开桶使用后一定要密封

好，最好在2～3天内用完。对于已结皮胶化部分，可通过过滤除去，否则应降级使用。

5）在涂料生产中，应避免水分的混入。例如在湿度大的情况下，不要生产涂料。对于某些易吸水的颜填料要采取在阳光下晾晒和加热烘干等方法除去水分，同时防止溶剂内水分的混入。需要在15～25℃条件下储存的涂料，不要放置在阳光下、散热器旁或加热炉旁。

5. 结皮

（1）定义　涂料在容器中，由于氧化聚合作用，在液面上形成结皮的现象。

（2）缺陷现象　对于油性调合漆和磁性调合漆，一般以油脂类和醇酸树脂类等以氧化干燥型的涂料为主。开罐后，在表面覆盖一层粘稠胶皮类物质，下面漆液仍然均匀。

（3）产生原因

1）盛漆容器不密闭或未装满，使漆面有与空气接触的场合。

2）涂装过程中，盛漆容器长时间放置或密封不严。

3）涂料中催干剂加入过多，涂料含有过度聚合的桐油较多，色漆过稠或颜填料含量较高。

4）涂料放置时间越长，温度越高，结皮现象越明显。

（4）防治措施

1）在涂料装桶时应尽量装得满一些，并在上面加一些稀释剂（如松节油等），使存留的空气少一些，但也不能装得太满，应留有一定的余地，以防止随着太热而膨胀。有条件的生产厂，可在涂料装桶后，把留下的部分空气抽掉，然后灌入一些保护性气体，例如氮气。

2）涂料桶中剩余的少量涂料，为防止结皮，不要用原桶盛放，应用可密闭的小号容器盛放。可在漆面上放一层牛皮纸或添加一层挥发较慢的溶剂（如松节油），把盖子盖紧，达到密封要求。涂料尽量在短时间内用完。

3）尽量加快涂料周转，在保质期内使用，不要长时间储存。储存处应通风，避免高温。

4）对已经生成结皮的涂料，应小心地剔除结皮，余下的下层涂料仍可继续使用，但应搅拌和过滤。

6. 原漆变色

（1）定义　涂料在储存过程中，由于某些成分自身的化学变化或物理变化，或者与容器发生化学反应，而偏离其初始的颜色现象，称为原漆变色。

（2）缺陷现象　在开启色漆桶时，往往出现颜色不符，最常见的是绿色漆开桶后竟是蓝色的。也有的色漆开桶后是清漆，复色漆出现颜色悬浮等。

（3）产生原因

1）涂料中的某些组分之间相互反应。例如金粉、铝粉和清漆会发生作用，失去金属光泽，使色彩变绿、变暗。

2）涂料中的组分与包装铁桶发生反应。例如虫胶漆在马口铁桶中颜色会变深，储存越久色越深而且发黑。硝基漆在铁桶中会变成褐色等。某些溶剂（例如酯类）极易水解，与铁容器反应，使颜色变深，特别是白色漆最为明显。

3）复色漆中颜填料密度不同，密度大的颜填料下沉，密度小的浮在上面。例如用铬黄和铁蓝配成的绿色漆，铬黄容易下沉，而铁蓝上浮呈蓝色。

4）色漆中的颜填料发生化学反应。例如含有铁蓝的蓝漆或草绿色漆，由于容器内空气不足，铁蓝起还原作用而褪色。由铁蓝和钛白、氧化锌、锌钡白等制成的涂料，在储存过程中发生还原作用等。

（4）防治措施

1）用铜粉或铝粉制作颜填料的涂料，由于油或漆料中的游离酸对铝粉、铜粉起腐蚀作用，使涂料变黑发绿。可选用中性漆料，生产的时候在最后阶段加入铜粉、铝粉，最好是把金属颜填料与漆料分罐包装，使用时随时调配。

2）包装容器要选择镀锌或镀锡的铁皮桶，有些特殊品种最好采用塑料桶、瓷罐和玻璃瓶包装。例如虫胶清漆和硝基清漆需用非金属容器储存。

3）复色漆颜色不一致时，充分搅拌均匀，颜色仍能恢复一致。

经搅拌均匀，与空气接触后，颜色可恢复原色，不属于真正的变色。

三、涂料在涂装过程中发生的缺陷及防治措施

1. 流挂

（1）定义　在喷涂或干燥过程中，垂直或倾斜表面上涂膜形成由上向下的流痕或下边缘增厚的现象，称为流挂。根据流痕的形状，流挂可分为下沉、流淌、流挂、滴流。

（2）缺陷现象　在涂装过程中，漆液向下流淌形成流挂，是影响涂膜外观的一种缺陷，多出现在垂直面、棱角处、合页连接处以及水平面与垂直面交接的边缘处。

（3）产生原因

1）涂料配方不合适，溶剂挥发缓慢，涂料粘度过低，颜填料中含有密度较大的颜料（例如硫酸钡、红丹等），分散不良的色漆，研磨不均匀等。

2）在涂装过程中，一次涂装得过厚，漆液由于重力的作用向下流淌。

3）施工方式不当。刷涂时，漆刷蘸漆过多又末涂装均匀，刷毛太软漆液稠涂不开，或刷毛短漆液稀。喷涂施工时，喷枪的喷嘴口径过大，气压过小，距离喷涂面太近，喷枪移动速度过慢，有重叠喷涂现象等。浸涂时，涂料粘度过大涂层过厚产生流挂，有沟槽零件易于存漆也会产生流挂，甚至在涂件下端形成泪状流挂。

4）被涂件表面凸凹不平，几何形状复杂，在边缘棱角处、合页连接处，由于涂装后没有及时将这些部位的残余漆液收刷干净，造成余漆流到漆面上形成泪状流挂。

5）涂装前预处理不好，物面含有油或水。使涂料与被涂物表面的附着力不佳，或者是在旧涂层上直接涂布新漆等，都会造成流挂。

6）涂装场所气温过低，涂料实干较慢。或在不通风的涂装环境中施工，周围空气中溶剂蒸气含量高，溶剂无法挥发。对于烘烤型涂料，过高温度烘烤时，涂料粘度下降引起流挂。

（4）防治措施

1）充分考虑涂料的防流挂特性，采用挥发速度适中的溶剂，提

高涂料粘度，延长研磨过程。可在涂料配方中加入防流挂助剂，目前已有多种颜填料或防流挂助剂可供选择，其加入量一般为配方总质量的1%～2%。

2）涂装施工前，应检测涂料的防流挂性能，即能形成最高的湿膜厚度。对于一般性能的涂料，其湿膜厚度不应过高。出现流挂现象时，可在流痕未干时，用刷子轻轻地将痕道抹平。如果流挂已经干燥，可用小刀将流痕轻轻铲平，或用砂纸将痕道打磨平整后再进行涂装。

3）对喷涂时各种工艺参数，例如压力、喷枪距离、角度、移动速度、喷嘴口径等，按工艺规范控制和调整。漆刷一次不能蘸漆过多，要在桶壁上靠一下刷子。漆液稀刷毛软，漆液稠刷毛宜短，涂膜厚薄均匀适中。喷涂时，喷枪应距被涂物表面20～30cm，不能过近，并与被涂物表面平行移动。在喷涂高固体分涂料时，应采用较高的空气压力。对于油性漆或烘干漆不能过度重叠喷涂。

4）对凸凹被涂物表面进行涂装时，在漆液未干时，可选择刷毛长、软硬适中的漆刷，用漆刷将多余的漆液刷去，防止漆液储存。

5）做好各种基材的涂装前预处理工作，防止油、水附着，提高涂层的附着力。对于旧涂层可先打磨，将表层打毛后再涂装新漆。

6）涂装现场适当换气，保持通风，温度应在10℃以上。温度过低时，可适当采用快挥发溶剂，提高固化剂用量。对于烘干漆，可采用湿碰湿的涂装方法。

2. 慢干或返粘

（1）定义　慢干或返粘，也称为残余粘性或凹粘，是指干燥（固化）后的涂膜表面仍滞留粘性的一种缺陷。

（2）缺陷现象　在涂漆完成后，涂膜的干燥时间超过了规定的干燥时间。或涂膜干燥数天后，用手指触摸仍有粘指现象。或该漆干燥时不粘手，经过较长时间后又呈软化、发粘。慢干和返粘的这两种缺陷，几乎是同时出现的。

（3）产生原因

1）涂料的质量问题。例如配方中采用了高沸点的芳烃溶剂、煤油等挥发性差的稀释剂。配方中树脂含量少或含有半干性或不干性

油。漆料熬炼不够，例如熬炼温度过低的桐油。催干剂调配不当、用量不足或超量等。

2）施工时面涂层太厚，底层涂料长期没有干燥的机会。底层中的溶剂还没有充分挥发出来，就涂装了下一道涂料，影响涂膜干燥，形成返粘。

3）施工时环境影响。例如空气湿度较高、天气较冷等。涂膜干燥后，受到寒冷、雨露、烟雾、酸、碱或潮气的侵蚀。

4）基材表面处理不当。被涂物表面残留油污、酸、碱、盐以及没有彻底清除干净的旧涂层，底层未干透就涂装面漆等，均会造成局部慢干或发粘，有时甚至长久不干。在特殊品种基材上的涂装，例如水泥、混凝土壁的碱性会使涂膜皂化而软化。木材潮湿温度低时涂装，当温度升高后就会出现返粘现象。这是因为木材本身有木质素，还含有单宁、油脂、色素等，与涂料作用的结果。

5）施工时，双组分涂料固化剂没有添加或添加量不够，烘干型涂料烘干不足，需要空气氧化的涂料，施工场所潮湿而又不通风等。以上情况导致干燥时间延长，如果干燥时间过长，必定导致返粘。

6）在旧涂层上涂装新涂料时，因旧涂层上附着大气污染物（例如硫化物、氮化物等），影响涂料的正常干燥，住宅的门窗尤为突出。预涂底漆放置时间长也会出现慢干现象。

（4）防治措施

1）在涂装施工过程中，应采用挥发速度适中的稀释剂。对于慢干涂料，可适当采用挥发速度较快的溶剂，例如使用甲苯、二甲苯代替高沸点芳烃溶剂和煤油等，或加入丙酮和酯类溶剂等。在配方中，不用或少用干燥性差的油类树脂，添加适量的催干剂。对于醇酸和天然树脂类涂料，要加入催干剂，如环烷酸钴或环烷酸锰等，也可采用钴、锰、铁的复合催干剂，少用铅类催干剂。催干剂的用量要随着油的不饱和度的增加而减少。对于醇酸树脂，按树脂固体分对催干剂中的金属的质量分数计，一般可加入0.04%～0.06%的钴、0.3%～0.5%的铅。对于慢干涂料，可适当加大催干剂用量，但加入量过多，也会引起不干或返粘现象。

2）涂膜不能涂得过厚，底漆层和其他涂层一定要实干后，再涂装下一道涂料。严格按照工艺规程的最短涂装间隔施工，防止底漆中的溶剂未完全挥发带来的发粘现象。对于长期回粘和不干的涂层，应采用适当的脱漆剂和溶剂将涂层全部除去，或用铲刀将涂层除去，然后重新涂装。

3）施工时，注意环境温度不能太低，当温度低于10℃时，应采用冬季固化型涂料或单组分溶剂挥发型涂料，并适当延长涂装时间间隔。涂装完成后，涂膜需经约两个星期的保养时间才能在腐蚀介质中使用。对于氯化橡胶、高氯乙烯等单组分挥发型涂料，实干后涂膜仍较软，需要两个星期或更长时间才能完全硬化形成坚硬涂膜，这是正常现象，不是涂膜缺陷。

4）涂漆前，应将基材进行良好的表面处理，除去油污、水气、锈蚀并使基材具有一定的粗糙度。对于水泥、混凝土被涂物表面要涂防止碱质的密封层。对于木制品表面必须干燥，含水量质量分数不超过15%，必要时可进行低温烘干，有松脂的在涂漆前用虫胶清漆封闭。

5）施工时，对于双组分涂料，要按照配比添加固化剂，添加时要搅拌均匀，同时至少需要15min至0.5h的活化期，在低温情况下，可酌情多加入质量分数为5%~15%的固化剂，但不能超量。对于烘干型涂料，要选择适宜的烘干温度。要增加施工场所的通风量，避免在潮湿环境下施工。

6）在旧涂层上涂漆时，应先打磨并清洁旧涂层。对于大气污染的旧涂层可先用石灰水清洗（50kg水加入消石灰3~4kg），有污垢的部位要用刷子刷去污垢，使表面清洁、干燥、打磨后再涂漆。

3. 粗粒（起粒、表面粗糙）

（1）定义　涂膜干燥后，其整个表面或局部表面分布着不规则形状的凸起颗粒的现象，称为粗粒（起粒、表面粗糙）。

（2）缺陷现象　在涂装后的干涂膜表面上产生突起物，呈颗粒状分布在整个表面或局部表面上，通常大的称为疙瘩，小的称痱子，有的呈极细微（针尖状）颗粒分布，不仅影响涂膜外观、光泽，而且容易形成局部腐蚀损坏。

（3）产生原因

1）涂料生产时，颜填料研磨得不细，末达到规定的细度；在涂料储存过程中，产生凝胶，未经过滤处理；涂料结皮经搅拌碎裂成碎片混入涂料中；涂料变质（基料析出、返粗、颜填料凝聚等）。

2）涂装前，采用的稀释剂与涂料不匹配。

3）涂装场所不清洁或在风沙天气施工，有烟尘、碎屑、风沙等落在未干燥的涂膜表面上；刷涂施工时，漆刷上的颗粒或砂子留在涂膜上；喷枪不清洁，用喷过油性漆的喷枪喷双组分涂料（例如环氧等)，溶剂将漆皮咬起形成残渣混入涂料中。

4）喷涂时，喷枪与被涂物表面的距离过远，使喷雾落在被涂物表面上之前因涂料中的溶剂已经挥发而形成颗粒；当喷涂时，喷嘴口径小、压力大，也会造成粗颗粒喷出。

（4）防治措施

1）在涂料生产中，严格控制原材料的颗粒度，尽量选择细度小的颜填料；在涂料储存过程中，若发现涂料中存在结皮、碎屑、凝胶等杂质应过滤后再使用。

2）采用与涂料相溶性好的稀释剂，防止树脂等不溶物析出。稀释剂用量一般不超过体积分数为5%；对存在析出物涂料，可添加有良好溶解性的酯类溶剂进行挽救。

3）保持施工环境的清洁，避免在大风气候下施工。在施工前打扫施工场地，将被涂件擦拭干净。将涂装工具，例如喷枪、漆刷、辊筒在涂装前和涂装完成后要用适当的稀释剂清洗干净，防止杂物混入。

4）喷涂时，调整适当的喷嘴口径和空气压力，喷涂距离不要超过30cm，涂料需经过滤。在更换涂料品种前，应对喷枪、管道及涂料容器进行清洗。

5）涂膜出现颗粒以后，一般应等涂膜彻底干透后，采用细砂纸仔细将颗粒打磨平滑、擦净灰尘，再在表面涂装一道涂料。如果是硝基面漆，可用棉纱团蘸取稀的硝基涂料擦涂几次，再用砂蜡、光蜡抛光处理。

4. 针孔

（1）定义　在涂膜烘干过程中，空气泡或溶剂蒸气泡留存在涂

层内，使涂膜表面快速膨胀，形成四周鼓起，泡中有小孔的现象，称为针孔。

（2）缺陷现象　在涂膜干燥过程中或形成涂膜后，涂膜表面出现圆形小圈，形状如针刺的小孔，似皮革毛孔状的孔，较大的孔似麻点。针孔的危害是造成涂膜局部部位空白无漆，形成腐蚀的通道，因此必须及早补救。一般的清漆或颜填料含量较低的磁漆，采用浸涂、喷涂或辊涂法施工时容易出现针孔缺陷。

（3）产生原因

1）涂料配方和涂料生产上的原因。清漆精制不良，溶剂的选择和混合比例不当，颜填料分散不良，在涂料生产中夹带有空气泡和水气。

2）涂料储存温度过低，使涂料各组分的互溶性变差，涂料粘度上升或局部成分析出，从而引起颗粒或针孔缺陷（特别是沥青涂料）。

3）涂料经长时间激烈搅拌，在涂料中混入空气，生成无数气泡。

4）施工环境湿度过高，喷涂设备油水分离器失灵，空气未过滤，喷涂时水分随着空气带入喷出，使涂膜表面产生针孔，甚至气泡。喷涂时，压力过高，距离过远，破坏了湿涂膜的溶剂平衡。刷涂时，用力过大；辊涂时，转速太快，使产生的气泡无法逸出。

5）涂漆后在溶剂挥发到初期成膜阶段，由于溶剂挥发过快，或在较高气温下施工，特别是受高温烘烤，涂膜本身来不及补足空档，形成针孔。

6）被涂物表面处理不当，在有油污的表面上涂漆。木材含水率高，腻子层和底漆层未干透。涂膜一次涂装得过厚，溶剂蒸气无法及时挥发而被包裹在涂层中，经一段时间后挥发逸出时形成针孔。

（4）防治措施

1）在涂装生产过程中，防止空气和水分混入涂料。采用合适的分散剂和混合工艺，生产设备加盖，调节设备的转速，生产批量的大小要和设备的大小相互匹配等。加入适当品种的消泡剂和流平剂十分重要，特别是对于粘度较大的涂料，加入量一般为涂料总质量

分数的0.1%～1%，加入量过多将影响涂料性能。常用的品种有：矿物油消泡剂、有机硅消泡剂、有机硅聚合物型（例如EFKA777改性聚丙烯酸酯、P－420乙烯系聚合物）消泡剂等。其主要来源是进口，BYK、Henkel、Tego、EFKA等公司都有多种品牌。在乳胶漆、丙烯酸涂料等品种中，通常需要加入消泡剂。

2）涂料应在适宜的温度下储存，防止颜填料析出、结皮、疑胶等缺陷的产生。在涂料使用前需经过过滤，除去杂质和碎屑。

3）涂料使用前要混合均匀，但不要长时间剧烈搅拌，在搅拌后要待气泡基本消失后再进行涂装。双组分涂料要有一定的活化期，一般在混合后15min后再涂装。

4）不要在湿度过大的场合施工，一般相对湿度不大于85%。要保证施工设备和工具的清洁与可靠使用。喷涂时，油水分离器需正常且压力不能过高，压缩空气需经过滤，保证压缩空气中无油。刷涂时，漆刷不能蘸涂料过多，要纵横涂刷，有气泡时需用刷子来回赶几下，挤出气泡。辊涂时，也需来回辊动，速度不能过快，将混入夹带的气泡赶出。

5）涂料中的溶剂挥发需平衡，在较高温度下施工时，可加入挥发速度较慢的溶剂，例如用高沸点芳烃溶剂S100、S150、S180代替二甲苯。加入溶剂石脑油、环己酮、乙二醇醚类等，降低溶剂的急剧挥发。对于烘干则漆粘度要适中，涂漆后在室温下静置5～10min，烘烤时允以低温预热，按规定控制温度和时间，让溶剂正常挥发。

6）底材处理要无油、除尘且达到一定的表面处理等级。腻子层要刮涂光滑，将涂层控制在一定的厚度，特别是对于容易积存涂料的部位。涂装时每道工序之间要有一定的时间间隔，在底层实干后，再进行下道涂料的施工。

7）对已经生成针孔的涂膜表面，可补涂配套涂料。对于沥青漆的针孔，可用烤灯微温涂膜表面消除。对于表面不平整的涂膜，可磨平后再涂漆。

5. 气泡（起泡）

(1) 定义　涂层因局部失去附着力而离开底层（底材或其下涂层）鼓起，使涂膜呈现似圆形泡凸起变形，泡内可含液体、蒸汽、

其他气体或结晶物。

（2）缺陷现象　在涂膜表面出现大小不同的圆形凸起物——鼓泡。一般由溶剂蒸发产生的泡，称为溶剂泡。例如搅拌涂料时产生的气泡。在涂装成膜过程中，由未消失的气体产生的泡，称为气泡。这类气泡用手指掐压可感到弹性，重压时气泡还会向四周扩大或胀破涂膜。烘干型涂料特别容易产生这类气泡。

（3）产生原因　气泡和针孔的产生原因基本相同，只是气泡处于涂层内，而针孔等在涂层表面开口而已。

1）在没有干透的基层上涂漆，当涂膜干燥后，内部的溶剂或水分受热膨胀而将涂膜鼓起，形成气泡。

2）金属底层处理时，凹坑处积聚的潮气未能除尽，因局部锈蚀而鼓泡。或未除净的锈蚀、氧化皮等与涂料中某些物质，或从涂膜微观通道内渗入的水、气体、腐蚀介质反应，生成气体，特别是木质器件潮湿，涂上漆后遇热水分蒸发冲击涂膜，尤其在加热烘烤时易产生气泡。含有 NCO 的聚氨酯涂料与空气中的湿气反应产生二氧化碳气体等，也会产生气泡。

3）在涂料搅拌和涂装过程中混入气体，未能在涂膜干燥前逸出。

4）在强烈的日光下或高温下涂装，涂层过厚，表面的涂料经暴晒干燥，热量传入内层涂料，涂层中的溶剂迅速挥发，造成涂膜起泡。

5）在多孔的被涂物表面涂装时，没有将孔眼填实，而在涂膜干燥过程中，孔眼中的空气受热膨胀后形成气泡。

6）烘烤型涂料急剧加热，涂膜容易起泡。

（4）防治措施

1）涂装工序之间需要有一定的时间间隔，在底层涂料实干后，才可进行下道涂料的施工。

2）禁止潮湿气候下施工，底材处理要无油、除尘并达到一定的表面处理等级，特别要排除表面的凹陷和孔洞中的水分。

3）按处理针孔方法避免涂料在搅拌和施工过程中产生气泡，可加入一定量的消泡剂，并注意施工技巧。一般的涂料表面张力越低、

喷雾粒子越细、涂料粘度越低，就越不容易产生气泡。

4）工件涂装时和涂装后，不应放在日光下或高温下干燥。还应根据涂料的使用环境，合理地选择涂料品种，避免带汗的手接触被涂物，选用挥发速度较慢的稀释剂品种。

5）在多孔的被涂物表面上，应先涂一层稀薄的涂料，使封闭的空气及时逸出。例如墙面涂装，应选用透气性好的乳胶漆或其他建筑涂料。木器可涂虫胶漆封闭。腻子层要刮涂光滑，涂层要控制在一定的厚度，特别是对于容易积存涂料的部位。

6）烘烤涂料涂漆后应先在室温下静置15min，烘烤时先以低温预热，按规定控制温度和时间，让溶剂能正常挥发。

7）涂膜中如有气泡，应视具体情况决定是局部修补还是全部铲除后重新涂装。

6. 刷痕

(1) 定义　刷涂后，在干涂膜表面上留下的一条条脊状条纹现象，称为刷痕。这是由于涂料干燥过快、粘度过大、漆刷太粗硬、刷涂方法不当等原因，使涂膜不能流平而引起的。

(2) 缺陷现象　随着漆刷和辊筒的移动方向，在干燥的涂膜表面残留有凹凸不平的线条或痕迹的现象。这种缺陷主要影响涂膜外观的光滑平整、光泽及涂膜的厚度。常发生在氯化橡胶醇酸涂料、硝基涂料、水乳化涂料和其他厚浆型涂料的涂装过程中。

(3) 产生原因

1）涂料的流平性不佳。例如涂料中颜填料量过多或颜填料局部凝聚，稀释剂不足，涂料过稠等。

2）在夏季高温情况下施工，溶剂挥发过快，使漆刷扫不开或刷上后来不及流平即干燥，不再流淌，涂膜硬干后留下漆刷刷过的线条、痕迹。

3）涂装方式不当，漆刷或辊筒来回涂刷或滚动过多。

4）涂装工具选择不当，漆刷刷毛过硬或不齐、不清洁。辊筒不清洁，过硬等。

5）被涂物底材吸收性过强，涂料涂刷后即被吸干，也会造成涂刷困难而出现刷痕。

(4) 防治措施

1) 防止涂料在储存过程中溶剂挥发和颜填料凝聚；开罐后施工前，应调整涂料粘度，将涂料搅拌均匀并过滤。通常刷涂粘度掌握在30～50s（涂—4杯）左右为宜，加入相应的稀释剂。对厚浆型高固体分涂料，应加入流平剂，选用流平性好的涂料可防止刷痕产生。

2) 避免在湿度过高的环境下施工。在高温施工时，考虑选用挥发速度较慢的溶剂和稀释剂，例如用高沸点芳烃溶剂代替二甲苯。在涂料中加入石脑油、环已酮、乙二醇醚类等，降低溶剂的急剧挥发性。对于烘干型涂料，粘度要适中，涂漆后在室温下先静置5～15min，烘烤时先以低温预热，按规定控制温度和时间，让溶剂能正常挥发。

3) 尽量选用喷涂施工方式，可避免刷痕的产生。采用刷涂和辊涂施工时，涂料一次不要蘸取过多，按相应操作要领施工，不要来回多次拖动漆刷或辊筒。

4) 选用的漆刷和辊筒一定要清洁干净，避免杂物和碎屑混入涂料。要选择软质的漆刷，刷涂时要厚薄均匀。

5) 底材要经过严格的处理，在喷砂除锈的情况下，虽然底材具有一定的粗糙度，但粗糙度不宜过大。对吸收性强的底层应先刷一道底漆。

6) 对已出现刷痕的涂层，在表面要求不高时，并不影响防腐保护效果。但对有装饰性要求的面漆涂装，则需用细纱纸将刷痕磨平，去除尘屑，再涂装面漆。

7. 咬底

(1) 定义　在干涂层上施涂其同种或不同种涂料时，在涂层施涂或干燥期间使其下部的干涂层发生软化、隆起或从底材上脱离的现象，称为咬底。

(2) 缺陷现象　涂装面漆后的短时间内，涂膜出现自动膨胀、移位、收缩、发皱、鼓起，甚至使底涂层失去附着力，出现涂膜脱离的现象。容易出现咬起底涂层的涂料有：硝基漆、环氧涂料、聚氨酯等含有强溶剂的涂料。

（3）产生原因

1）涂层的配套性能不好，底漆和面漆不配套。在极性较弱溶剂制成的涂料施涂在含强极性溶剂的涂料上，例如在醇酸漆或油脂漆涂层上施涂硝基漆；在含松香树脂成膜上施涂大漆；在油脂漆上施涂醇酸涂料；在醇酸或油脂漆上施涂氯化橡胶涂料、聚氨酯涂料等，由于强溶剂对涂膜的渗透和溶胀均会造成下层涂膜被咬起。

2）涂层未干透就涂装下一道涂料。例如过氯乙烯磁漆或清漆未干透，就施涂第二道涂料。

3）在涂装面漆或下道漆时，采用了过强的稀释剂，将底涂层涂料溶胀咬起。

4）涂装时膜层涂得过厚。

（4）防治措施

1）严格按照涂料说明书和涂料的配套性原则进行涂装。一般同类型涂料可以相互配套。不同种类涂料配套采用下硬上软的原则，例如底漆采用强溶剂涂料（例如环氧、聚氨酯等），面漆采用溶解力弱的涂料（例如氯化橡胶、醇酸、酚醛等）。在松香树脂涂膜上施涂大漆是不合适的，若要涂漆，必须先经打磨处理，刷涂过渡层，干燥后用干净抹布清除表面粗糙颗粒，用砂纸打磨后，最后再涂装大漆。

2）涂膜要干透，按照最佳涂装间隔时间执行，必须达到最短涂装间隔时间。一般在冬季施工时，可适当延长涂装间隔时间，保证底层涂料的实干。对特殊品种的涂料，可采用湿碰湿的涂装工艺。

3）涂料涂装时，选用的稀释剂不能超过总涂料量的5%，其品种在涂装过程中也要固定，不能在底层用弱极性稀释剂，上层涂料采用强极性溶剂，例如丙酮、酯类和高沸点芳烃溶剂等。

4）为防止咬起，第一道涂料应涂装较薄，待彻底干燥后再涂装第二道涂料，不能一次涂装得过厚，使涂层内部溶剂无法挥发，否则应延长干燥时间。

5）对于已发生咬底缺陷的涂层，因为不能起到保护和装饰作用，应铲去咬底部位的涂层后进行补涂。对于因底漆未干透造成的咬底，应待底漆干透后再涂装面漆。

8. 渗色

（1）定义 来自下层（底材或涂膜）的有色物质，进入并透过上层涂膜，使涂膜呈现不希望有的着色或变色现象，称为渗色。

（2）缺陷现象 涂完面漆后，底漆被面漆所溶解，底漆的颜色渗透到面漆上来，使面漆变色，外观受到影响。容易产生渗色现象的涂料有：沥青漆、丙烯酸涂料、环氧酯涂料、硝基漆、含有耐溶剂性差的有机红或黄色颜料的涂料。

（3）产生原因

1）涂料渗色常发生在底漆色深、面漆色淡的涂装配套中。底层涂料中的颜填料或沥青树脂被面漆所溶解，使颜色渗入面漆。例如白色面漆涂刷在红色或棕色的底漆上，面漆会变为粉红色或灰色。

2）施工中，底漆未干透或涂装具有强溶剂的面漆，使底涂层溶解。例如喷涂硝基漆时，下层底漆有时透过面漆，使上层原来的颜色被污染。

3）在底层中使用了干燥极慢的材料，例如大漆或沥青类涂料打底，再涂刷油漆，涂膜上会出现沥青或大漆的漆斑。

4）涂装底漆前，未清除被涂物表面上的油污、松脂、红汞、染料；在木材和铜合金表面上涂装时也容易出现渗色现象。

（4）防治措施

1）可选用相近颜色的浅色底漆，已涂装底漆的可加涂一层过渡颜色的中间层，然后再涂装面漆。若出现渗色现象时，可在涂层干燥后再涂装一道面漆，将渗色现象盖住。

2）施工时，按照上述的配套性原则选择面漆，不能用含有强溶剂的涂料作面漆。涂装工序之间应有一定的时间间隔，使底漆充分干透。涂装不同颜色的强溶剂涂料时，应适当减少稀释剂的用量，同时涂层宜薄，使涂膜能迅速干燥。喷涂硝基漆时，发生渗色现象，应立即停止施工，待涂膜干燥后打磨抹净灰尘，涂虫胶清漆加以隔离。

3）最好不用干燥极慢的大漆腻子或沥青涂料打底；要等底漆干透后再涂装面漆，同时可加涂中间层；在中间层或面漆中添加片状颜填料（如铝粉）以防止面漆溶剂的渗色；采用挥发速度快的、对

底层涂膜溶解能力小的溶剂。

4）涂装底漆前，一定要彻底清除油污、松脂、沥青、红汞、染料等。为防止木材表面渗色，事先涂一层虫胶清漆以隔离染色剂，或灵活更换相适应的颜色漆。

5）渗色现象影响涂膜的外观，但一般不影响防腐保护效果。可在渗色面漆上再涂装一道面漆，也可加涂中间层，再涂装面漆。对于装饰性要求高的涂膜，可将渗色部位用细砂纸打磨均匀，补涂相应面漆。

9. 发花和浮色

（1）定义　含有多种不同颜填料混合物的色漆，在储存或干燥过程中，其中的一种或几种颜填料离析或浮出并在色漆或涂膜表面呈现颜色不均匀的条纹和斑点等现象，称为发花。浮色是发花的极端状况。某些颜填料浮升至表面，虽然涂膜表面颜色均匀一致，但明显不同于刚施涂时的湿膜颜色。

（2）缺陷现象　在含有混合颜填料的涂膜中，出现颜色不均匀、不一致的斑点或条纹模样，使色相杂乱；涂膜表面和下层的颜料分布不均匀，各端面的色调有差异，湿膜和干膜颜色相比有极大的不同。容易产生发花和浮色的涂料有：烘干型涂料、灰色、浅蓝色和绿色涂料。

（3）产生原因

1）涂料中的颜填料分散不良，或两种以上色漆相互混合不充分，如中蓝醇酸磁漆与白色酚醛磁漆混合，即使搅拌均匀，有时也会产生花斑，刷涂时更为明显。

2）颜填料的密度相差悬殊，密度大的沉底，轻的浮在上面，搅拌不彻底以至色漆有深有浅。例如普鲁士蓝与铬黄配成的绿色涂料成膜后，由于铬黄沉降致使涂膜色调偏蓝。

3）涂料粘度不适当，由于对流引起颜填料的流动，其中细的、密度小的颜填料向表层移动，大颗粒、密度大的难以移动，于是产生浮色或发花现象。湿涂膜表面受热不均，造成表面张力差，也会出现发花现象。

4）溶剂过多或选择不当，挥发速度不平衡。挥发过快，一部分树脂借助吸附的颜填料析出，影响涂膜表面平整度；溶剂挥发过慢，导致涂料粘度上升，涂膜流动时间过长，产生浮色发花现象。

5）一次涂装过厚，涂膜上下发生对流、发花而形成六角形的小花纹。

6）漆刷、辊筒、喷涂容器或管道内残留其他颜色的色漆未清洗干净，特别是残留深色漆，当涂装浅色漆时，漆刷或辊筒等处的深色漆渗出。

7）涂装时环境湿度过大，涂装附近有能与颜填料起作用的氨、SO_2等气体的发生源。

（4）防治措施

1）选用颜填料分散性好和互溶性好的涂料，调配复色漆使用的涂料应选用同一厂家生产的同型号色漆进行调配，不要同时使用不同牌号的涂料。

2）涂料在施工前应充分搅拌均匀，特别是要将桶内涂料兜底搅拌均匀。

3）适当提高涂料粘度，可消除浮色发花现象。加入触变增稠剂可防止浮色发花，但由于对流平性会有影响，在浸涂和喷涂涂料中不宜使用，其使用量需进行试验，过多会产生刷痕、凝絮等缺陷。

4）在夏季施工时，选用挥发性较慢的溶剂，防止挥发过快；在冬季施工时，选用挥发性较快的溶剂，防止因涂料挥发速度过慢导致粘度缓慢上升。真溶剂和稀释剂要保持涂料需要的适宜比例。应选用厂家指定的稀释剂品种，加入量不要超过体积分数的5%。

5）一次涂装不宜过厚，降低涂膜厚度，多道薄涂层产生浮色发花的可能性比单道厚涂层要小。

6）涂装工具要在使用前清洗干净，特别是在涂装不同颜色、不同品种的涂料时。

7）避免在高湿和有腐蚀性气体的环境中涂装作业。

8）出现浮色发花现象，一般不影响涂膜的防腐保护性能，作为底漆可继续涂装，作为高装饰性面漆，需用细砂纸打磨，除去灰尘后再补涂适合的涂料。

10. 露底（不盖底）

（1）定义 涂于底层（不论已涂漆与否）的色漆，干燥后仍透露出底层颜色的现象，称为露底（不盖底）。

（2）缺陷现象 涂覆一道涂料后，仍能凭肉眼看清底层。容易产生这一缺陷的涂料是着色颜料含量少的涂料和颜色鲜明的涂料等。

（3）产生原因

1）涂料中颜填料含量过低或颜填料遮盖力太差，或使用了透明性的颜填料。

2）涂料搅拌混合不均匀，沉淀未搅起。

3）涂料粘度过稀，或过量加入稀释剂。

4）底材处理时未达到要求，例如使用清漆在木器表面涂装中露底，出现白木。

5）涂装时涂膜过薄，在刷涂底、面漆不同颜色的色漆时，面漆只涂装了一遍，并有漏涂现象等。喷涂层过薄或喷枪移动速度不均匀，来回路径的间隔较大而使漆液不能均匀分布，出现露底。

（4）防治措施

1）选用遮盖力强的涂料，增加涂料中颜填料的用量；使用遮盖力强的颜填料，例如选用钛白作为白色颜填料，而硫酸钡等虽然为白色但遮盖力较差。

2）涂料应充分搅拌均匀，特别是颜填料在储存过程中容易沉底，应把桶底的硬结也搅拌起来使之进入涂料。

3）适当控制涂料粘度，不要过量加入稀释剂，稀释剂加入量不超过涂料总质量的5%。

4）对于木器底材，可用少许较浓的虫胶漆作底层，再涂装面层涂料。

5）仔细涂布，注意防止漏涂现象，喷涂时喷枪移动速度应均匀，注意每一喷涂幅度的边缘衔接，应当在前面已经喷好的幅度的边缘上重复1/3，且搭接的宽度应保持一致。

6）当轻微露底时，可用毛笔或漆刷蘸取该涂料补匀。若普遍出现星星点点的露底时，可用细砂纸将该涂膜打毛，除去灰尘后重新涂装。对于不能盖住底色的，可再涂装一道面漆。

11. 桔皮

（1）定义　涂膜呈现桔皮状外观的表面缺陷，称为桔皮。喷涂施工，尤其是喷涂底材为平面时，易出现此种缺陷。

（2）缺陷现象　喷涂施工时，不能形成光滑的干涂膜表面，而呈桔子皮状的凹凸现象。容易产生桔皮缺陷的涂料有：硝化纤维素涂料、氨基醇酸涂料、丙烯酸涂料、粉末涂料等。

（3）产生原因

1）涂料本身流平性差，粘度过大。

2）涂料中的溶剂和稀释剂挥发过快，施工时温度过高或过低，过度通风等。

3）喷涂施工操作不当，例如喷涂距离太远、压力不足、喷嘴口径过小、喷枪运行速度过快等。

4）被涂物表面温度高，或过早地进入高温烘箱内烘干。

5）被涂物表面不光滑，影响涂料的流平性或对涂料的吸收。

（4）防治措施

1）采用低固体分涂料、相对分子产量低的树脂以及低颜填料含量的涂料。

2）避免在温度过高的环境下施工。选用合适的溶剂或添加部分挥发较慢的高沸点有机溶剂，例如芳烃溶剂 S100、S150、S180 代替二甲苯，加入石脑油、环已酮，乙二醇醚类等，降低溶剂的急剧挥发。减小喷漆室内的风速。

3）按照喷涂施工工艺正确操作，选择合适的喷枪，控制好空气压力，保证涂料充分雾化。同时控制涂膜厚度，保证足够的干燥时间和流平时间。

4）对于烘干型涂料粘度要适中。涂漆后在室温下静置 15min，烘烤时先以低温预热，按规定控制温度和时间，让溶剂能正常挥发，被涂物的温度应控制在 50℃ 以下，涂料温度和喷漆室气温应维持在 20℃ 左右。

5）底材要经过严格的预处理，经过喷砂除锈后，底材应具有一定的粗糙度，但粗糙度值不宜过大。对于吸收性强的底材应先刷一道底漆，使其平整光滑。

6）对已出现桔皮缺陷的涂层，需用细砂纸将缺陷磨平，去除尘屑，再喷涂一道面漆。

12. 起皱

（1）定义 涂膜呈现有规律的小波幅形式的皱纹，称为起皱。起皱可深及部分或全部膜厚。皱纹的大小和密集率可随着涂膜的组成及成膜时的条件（包括温度、湿膜厚度和大气污染情况）而变化。

（2）缺陷现象 直接涂在底层上或已干透的底涂层上的涂膜，在干燥过程中产生皱纹的现象。容易起皱的涂料主要有：油性漆和醇酸类涂料。

（3）产生原因

1）大量使用稠油调制的涂料、需经空气干燥的涂料、干燥快的涂料与干燥慢的涂料掺合使用，由于涂层表面干燥并迅速成膜，隔绝了内层和空气的接触，内层涂料的干燥受到影响，内、外两层涂料干燥速度的不同，导致了皱纹。

2）在涂料中过多使用了促进表面干燥的含钴和含锰的催干剂，含有体积分数为0.5%～2%亚麻油酸锰或松焦酸钴的厚漆也容易产生起皱现象。

3）涂料粘度过大，造成涂膜过厚，特别是转角凹陷处涂料积聚过多，厚涂膜处便起皱纹。

4）对于烘烤型涂料，骤然以高温加速烘烤干燥，涂膜将会起皱。

5）涂膜未完全干透，就在其上涂覆下一道涂料，使内部溶剂无法完全挥发。

6）涂层之间配套不合理，当涂层发生咬底现象时，上层涂膜出现皱纹。

7）容易挥发的有机溶剂比挥发较慢的有机溶剂涂层更容易起皱。

8）涂装油性涂料或醇酸涂料时，恰遇高温及日光暴晒，或施工场所通风不良等，使涂膜表面提前干燥，而涂膜内部来不及干燥，形成皱纹。

（4）防治措施

1）尽量不选用油性涂料或醇酸类需要空气干燥的涂料。干燥快慢不同的涂料也不能掺合使用。涂装后要有足够的干燥时间。可在涂料中加入防起皱的流平剂或湿润分散剂。

2）减少钻锰催干剂的用量，多用铅或锌催干剂和新型复合催干剂。对于烘烤型涂料，采用锌类催干剂对防止起皱效果特别突出。

3）减小涂料粘度，在喷涂过程中，喷枪移动速度不能过慢，喷距不能过近；刷涂时，蘸取涂料不宜过多，涂膜厚度不要过厚，防止在边角凹陷处积存涂料。

4）对于烘烤型涂料，要按照烘烤干燥技术条件逐步升温烘烤的干燥工艺规范，应在晾干室内先晾干 15min 后，再进入烘干室逐步升温。需要烘干醇酸树脂磁漆时，可在醇酸漆中加入少量氨基树脂（体积分数为5%以下）作为防起皱剂，可大大减少起皱。

5）保证涂膜的完全干燥，严格按照一定的涂装间隔时间涂装。

6）如果出现咬底现象时，按上述针对咬底的防止措施执行，注意涂料的配套性能。

7）采用挥发较慢的溶剂系统，稀释剂不能加入过多。加入高沸点芳烃溶剂、石脑油、环己酮、乙二醇醚类等，可降低溶剂的急剧挥发。

8）避免在高温高湿情况下施工，加强室内通风，涂装后不可在日光下暴晒。

9）对于起皱现象严重的涂膜，需要铲去重新涂装，注意底材预处理需要光滑。对于轻微的起皱，一般可用细砂纸将皱纹磨平，去除尘屑，再涂装一道涂料。

13. 厚边

（1）定义　涂料在被涂物边缘堆积呈现脊状隆起，使涂膜边缘过厚的现象，称为厚边。俗称为画框。

（2）缺陷现象　在样板或被涂件的边缘，涂膜呈现明显的增厚、隆起，有时甚至不干发粘，这是浸涂和喷涂施工中常见的涂膜缺陷。

（3）产生原因

1）在浸涂施工涂装中，在被涂部件的边缘和底部，涂料会堆积、变厚。

2）涂料的流挂缺陷造成被涂件的边缘处涂料堆积。

3）烘烤型的涂料在干燥过程中，常常会出现厚边现象。由于边缘处的溶剂挥发较快，涂料中基料的表面张力一般比溶剂高，因此出现表面张力梯度，使涂料流向底材的边缘处。

4）在被涂件的尖端边缘棱角处涂装时，常常会造成边缘覆盖不良、涂层过厚或过薄的覆盖情况常常同时出现。

（4）防治措施

1）在浸涂或淋涂施工中，延长滴干时间，降低涂料粘度，采用静电或离心力除去多余的涂料，也可及时用漆刷将多余的涂料刷除。

2）采取防止流挂的措施，主要是选用挥发性较快的溶剂或添加防流挂触变助剂。

3）若在烘烤中出现厚边缺陷，可在涂料中加入硅油或表面活性剂能明显予以改善。

4）加入硅油和表面活性剂是有效的，但只能降低表面张力和减少厚边缺陷的程度，若同时使用触变剂则效果最佳，可减少或完全消除厚边缺陷。

5）对于装饰性要求不高的涂膜，若存在厚边缺陷，可待厚边完全干透后，再涂装下一道涂料。对于高装饰性要求的涂膜，需用划刀或细砂纸将厚边部分除去，打磨后再补涂。

14. 缩孔（抽缩、发笑、鱼眼）

（1）定义　涂膜干燥后表面上滞留若干大小不等、分布各异、厚薄形态的小坑现象，此缺陷称为缩孔（抽缩、发笑、鱼眼）。

（2）缺陷现象　涂料涂布烘干后涂膜上生成小的碗状凹坑，在凹坑的中央常常有滴状或条状物质，边缘隆起。涂膜不能均匀附着，不平整，有的像水撒在蜡纸上一样收缩呈锯齿状、圆珠状、斑斑点点，多为0.1～0.22mm直径的圆形，使涂膜破坏而露出底层，是涂装最严重的涂膜缺陷之一。一般称不定型面积中大的为抽缩或发笑（形容好像人笑时的面孔）；圆形的称为缩孔；在圆孔内有颗粒的称为鱼眼。容易产生缩孔等缺陷的涂料有：氨基醇酸涂料、环氧酯涂料、聚氨酯涂料和某些溶剂挥发型涂料。

（3）产生原因

1）涂料对被涂物表面的浸润性欠佳：双组分涂料的熟化不足，颜填料的分散性和混合比不适当；过量使用硅油类等助剂；涂料的流动性不佳，展平性差等。

2）加入的稀释剂过多，稀释剂的挥发速度过快涂料来不及流平。

3）被涂装物表面过于光滑，或底涂层太光滑，或被涂物表面是旧涂膜未经处理，面漆不能均匀地附着。例如在塑料和橡胶底材上涂装和在高光泽涂膜上的涂覆，容易产生收缩、发笑等。

4）被涂物表面上沾有油污、汗渍、酸碱渍、蜡质或刷漆后受大量烟熏，涂装前未充分除净。喷涂施工时，没有使用油水分离器，使压缩空气中的水分和压缩机内的油分混入涂料中喷于被涂物表面，产生此类缺陷。

5）在雨季、阴天或潮湿环境施工，被涂物表面上有水，因涂料与水不能混合，产生缩孔和发笑。在高温或极低温度下施工也会出现此类缺陷。

6）在涂料生产或施工过程中，混入灰尘、杂质，或喷涂、刷涂器具未彻底清洗，在施工另一品种涂料时产生凝胶颗粒等。

7）涂料与被涂物的温差大，在烘干时烘炉排气不充分，晾干时间短，装载的被涂物数量多，炉内升温过快等，也会出现此类缺陷。

（4）防治措施

1）选择与被涂物表面浸润性强的涂料；选用双组分涂料时要充分搅拌均匀，并应经过一定的熟化期后再使用（约为15min后）；在涂料生产中加入少量（质量分数为0.1%～1%）的分散剂或湿润剂。加入微量有机硅类助剂也是有效的，但是此种助剂的加入量如果不适当，可能适得其反。

2）在高温情况下，采用挥发较慢的溶剂系统，稀释剂不能加入过多。不能采用丙酮等挥发速度快的溶剂作为稀释剂，可加入高沸点芳烃溶剂、石脑油、环己酮、乙二醇醚类等作为稀释剂降低溶剂的急剧挥发。

3）对于塑料、橡胶类底材，选用适宜的与其浸润性和附着力强的涂料，如丙烯酸、聚氯乙烯类涂料品种，同时加强对底材的预处

理。对于被涂物表面过于光滑的底涂层或旧涂膜，应除去灰尘、油污等，用细砂纸磨掉其的光泽，略加打毛，除去尘屑后，再涂装可克服此类缺陷。当出现轻微发笑等缺陷时，可用硬毛刷，采用刷涂的方法，在该漆面上用力纵横交替或对角交替地反复刷几次，可消除发笑缺陷。严重的发笑缺陷应采用相应溶剂，将发笑部位擦掉，处理表面后重新刷漆。

4）彻底清除被涂物表面上的油污、水渍、汗渍、蜡质等，采用化学脱脂、除污等方法，并除去锈蚀等表面残留物；喷涂设备应安装油水分离器，防止水分和油分在施工中混入涂料；避免用裸手、脏手套和抹布接触被涂物表面，确保被涂物表面上无油、水、硅油及其他漆雾等附着。

5）避免在阴雨天气和湿度较大的环境中施工，施工温度不宜低于露点，防止凝露。只要在晴天并避免被涂物表面沾上水分和灰尘，即可防止产生此类缺陷。同时涂装温度不宜过高，涂料与被涂物的温度应尽可能保持接近。

6）避免在大风天气下施工，同时在涂料的生产和施工过程中保持清洁，防止灰尘、碎屑的混入，涂料施工前需经过滤。涂装器具用毕需要彻底清洗，防止凝胶颗粒和杂质尘屑混入涂料。应在清洁的空气中涂装，为此要保持空气洁净和喷涂室内的压力，控制通风风量，降低漆雾外逸。

7）烘干型涂料涂装后，需有一定的晾干时间，烘干时不宜骤然升温，严格控制适宜的升温速度；注意烘干室内被涂物件的装载量和排气应适宜。

8）对出现轻微缺陷的被涂料，在湿膜时，可用漆刷反复理刷；不能消除时，应立即停止涂装，采用相应溶剂擦除涂料，对被涂物表面进行补涂。若干涂膜发现缺陷，采用细砂纸打磨，除去灰尘后进行补涂。

15. 拉丝

（1）定义　在湿涂膜表面呈现的近似平行的线状条纹，这种现象在涂膜干燥之后仍然存在，称为拉丝。

（2）缺陷现象　一般是涂料在喷涂施工中雾化不好，使涂膜表

面呈丝状模样。浸涂施工时，丝纹沿着流动方向出现；刷涂时，丝纹沿最后的刷涂方向出现。容易产生这一缺陷的涂料有：环氧、丙烯酸、氯乙烯、氯化橡胶等。

（3）产生原因

1）涂料粘度过高，或涂料的合成树脂相对分子质量大，按普通涂料施工粘度喷涂时出现拉丝现象。

2）稀释剂的溶解力不足或挥发速度过快。

3）喷涂施上时雾化过度、喷嘴太小或操作失误。

4）刷涂施工时操作不当，来回拖动漆刷或刷毛过硬。

（4）防治措施

1）通过试验，选择最适宜的涂料粘度或最适宜的固体分含量，可适当加入相应挥发速度较慢的稀释剂，但不要超过体积分数5%。

2）选用溶解力适当的稀释剂，可采用混合稀释剂；避免在夏季高温环境中的施工，采用高、中沸点的溶剂，品种选择适当。

3）降低喷涂压力，使用较大口径的喷嘴，缩短喷枪与被涂物表面的距离，使喷枪与被涂物面成直角并在边缘处瞄准后开枪。

4）参照防止刷涂施工中刷痕的措施施工。

5）出现拉丝缺陷时，待涂膜干燥后，用细砂纸轻微磨平，除去灰尘后，重新涂装。

16. 发白（白化、变白）

（1）定义　有光涂料涂膜干燥过程中，其上有时出现乳白色现象，称为发白（白化、变白）。这是由于空气中的水气在湿涂膜表面凝露或涂料中的一种或多种固态组分析出引起的。

（2）缺陷现象　涂料干燥成膜后，涂膜呈现云雾状白色，产生无光、发浑、呈半透明状，严重的失光，涂膜出现微孔和拉丝，涂膜力学性能下降。这类缺陷通常产生于单组分溶剂挥发干燥型的清漆涂装场合，硝基、过氯乙烯涂料也容易产生这种现象。

（3）产生原因

1）在低温和潮湿的环境下施工，温度低于露点，被涂物表面因湿度过大而结露，空气中的水分凝结渗入涂层产生乳化，表面变为不透明，待水分最后蒸发，空隙被空气取代，成为一层有孔无光的

涂膜。

2）涂料生产过程中，溶剂和颜填料中含水，或施工过程中稀释剂含水。稀释剂沸点低、挥发快，导致涂膜表层温度急剧下降，从而引起被涂物表面结露。

3）喷涂施工中，空气净化装置的油水分离器失效，水分混入。

4）被涂物底材没有干燥，冬季在薄板件上施工，涂膜易返白。

5）溶剂和稀释剂的配合比例不恰当，当部分溶剂迅速挥发后，剩余的溶剂对树脂的溶解能力不足，造成树脂在涂膜中析出而变白。

6）虫胶漆液与较热的被涂物表面接触也会变白。

（4）防治措施

1）在相对湿度低于80%、环境温度应高于露点温度3℃以上时方可施工。在阴雨天气和冬季施工，应选用专用型涂料。施工时应选择湿度小的天气，如需急用，可将涂料进行低温预热后涂装，或在被涂物件周围用红外灯等加热，等环境温度上升后再涂装。

2）严格防止涂料生产过程中水分的混入。稀释剂要将水分分离，最好采用高沸点稀释剂，如高沸点芳烃溶剂、石脑油、环已酮、乙二醇醚类、丁醇、丁酯等。同时可加入防潮剂（俗称为防泛白剂），其主要品种有乙二醇或丙二醇醚类化合物，它们既可与水，也可与有机溶剂混溶，促使水分挥发，但加入量要严格控制。

3）喷涂设备中的凝聚水分必须彻底清除干净，应检查油水分离器的可靠性。

4）被涂物表面要干燥，最好保证其温度高于环境温度。木制品表面要烘干处理或者涂装封闭底漆。对于采用高压水除锈的底材或表面不断有水分渗出而无法防止时，可采用专用的带湿、带锈防腐底漆，国内外都有专门的品种出售，例如关西公司、高鼎公司和海军舰船维修研究所生产的某些涂料品种。

5）严格按照树脂、溶剂体系与稀释剂的配合，防止聚合物在涂装过程中的析出。要合理选择溶剂和稀释剂。

6）当虫胶漆液发白时，可用棉团蘸虫胶漆液或乙醇擦涂于发白之处，即可复原。

7）当涂膜已出现发白现象，可用升温的方法，缓缓加热被涂

物；也可在涂膜上喷一层薄薄的防潮剂，或将两种方法结合使用。对于严重发白而无法挽救的涂膜，可用细砂纸轻轻打磨后，除去尘屑，重新涂装。

17. 起霜（起雾）

（1）定义　涂膜表面呈现许多烟雾状细颗粒的现象，称为起霜（起雾）。

（2）缺陷现象　在施工成膜1~2天或数星期后，整个或局部涂膜上罩上一层类似梅子成熟时的雾状的细颗粒，常在清漆施工中出现。

（3）产生原因

1）施工时环境湿度大，或在大风、工业烟气、煤气等环境中施工，受烟气、灰尘、油气、化学气体和潮气的影响，而潮气是主要因素。具有抗水性的涂膜，会把大气中吸收的水分积聚在表面形成起雾；清漆的抗水性越强，起雾的倾向性越大。

2）施工时温度变化幅度过大，或室内涂装时空气流通量不足，常出现在烘干漆中。

3）催干剂品种和用量的选择对起霜有很大影响。短油度清漆、醇酸漆、纯酚醛桐油清漆中加入钴类催干剂时容易起霜。

4）双组分涂料中固化剂加入过多，会引起起霜。例如脂肪胺固化环氧树脂，尤其是环氧沥青涂料更为敏感。

5）涂料中溶剂挥发过快，而环境湿度较大时，涂膜会吸收水分，形成起霜。

6）涂料中的油、蜡或增塑剂迁移到涂料表面，也可能由于未交联的低相对分子质量树脂组分向表面迁移的结果。

（4）防治措施

1）避免在潮湿、阴雨、湿度大和有污染腐蚀性气体环境中的施工，施工后的涂膜应注意防潮、防烟、防煤气等。

2）对于烘干漆，要先晾干15min后再进入烘房缓缓升温，避免过多放置被涂物，适当加强通风。

3）避免使用钴类催干剂。钙类催干剂能抑制起霜。因此，铅、钙、钴类干燥剂的比例要恰当，一般采用铅∶钙∶钴=10∶5∶1（质量

比）的混合催干剂或其他新型稀土类催干剂。

4）减少固化剂用量。应搅拌均匀并确保有足够的活化期。

5）采用挥发速度较慢的稀释剂，例如高沸点芳烃溶剂、酯类等。

6）在涂料配方中去除或减少引起起霜迁移现象的组分。

7）对产生起霜缺陷的涂膜，应磨光、除尘后重新涂装。

18. 失光

（1）定义　涂膜的光泽因受施工或气候影响而降低的现象称为失光。

（2）缺陷现象　面漆涂膜干燥后没有达到应有的光泽，或涂装后数小时，其至长达二三个星期后产生光泽下降的现象、光泽黯淡、甚至无光。容易产生此种缺陷的涂料有硝基纤维素涂料和烘烤型涂料。外用涂料的涂膜经长时间使用，由于老化作用而光泽逐渐消失时属于自然现象，不属于涂膜缺陷。

（3）产生原因

1）涂料生产配方和工艺问题。例如油脂和树脂含量不足或聚合度不好，颜填料和溶剂量过多，树脂的相互混溶性差，涂料的细度不够，有尘屑混入等。

2）被涂物表面处理不当，表面过于粗糙，留有油污、水分、蜡质等。木制品表面底漆封闭性不好，面漆树脂渗入到木材的细孔中，使涂膜呈现黯淡无光；新的水泥墙面呈碱性，与油性涂料皂化而使涂膜失光。

3）涂料没有充分搅拌，树脂等沉在下部，涂装时上半桶颜填料少、漆料多。涂膜有光；下半桶颜填料多、漆料少，涂膜无光。加入的稀释剂过量，冲淡了有光漆的作用。

4）在寒冷、湿度大的环境施工，使水汽凝结膜面失光。施工场所不清洁，灰尘太多，或在干燥过程中遇到风、雨、煤烟等，涂膜也容易出现半光或无光。特别是桐油涂膜，如遇风雨，涂膜失光。

5）面漆涂膜过薄，涂膜表面不平整等引起。

6）底漆或腻子层未干透就涂装面漆，面漆未干透就抛光，也会造成失光。

7）烘干漆选用溶剂不当，尤其采用挥发性快的溶剂或过早放入烘烤设备中，烘干时温度过高，或烘干换气不充分等，造成涂膜光泽下降。

（4）防治措施

1）涂料中的树脂基料需占有一定比例，否则涂膜不仅无光泽而且防腐保护性能也不好。采用两种或两种以上树脂拼用的涂料，树脂间应有良好的相溶性。涂料生产中，防止水分和灰尘混入；涂料一定要达到较好的细度，研磨得越细，涂膜的光泽越高，一般汽车漆的细度要求在20μm以下。

2）加强涂层表面的光滑处理，面漆下要加涂底漆或腻子层。木制品或水泥墙面要涂装相应的封闭底层，防止涂料渗入孔隙。

3）涂料在施工前要充分搅拌均匀并过滤，稀释剂不能加入过多，一般在涂料中用量为体积分数5%以下，再则影响涂膜光泽。

4）避免在阴冷潮湿的环境中涂装，防止水分混入涂料。在冬季施工场地，必须防止冷风袭击，应选择合适的施工场地，加入适量的催干剂。排除施工环境中的煤烟等有害气体。

5）涂膜应有一定的厚度才能显现光泽；虫胶漆和硝基漆，必须在平整光滑的底层上经过多次涂装涂膜才有光亮。涂装时应有一定的顺序，喷涂或刷涂的涂膜需均匀且厚薄一致，否则会出现光泽不均匀现象。

6）涂装工序之间需有一定的时间间隔；底漆和腻子层应干透后再涂装面漆。面漆应干透后才能抛光打蜡。

7）涂膜烘干不能急剧加热，换气要适当，严格控制烘干温度，可在溶剂中适当加入体积分数为10%～20%的防潮剂。

8）涂膜出现失光，应在涂膜干燥后，重新涂装。

19. 发汗（渗出）

（1）定义　涂膜表面析出漆基的一种或多种液态组分，渗出的液态组分呈油状且发粘，称为发汗（渗出）。

（2）缺陷现象　涂膜上有油脂等从底层渗出，例如某些涂料在60℃以上烘干时其中的增塑剂等呈汗珠状析出等现象。

（3）产生原因

1）施工时，被涂物底材表面处理不当，基材中含有蜡、矿物油或润滑油脂；对旧涂膜上残留的石蜡、油脂类未除尽，它们透入涂膜，使涂膜软化，尤其以硝基漆特别敏感。

2）清油、油脂类漆以及树脂含晕较少的漆，涂膜在潮湿、阴暗和气温高的环境中，尤其是通风不良的场所施工，容易产生发汗缺陷。

3）涂料中加入过量的增塑剂或增塑剂搭配不当，例如硝基清漆配方中含有过量的油酸或蓖麻油。

4）涂层未完全干透就涂装下一道涂料或进行打磨。

5）涂膜的烘烤温度过高，通风不良等。

（4）防治措施

1）将底材上的油污和蜡质等清除干净；对于旧涂膜不仅需要清除油污等，还应打毛除尘；不要使用沾有油污、汗渍的裸手或脏物接触涂膜。

2）选用涂料时，湿润性好的清油适宜用在户外和阳光充足的地点。

3）减少涂料中含有油质和蜡质的增塑剂的用量，应选用溶剂型增塑剂。

4）在涂膜完全干透后再进行下一道涂装或打磨。

5）降低涂膜烘烤温度，加强通风，同时注意逐步升温。

6）出现发汗的涂膜，应采用溶剂擦拭后，待涂膜完全干透后打磨除尘，重新涂装。

20. 不起花纹

（1）定义　在皱纹漆或锤纹漆涂装中，涂膜没有显现应有的花纹现象，称为不起花纹。

（2）缺陷现象　涂装锤纹漆或皱纹漆时，喷涂后的涂膜表面没有呈现预定形状的花纹。

（3）产生原因

1）涂料过稀、出现流挂现象或流平性能不佳。

2）皱纹漆喷得薄，未达到要求的厚度，未用皱纹漆专用稀释剂。

3）皱纹漆的烘干温度太低或过早放入烤箱，烘烤时间不够等。

4）锤纹漆喷涂时空气压力过大，若喷嘴口径较小，花纹就小或不显现花纹。

5）锤纹漆喷涂第一层后静置时间过长，喷涂第二层时花纹过小或不显现花纹。

（4）防治措施

1）采用专用的皱纹漆或锤纹漆，将粘度调整到适宜的范围，采用防流挂剂改善涂膜流挂状态，用流平剂增加涂膜的流平性能。

2）喷涂第一层可薄一些，隔 20～30min 喷涂第二层可稍厚些，喷涂时应横喷一道，竖喷一道，但不得流挂。喷得越厚，皱纹越大；喷得越薄，花纹越小。漆液粘度以 30s 为宜，采用专用稀释剂，稀释剂包括松节油、200#溶剂汽油和苯类等。

3）刚喷好的被涂物件，不要马上进入烤箱，因为烤箱温度较高，未干的涂料在高温下粘度降低，会造成流挂和花纹不均匀。烘烤时间的长短，要看被涂物件而定，较厚的被涂物件，吸热慢，起纹也慢，烘干温度在 80℃以上，经 30min 应起花，深色漆烘干温度可达（120±5）℃，显纹时间为 10～20min，当被涂物件表面出现均匀花纹，即可从烘箱中取出，再自然干燥 10～20min。当其冷却后，检查花纹，如有缺陷，经修整后可进行第二次烘烤，深色漆为 100～120℃；浅色漆为 80～90℃。烘烤时间为 2～3h。

4）喷涂第二层锤纹漆时，中小被涂物件的空气压力为 0.25～0.3MPa，喷嘴口径为 2.5nm 为宜。

5）喷涂完第一层后，静置时间夏天为 10min，冬天为 20～30min，就可以喷涂第二层。

6）对于产生缺陷的涂膜，可用细砂纸磨平，除尘后，重新涂装。大面积施工时产生的缺陷涂膜，可采用脱漆剂将其除去，重新涂装。

四、涂料涂装后发生的缺陷及防治措施

1. 涂膜变色

（1）定义　涂膜的颜色因气候环境的影响而偏离其初始颜色的现象，包括褪色、变深、变黄、变白、漂白等，称为涂膜变色。

(2) 缺陷现象　涂膜的颜色在使用过程中发生变化而转变为其他颜色，特别是某些白色、浅色涂料或透明清漆的涂膜在日光、紫外光照射时或加热时转变为黄色，以至褐色。多数有机红颜填料不耐大气暴晒，失去红色；有些色漆涂膜的颜色因受气候环境的影响而逐渐变深、变暗等现象。

(3) 产生原因

1) 变色、褪色、变黄等最主要的原因是涂膜与环境因素作用的结果。涂膜长期处于日光和紫外线的强烈照射下，再加上有酸雨的情况，海洋大气环境，工业大气环境，高温多湿，低温干燥，剧烈温变等不同的使用环境条件共同作用的结果。

2) 涂料中的树脂等在环境因素作用下发生物理化学变化。例如对树脂类型的选择上，含有干性油的醇酸树脂、古马隆树脂、含芳香环的环氧树脂、TDI 型聚氨酯、酚醛树脂等均不耐晒，有变黄趋向；氯化橡胶、高氯乙烯等含氯聚合物，若没有加入足够量的稳定剂，在高温时就会有氯化氢分解析出，使涂膜变黄。

3) 涂料中的颜填料大多数不耐光或不耐热。例如有机颜填料中的黄色颜填料和红色颜填料不耐光和热；某些无机颜填料不耐酸碱；普鲁士蓝遇碱变褐色；含铜、铅的颜填料与硫化氢气体接触变黑；锌钡白和锐钛型钛白粉颜填料不耐光等。

4) 涂料中加入的催干剂、结皮剂等助剂过量，也容易变黄。

5) 白色、浅色或清漆的涂膜，受热烘烤过久，温度控制不均匀，会造成涂膜变黄。

(4) 防治措施

1) 涂膜一定要干透，经过两个星期以上的保养时间，才能放置于腐蚀环境中，使用易变色的被涂物件，尽量防止过度的暴晒和接触腐蚀介质环境。

2) 防止涂膜变色最重要的是选择耐候性能良好的涂料作为面漆，例如脂肪族聚氨酯、丙烯酸涂料、有机硅涂料、氟碳涂料、氯化橡胶、高氯乙烯、氯磺化聚乙烯涂料等品种。同时，选用满足使用环境要求，价格适当的涂料是基本前提。在树脂的选择上，除上述可选用的树脂外，短油度的涂料防变色性能优于长油度涂料，脂肪族树脂耐候性能高于芳香族同类树脂。在含氯聚合物涂料中，要加入适量的稳定剂防止氯化氢的析出；常用品种有含铅和铝的稳定剂、磷酸三苯酯、三乙醇胺、环氧氯丙烷等，其用量控制在质量分数为0.2%~1%。在涂料中加入适量的抗氧剂、紫外线吸收剂等助剂也是防变色的有效方法，具体品种和用量见粉化防治措施。

3）选用耐候性优良的颜填料，上述易变色的颜填料尽量少用或不用，为了提高颜填料的耐候性，可选用对它们进行表面处理的特殊品种。白色颜填料中金红石型钛白粉适于户外使用，而国外进口的金红石型钛白粉性能明显优于国内某些品牌。对黄色颜填料，国外 Du Pont、BASF、Cappelle 公司和大日精化等公司有经表面处理过的优良的铅铬黄高耐久性产品，国内 902 耐光柠檬黄、903 耐光中黄等品种，都可提高涂膜耐光性。

4）涂料中加入的催干剂、防结皮剂等助剂的用量需要严格控制。最好采用新型的复合催干剂，并根据涂料中树脂的用量，计算催干剂中所含金属的质量分数，防结皮剂的用量控制在质量分数为0.1%~0.3%。在白漆中使用甲乙酮肟，经长时间储存和使用会变黄，应严格控制其添加量或使用醛肟可避免，同时环己酮肟还具有保光性。

5）白漆或清漆涂装后需经过一定的晾干时间，才能放入烘箱，严格控制烘箱温度不能过高，同时加强通风。

6）对出现变色的涂膜，只有轻微变色未出现粉化、锈蚀、裂纹等严重缺陷时，可在其上再涂装一层面漆，可继续使用。若出现严重变色且出现粉化等其他缺陷时，需将涂膜除去、打磨、除尘后重新涂装。

2. 失光、粉化

（1）定义　涂膜受到大气环境等影响，表面光泽降低的现象，称为失光。在涂膜严重失光后，其表面由于有一种或多种漆基的降解以及颜填料的分解而呈现出疏松附着细粉的现象，称为粉化。

（2）缺陷现象　被涂物长期户外使用后涂膜表面产生光泽下降、表面黯淡等情况；当严重失光后，还会出现粉层并脱落的现象，若用手触摸，便有细微粉状颗粒沾附在手指上；一般粉层为白色，也

有其他颜色的情况，粉化的变化只限于表面，随着粉化过程的不断进行，全部涂膜将被破坏。

(3) 产生原因

1) 涂膜长期处于日光和紫外线的强烈照射下，同时又受到雨淋、霜露、冰雪、气温剧变等长期侵蚀。

2) 未选用耐候性能优良的涂料品种，而却将耐候性较差的涂料用于户外，例如油性漆、醇酸涂料，双酚 A 型环氧涂料用作底漆，防腐性能和附着力极佳，但用作面漆，在短时间内涂膜就会出现失光、粉化现象。涂料中的颜填料选择不当，未加入适合品种的助剂等。

3) 涂膜未干透时，即受到强烈的日光暴晒等侵蚀。

4) 涂料生产中未达到一定的细度。

5) 在施工中，面漆粘度过低或涂膜厚度不够。

(4) 防治措施

1) 被涂物应尽量避免处于长期日晒雨淋的户外环境中，也应避免工业大气等腐蚀侵害。在户外使用的被涂物，需选用耐候性能优良的涂料品种。

2) 选择耐候性能优异的涂料品种，具体选择见变色一节中第 2 条相关内容。户外使用的涂料需精心选择耐候性能良好的树脂和耐粉化颜填料配制；聚氨酯、丙烯酸、含氯聚合物类涂料作为户外防腐效果较好；以金红石型钛白粉替代锐钛型钛白粉，少用硫酸钡和氧化锌类颜填料，采用经表面处理除去高能活性中心的颜填料；降低涂料的颜基比；采用紫外吸收剂和抗氧化剂对提高抗粉化性能有显著的效果。紫外吸收剂的主要类型有二苯甲酮类化合物、苯并三唑类化合物、芳香酯类化合物，取代丙烯酸酯类、羟基苯基均三嗪、草酰苯胺类、甲脒类。国产的主要品牌是 UV 系列，常用品种有 UV—9、UV—4；Ciba 公司的 TINUVIN328、1130、900，BASF、SANDOZ 等公司也有系列产品生产。受阻胺光稳定剂也能赋予涂膜表面优良的光稳定效果，可以单独使用或与紫外吸收剂合用，主要品种有Ciba公司的 TINUBIN292、744、770622、144 等。BASF、日本精化等也有系列产品。国内的产品为 PDS、GW 540 等。紫外吸收剂

与受阻胺光稳定剂用于银色金属闪光漆、面漆、聚酯氨基铝粉漆、罩光漆、丙烯酸氨基漆等，用量有严格的控制，一般用量为固体树脂体积分数的0.1% ~2%。紫外吸收剂与受阻胺光稳定剂配合使用效果最佳，例如体积分数为0.5% ~1% TINUBIN 292 与体积分数为1% ~2% TINUVIN 328 并用。

3）多层涂膜应有一定的涂装间隔，在涂装完毕后，涂膜应有足够的保养时间，一般为两个星期以上。在此期间，避免受到雨、雾、霜、露的侵蚀，防止其他腐蚀介质的浸入。

4）涂料研磨得越充分、颗粒越小、细度越好，涂膜的光泽越高，越不易粉化。

5）漆液粘度要适中，涂膜要达到防腐所需的干膜厚度。一般在室内使用的产品需涂装二道面漆，在室外使用的产品需涂装三道防腐面漆。

6）对已出现失光而未粉化的涂层，对于轻微表面粉化涂层打磨除尘后，可重新涂装防腐面漆。对已出现粉化的涂层，需用刷子将粉化涂层除去，直到露出硬涂膜的漆层。将表面打磨平整，除去尘屑后，重新涂装面漆。

3. 开裂

（1）定义　涂膜在使用过程中出现不连续的外观变化，通常是由于涂膜老化而引起的，称为开裂。

（2）缺陷现象　涂膜在使用中，产生可目测的裂纹或裂缝，裂纹从小到大，由浅至深，最终导致涂膜完全破坏。开裂是一种较为严重的缺陷，根据裂纹的深浅可分为：细裂（细浅的表面裂纹且大体上以有规则的图案分布于涂膜上）；小裂（类似于细裂，但其裂纹较为深宽）；深裂（裂纹至少穿透一道涂层的开裂形式，最终导致涂膜完全破坏）；龟裂（宽裂纹且类似龟壳或鳄鱼皮样的一种开裂形式）；鸦爪裂（裂纹图案似乌鸦爪样的一种开裂形式）。

（3）产生原因

1）涂膜长期处于日晒、雨淋和温度剧变的使用环境中，受气候氧化影响，涂膜失去弹性而开裂。

2）底层面层涂料不配套，例如在长油度醇酸底漆上涂刷涂膜较

硬的面漆，造成两层涂膜膨胀率不一致，容易开裂。

3）底漆涂装得过厚，未等干透就涂装面漆。面漆过厚，或在旧涂膜上修补层数过多的厚层，容易开裂。

4）涂料使用前没有搅拌均匀，上层含基料多，而下层含颜填料多，如果只取用下层部分，就容易出现裂纹。

5）涂料选择不当，未选用耐候性能优良的涂料作为面漆。涂料的力学性能不好，柔韧性不佳，在涂膜受温度剧变或压缩外力时，容易开裂。

6）涂膜内部存在针孔、漏涂以及气泡等缺陷，使涂膜承受应力，特别在急冷过程、涂膜疲劳过程等受力存在时，容易发生涂膜开裂。

7）丙烯酸、过氯乙烯、氯化橡胶等涂料中加入增塑剂过多，增塑剂迁移使涂膜变脆。

8）对底材处理不严格，例如木质器件含有松脂未经清除，在日光暴晒下会溶化渗出，造成局部龟裂；在塑料、橡胶等器件的光滑表面底材上涂装过厚的底漆，因涂膜附着力不好，容易出现裂纹。

（4）防治措施

1）防止涂膜长期处于严酷的腐蚀环境中，避免在高温、低温场合，或急剧温变的场合使用。涂膜一定要干透，经过至少两个星期的保养时间，再放入腐蚀环境中使用，特别是在修补场合和新涂层早期暴露在严寒中容易出现裂纹。

2）增强涂层之间的配套性，强调底涂层和面涂层的膨胀性能应相接近。配套时采用底硬面软的原则，存在容易开裂的场合涂料中可加入片状或纤维填料。

3）涂膜一次涂装不能过厚（厚膜涂料，可保证一定的机械强度的除外，按工艺要求严格控制底漆、面漆厚度。多层涂装应有一定的涂装间隔，底漆要干透，再涂面漆。

4）涂料使用前应搅拌均匀并过滤，对于双组分涂料，除加入适量的固化剂并搅拌均匀外，还应有一定的活化期和使用期限。

5）选用耐候性能良好的涂料作为外用面漆，特别是处于长期日晒雨淋的环境中的物体。具体涂料品种的选择见涂膜变色、失光、粉化等节的相关内容。涂料的力学性能应良好，柔韧性为1～2级，附着力为1～2级，抗冲击强度达到40 cm以上。

6）避免涂料产生针孔、气泡等缺陷，具体防治措施见本节相关内容。

7）选用内增塑和外增塑良好、粘接强度高的树脂。涂料中所用的增晒剂的品种和用量要严格筛选和控制，防止过多加入引起增塑剂迁移使涂膜变脆。

8）加强底材处理，底材经脱脂、除锈、除污，还应具有一定的粗糙度，必要时用细砂纸轻微打磨。木器处理时，需将松脂铲除，用乙醇擦拭干净，松脂部位涂虫胶清壕封闭后再涂装。

9）涂膜开裂的防止应针对上述原因加以处理。例如涂膜已经轻度起皱，可采用水砂纸磨平后重新涂装。对于肉眼可见的裂纹，涂膜已失去保护功能，应全部铲除失效涂膜，重新涂装。

4. 剥落（脱皮）

（1）定义　一道或多道涂层脱离其下涂层，或者涂层完全脱离底材的现象，称为脱落（脱皮）。

（2）缺陷现象　由于涂膜在被涂物表面或下涂层上的附着力不良，以至丧失附着力，使涂膜的局部或全部脱落的现象。涂膜脱落之前往往出现龟裂脆化而小片脱落，称为鳞片剥落或皮壳剥落，有时也发生卷皮使涂膜成张脱落。其中，上涂层与底涂层之间的脱落，称为层间剥落。

（3）产生原因

1）涂装前表面处理不佳，被涂物表面有蜡、油污、水、锈蚀、氧化皮等残存。被涂物表面过于光滑，例如在塑料、橡胶底材上涂装。在水泥类墙面或木材表面涂装，未经打磨就刮涂腻子或涂漆等。

2）底漆面漆不配套，造成面层从底层上整张揭起，此类现象在硝基、过氯乙烯、乙烯类等涂料中较多出现。

3）涂料附着力不佳，存在层间附着力不良等缺陷。在涂装时，加入过多的稀释剂或涂料内含松香或颜填料过量。

4）底涂层过于光滑、干得过透、太坚硬或有较高光泽；在长期使用后的旧涂膜上涂装面漆等，容易造成面涂层剥离。

5）烘烤时，烘箱温度过高或烘烤时间过长。

6）涂膜在高湿、化学大气、严酷腐蚀介质浸泡等条件下长期使用，涂膜易产生剥落。

（4）防治措施

1）涂装前要进行严格的表面预处理，去除底材上的污物同时保持一定的粗糙度。对于塑料和橡胶底材，不仅要用砂纸等打磨底材，还应选用相应的专用涂料品种。在水泥类墙面涂装前，应先刷清油，再嵌刮腻子，然后涂装涂料。

2）增强底漆、面漆的配套性，在施工工艺中可采用过渡层施工法或湿碰湿工艺。例如用过氯乙烯底漆涂完后，在涂第二道漆时，可将底漆与磁漆按体积比 1:1 搀兑调匀后作为第二道过渡层，第三道喷涂磁漆。磁漆的涂装道数达到工艺规定后，当需涂装清漆时，可以磁漆与清漆按体积比 1:1 调匀后，再涂一道过渡层，然后涂清漆达到规定的道数。在以环氧涂料为底漆时，中间涂装氯化橡胶过渡层，再涂装丙烯酸、醇酸等面漆。

3）选择附着力强的涂料，特别是在严酷腐蚀环境中使用的底漆，附着力都应达到 1 级，一般以环氧、聚氨酯类涂料作为底漆。涂料中可加入增强附着力的助剂，例如国产的 KH550 以及 DOW 公司的附着力促进树脂等。涂装时，采用刷涂、辊涂方法，可比其他涂装方法提高涂层附着力，不应加入过多的稀释剂。涂料中的树脂分应达到一定的含量，颜基比过高会降低涂层的附着力，对脆性树脂要加入一定的增塑剂或增韧剂。

4）底涂层过于光滑时，要打毛处理，或涂装过渡层。多层涂装要有一定的时间间隔，按照最佳涂装间隔执行。在旧涂膜上涂装要先检查是否存在缺陷，要除去尘屑等污物，打毛除尘后，选择合适的面漆。

5）严格遵守工艺规定的干燥条件，防止过度烘干。

6）防止在严酷的腐蚀环境中使用性能不佳的涂料。按照使用环境的需要，选用不同的配套涂料。

7）如果涂膜整张脱皮，应铲去旧涂膜，重新涂装。如果涂膜只是局部出现缺陷，可酌情修整后补涂面漆。

5. 起泡

（1）定义　涂膜下面的钢铁表面局部或整体产生红色或黄色的氧化铁层，常伴随涂膜起泡缺陷，称为起泡。

（2）缺陷现象　涂装后的钢板产生生锈现象，这一现象的早期涂膜表面透出黄色锈点，有时出现起泡，泡内含有液体、气体等，而后涂膜破裂，出现点蚀、丝状腐蚀直至孔蚀。

（3）产生原因

1）涂漆前，被涂物表面未进行良好的表面预处理，残留铁锈、酸液、氧化皮等未彻底清除，日久锈蚀蔓延。

2）被涂物表面预处理后未及时涂漆，被涂物在空气中重新生锈，特别是在阴雨潮湿大气条件下施工。

3）涂层在涂装时存在表面缺陷，例如出现针孔、气泡、漏涂等未加以防治。

4）涂膜未达到防腐所要求的厚度，水分和腐蚀介质透过涂膜到达金属，导致生锈。

5）涂膜在使用过程中，遭受外力碰破，未及时涂装新涂膜。

6）船舶在使用外加电流进行保护时，外加电源的电位过高，船舶停泊的水域内有杂散电流或用电时供电线路不正确、焊接等造成的电腐蚀。

7）被涂物长期处于严酷的腐蚀环境中。

（4）防治措施

1）底材要经过良好的表面预处理，包括脱脂、除锈、磷化、钝化等处理。其中，除锈要达到Sa2 5级以上的标准，有可能时还要进行磷化处理。

2）表面预处理后要及时涂装防锈底漆，例如富锌底漆等。对于采用高压水除锈的被涂物或是在阴雨天施工等，要涂装专用的防湿、防锈底漆。目前，市售的防锈底漆有许多品种，此种涂料可降低生锈的等级标准（可在允许范围内降一级），但也必须除去油污和松散的浮锈，还要根据涂料配套原则进行选择。

3）防止在涂料施工中出现的气泡、针孔等缺陷，具体防治措施见本节相关内容，同时检查涂膜是否有漏涂现象，可采用漏电检测

仪进行检查，特别应注意边角、焊缝处的涂装，确保涂膜的完整性。

4）涂膜严格按照施工要求，需达到一定的干膜厚度，一般防腐涂膜的干膜厚度要在200μm以上，并按配套原则进行涂装。

5）涂膜在涂装后，要经过两个星期的保养时间，在此期间被涂物应避免处于腐蚀环境中。涂膜还要防止机械损伤，涂膜刮破后要及时修补，否则会以此为腐蚀源而蔓延。旧涂膜要经常检查，防止失效。

6）防止电腐蚀。例如对水上船舶焊接时，必须杜绝单线供电；将保护电位降低；选用阴极保护涂料；防止杂散电流等措施。

7）尽量避免涂膜长期处于严酷的腐蚀环境中，否则应使用相应的防腐蚀涂料，并保证处于保护年限内。

8）对出现局部锈点的涂膜，要及时清理并修补；当出现大面积锈蚀时，应除去涂膜，将锈蚀打磨除净，重新涂装。

6. 沾污（污斑、污点）

（1）定义　涂膜由于渗入外来物所导致的局部变色现象，称为沾污（污斑、污点）。

（2）缺陷现象　涂膜处于腐蚀介质中，由于液体、油污或腐蚀性气体的侵入，使涂膜发粘、溶胀、硬度降低、失去光泽，表面变色和粘附污物。

（3）产生原因

1）涂膜本身封闭性能不佳，或厚度不够，使腐蚀介质（特别是油污、酸碱等）渗入，造成涂膜软化变色。

2）涂膜表面光泽不够，细度不高，粘附污物。

3）对于处于海洋环境中的船舶等，船底涂覆的防污漆使用寿命已到，失去了防护功能，或防污漆涂装前未调匀，涂膜厚度不够，选择涂料品种有误等。

4）涂膜长期处于腐蚀性气体环境中。

（4）防治措施

1）选用具有防腐功能的配套涂料，并达到一定的涂膜厚度，涂膜要在完全干透后，再经过一定的保养时间，再投入使用。

2）表层面漆的光泽要高。涂料细度越细，光泽越高，粗糙度值

越低。同时，在涂料中的颜基比不能过高，可适当加入少量流平剂或分散剂（质量分数为0.1%～1%），加入氟碳表面活性剂（质量分数为0.01%～0.5%），可以提高涂料的流平性能和降低表面粗糙度值。

3）对于船舶或其他浸没于海洋环境中的被涂物，要涂装防污漆，以防止海洋微生物的附着，涂料品种可根据被涂物使用要求进行选择，一般对于航行的船舶，采用无锡自抛光防污漆比较适用。对于长期固定不动的被涂物件，应涂装含有毒性的防污漆。防污漆涂膜应达到一定厚度，并要求均匀涂覆。

4）避免将涂膜长期放置在污染源附近。

5）对于表面出现沾污的涂膜，在不影响涂膜保护功能的前提下，可用适当稀释剂将沾污擦去，对船底的海洋微生物可用高压水冲刷或刮除；出现涂膜破损等情况要及时修补；当涂膜已软化发粘，必须将失效涂膜除去并重新涂装。采用高压水去除失效涂膜，既可保留硬质完好的涂膜，又具有速度快，效率高等优点。

7. 长霉（霉染）

（1）定义　在湿热环境中，涂膜表面滋生各种霉菌的现象，称为长霉（霉染）。

（2）缺陷现象　涂膜处于湿热等环境中，涂膜表面局部或全部生长肉眼可见的霉菌斑点，严重时长霉斑点大部分在5mm以上或整个表面布满菌丝，常见于水性建筑涂料。

（3）产生原因

1）涂料的防霉性能不好，涂膜的防水、防湿热性能不佳，有水汽等腐蚀性介质渗入涂膜。

2）涂膜长期处于高温、高湿、空气流动不畅、不见光的环境中。

3）在水溶性涂料中，酪蛋白、大豆蛋白质、藻朊酸、淀粉、天然胶、纤维素衍生物以及某些助剂，例如乳化剂或消泡剂都为霉菌的生长提供了条件。

4）在涂料生产和施工过程中，有霉菌和污物混入，底材处理不充分等。

（4）防治措施

1）选择防霉性能好的涂料，在容易生霉菌的环境中，尽量选用溶剂型涂料，可大大降低涂料的霉变。涂料配套应按照工艺设计要求并达到一定的干膜厚度。涂料的封闭防水性能、抗沾污性能要好，防止腐蚀介质的侵入和附着。

2）避免涂膜长期处于污染源中，保证房屋的通风并防潮。

3）涂料中促进霉菌生长的物质要少加或不加，加入防霉、杀菌剂对涂膜的防霉作用效果显著。防霉、杀菌剂的主要品种有：取代芳烃类，如五氯苯酚及其钠盐、四氯间苯二腈（TPN，商品名 N—96）、邻苯基苯酚等；杂环化合物类，如 2—（4-噻唑基）苯并咪唑（TBZ）、苯并咪唑氨基甲酸甲酯（BCM）、2—正辛基—4—异噻唑—3—酮（商品名 Skane M—8）等；胺类化合物类，如双硫代氨基甲酸酯、四甲基二硫化秋兰姆（TMTD）、水杨酰苯胺等；有机金属化合物类，如有机汞、有机锡、有机砷等，有机锡主要用于船底防污漆；其他类型，如磺酸盐和醌类化合物、四氯苯醌、偏硼酸钡、氧化钟等，一般是将其采用物理掺混法混入涂料中，用量为涂料总质量的 0.5% 左右。也有将两种或两种以上防霉剂混配使用的，如将 TPN 与 TMTD 按质量比 2:3 混合使用，用量共为质量分数 0.5%，可使涂料达到既耐霉又抗腐败的效果。

4）在制漆和涂装过程中要使用干净的设备，不要让腐败部分与好的部分混合，尽量减少空气中灰尘的污染等。要作好底材涂装前预处理，墙面要涂封闭涂层并打好腻子。

5）若涂膜中仅出现的少量几个霉点，可铲去后修补；对出现霉变涂膜一般都应将其铲去，进行表面预处理后重新涂装。

复习思考题

1. 国内外常用的涂装方法有哪几种？
2. 简述常用涂装方法的优缺点及适用范围。
3. 选择涂装方法时，应从哪几个方面来考虑？
4. 简述涂装方法的现状及发展前景。

5. 简述常用涂装方法的基本技术特点。

6. 涂装的主要工序有哪些？它们的主要作用和内容是什么？

7. 阴极电泳涂装的工艺条件（或工艺参数）有哪几个？

8. 涂料生产厂在阴极电泳涂料的技术条件中推荐的工作电压和破坏电压值是多少？

9. 泳透力的测定方法有哪几种？

10. 电泳槽目视方法有哪几种？

11. 电泳涂装生产线上易发生的不良情况有几种？

12. 简述自泳漆涂装的概念及特点。

13. 简述自泳漆涂装的原理及工艺参数。

14. 简述粉末涂料常见的缺陷及防治措施。

15. 简述涂膜缺陷及防治措施的分类方法。

16. 简述涂料在生产、储存中产生的缺陷及防治措施。

17. 简述涂料在涂装过程中产生的缺陷及防治措施。

18. 简述涂料在涂装后产生的缺陷及防治措施。

第三章

涂膜（层）的干燥与固化

培训目标 了解涂膜（层）固化工艺和设备在涂装中的重要作用；涂膜固化的机理和方法；掌握各种涂料的烘干温度、烘干时间及固化设备的分类和选用。

涂装过程中，涂膜（层）固化工艺和设备占有重要的地位。涂装前预处理后的脱水干燥、涂层湿打磨后的水分干燥以及涂层的加热固化等都要使用干燥固化设备。若对各种涂料的烘干温度和烘干时间掌握不准确、烘干设备选择和使用不合理，都不能使涂层性能得到充分发挥。

第一节 涂膜（层）固化机理

涂膜（层）固化是指由于热作用，化学作用或光作用产生的使涂料形成所要求性能的连续涂膜（层）的缩合、聚合或自氧化过程。涂膜（层）干燥是指涂层从液态向固态变化的过程。涂料干燥固化成膜主要依靠物理作用或化学作用实现。例如，挥发性涂料和热塑性粉末涂料，通过溶剂挥发或熔合等物理作用，便能形成致密的涂膜。热固性涂料及光固化涂料必须通过化学作用才能形成固态涂膜。因此，涂料成膜机理依据涂料的组成不同而有差异。

涂膜（层）按其固化机理可分为非转化型涂料和转化型涂料两大类。

一、非转化型涂料

仅依靠物理作用成膜的涂料称为非转化型涂料。它们在成膜过程中只发生物理状态的变化而没有进一步的化学反应。此类涂料包括挥发性涂料、热塑性乳胶涂料、乳胶涂料以及非水分散涂料等。

1. 挥发性涂料

挥发性涂料树脂的相对分子质量很高，完全依靠溶剂挥发即能形成干涂膜，常温下表干很快，故多采取自然干燥或低温强制干燥。常见的挥发性涂料有：硝基涂料、过氧乙烯涂料、热塑性丙烯酸树脂涂料和沥青树脂涂料等。

挥发性涂料施工后溶剂的挥发分为三个阶段，即湿阶段、过渡阶段和干阶段。涂膜中溶剂含量与干燥时间的关系如图 3-1 所示。

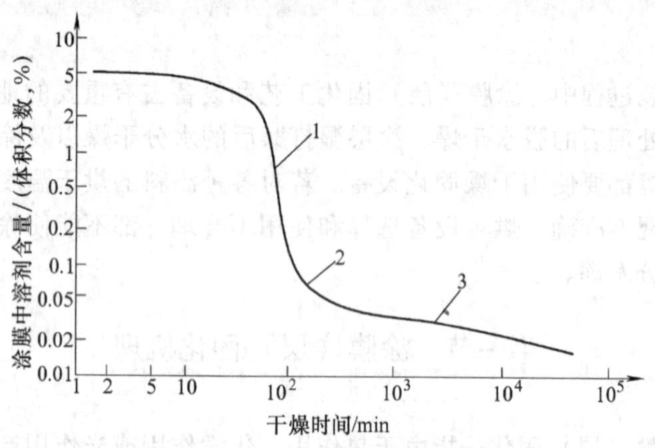

图 3-1　涂膜中溶剂含量与干燥时间的关系

1—湿阶段　2—过渡阶段　3—干阶段

（1）湿阶段　涂膜中溶剂挥发与简单的溶剂混合物蒸发行为类似，溶剂在自由表面大量挥发，混合蒸气压大致保持不变，且等于各溶剂蒸气分压之和。很显然，增大环境气体流速，必将提高溶剂的挥发速度。当然温度对挥发性也会产生很大的影响。涂膜中的溶剂挥发过快时，会带走大量热量，产生显著的冷却效应，造成水汽冷凝，涂膜易泛白。因此，为了降低溶剂的成本和平衡溶剂的挥发

速度，应采用混合溶剂。在混合溶剂中加入高沸点的极性溶剂，使溶剂的挥发速度降低，可防止涂膜泛白。

（2）过渡阶段　沿涂膜表面向下出现不断增长的黏性凝胶层，溶剂挥发受表面凝胶层的控制，溶剂蒸气压显著下降。

（3）干阶段　溶剂挥发受厚度方向整个涂膜的扩散控制，溶剂释放很慢。例如硝基涂料在自然干燥 1 周后，涂膜中仍可含有体积分数为 6% ~9% 的溶剂。虽然其实干时间一般在 1.5h 左右，但这样的涂膜实际上是相对干涂膜。

对于指定配方的涂料，相对于徐膜中溶剂含量取决于涂膜厚度。不同配方的涂料，影响溶剂保留率的因素包括溶剂分子的结构和大小、树脂分子结构与相对分子质量大小及颜料、填料形状和尺寸。一般来说，体积小的溶剂分子较易穿过树脂分子间隙扩散到涂膜表面，带有支链、体积较大的溶剂分子易被保留，与溶剂的挥发性或溶解力之间没有相应的关系。

相对分子质量大的树脂对溶剂的保留率较高，硬树脂对溶剂保留率较软树脂大。因此，添加增塑剂或提高环境温度到玻璃化温度以上，将明显增强溶剂的扩散逃逸。

在涂料中添加颜填料或颜填料微细分散，甚至是片状颜填料，都将使溶剂扩散逃逸性不断减弱。

根据以上挥发固化机理，挥发性涂料的固化过程与涂料自身性质、组成及环境条件有直接关系，必须了解树脂特性，确定施工条件。例如，过氯乙烯树脂对溶剂的保留能力很强，因此，施工时每次应薄喷，并控制好时间间隔，在实干以后重喷，以免涂层中长时间残留溶剂造成面层整张揭起。

对于同一挥发性涂料，应控制空气流速、温度和湿度。由于湿阶段溶剂大量挥发，表面溶剂蒸气达到饱和，此时提高空气流速有利于涂膜表干。提高温度使涂膜中溶剂扩散性增加，有利于实干并降低溶剂保留率。但提高温度，使溶剂的饱和蒸气压大幅度增加，结果涂膜表干过快，流平性变差，在低温强制干燥时，可通过控制一定的闪干时间来解决该矛盾。温度提高，溶剂蒸发过程中空气中的水分易在涂层上凝结，一般控制相对湿度低于 60%。

另外，为保证涂膜的装饰性，必须控制涂膜固化环境的粉尘度，以免灰尘沉积到涂膜表面，造成涂膜缺陷。

2. 乳胶涂料

乳胶涂料的成膜过程如图 3-2 所示。

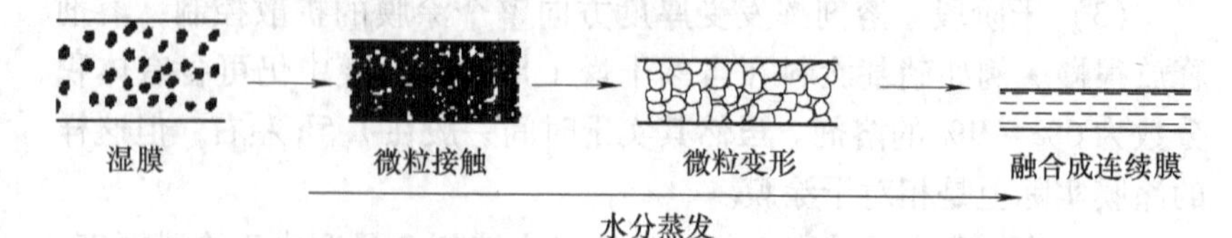

图 3-2　乳胶涂料的成膜过程

乳胶涂料的干燥成膜与环境温度、湿度、成膜助剂和树脂玻璃化温度等相关。环境温度极大地制约着湿膜阶段水的蒸发速度，提高空气流速可大大加快涂膜中水的蒸发。当乳胶离子保持彼此接触时，水的挥发速度降至湿阶段的 5% ~10%。若此时微粒的变形能力很差，将得到松散不透明且无光泽的不连续涂膜。为赋予乳胶涂膜应用性能，树脂的玻璃化温度均在常温以上。故加入成膜助剂来增加微粒在常温下的变形能力，使乳胶涂料的最低成膜温度达到 10℃以上，彼此接触的微粒将进一步变形融合成连续的涂膜。在微粒融合以后，涂膜中的水分子通过扩散逃逸释放非常缓慢。

一般来说，乳胶涂料的表干在 2h 以内，实干约 24h 左右，干透约需要两周时间。

3. 热塑性粉末涂料

热塑性粉末涂料、热塑性非水分散涂料必须加热到熔融温度以上，才能使树脂颗粒融合形成连续完整的涂膜。此时成膜基本没有溶剂挥发，主要取决于熔流温度、熔体黏度和熔体表面张力。

二、转化型涂料

依靠化学反应由小分子交联成高分子而成膜的涂料称为转化型涂料。该涂料的树脂相对分子质量较低，它们通过缩合反应、加成聚合反应或氧化聚合反应交联成网状大分子固态涂膜。

由于缩合反应大多需要外界提供能量，因此一般需要加热使涂

膜固化，即需要烘干。例如氨基涂料、热固性丙烯酸树脂涂料等，固化温度都在120℃以上。依靠氧化聚合成膜的涂料，依靠于空气中O_2的作用，既可常温固化，又可加热固化。例如酚醛涂料、醇酸涂料和环氧酯型环氧树脂涂料等。依靠加成聚合反应固化成膜的涂料，一般可在常温下较快反应固化成膜，所以此类涂料一般为双组分涂料。例如丙烯酸聚氨酯涂料、双组分环氧树脂涂料和湿固化聚氨酯涂料等。为提高涂膜的光泽和硬度，该涂料通常在常温固化后，还需再进一步低温烘干流平。

总之，转化型涂料不管按什么反应进行固化，一旦成膜后，涂膜即交联成不熔不溶的高分子，所以转化型涂料形成的涂膜均为热固性涂膜。

第二节 涂膜（层）的干燥方法与固化方法

涂膜（层）的干燥方法与固化方法一般可以分为自然干燥、烘干和辐射固化三类。

一、自然干燥

在自然条件下，利用空气对流使溶剂蒸发、氧化聚合或与固化剂反应成膜，适用于挥发性涂料、气干性涂料和固化剂固化型涂料等自干性涂料，它们的干燥质量受环境条件影响很大。

环境湿度高时，抑制溶剂挥发，干燥慢，造成涂膜泛白等缺陷；环境温度高时，溶剂挥发快，固化反应快，干燥快，这对减少涂膜表面灰尘有利，但可能使流平性变差。当环境温度过高时，应在涂料中添加适量的防潮剂。

因此，在自然晾干区，最好设置空调系统和空气过滤系统，以保证涂膜质量。

二、烘干

1. 按烘干温度高低分类

烘干温度分为低温烘干、中温烘干和高温烘干。

1）固化温度低于100℃，称为低温烘干。主要是对自干性涂料实施强制干燥，或对耐热性很差的材质表面涂膜进行干燥，干燥温度通常在60～80℃，使自干性涂料固化时间大幅度缩短，以满足工业化流水线生产作业方式。

2）中温烘干温度在100～150℃，主要用于缩合聚合反应固化成膜的涂料。当温度过高时，涂膜发黄，脆性增大，此类涂料的最佳固化温度一般在120～140℃。

3）固化温度在150℃以上，称为高温固化。例如粉末涂料、电泳涂料等。

2. 按加热固化方式分类

根据加热固化方式，烘干又可分为热风对流、远红外线辐射及热风对流加辐射三种方式。

1）热风对流式固化，是利用风机将热源产生的燃烧气体或加热后的高温空气引入烘干室，并在烘干室内循环，从而使被涂物对流受热。对流式烘干室分为直接燃烧加热型和使用热交换器的间接加热型两种。

热风对流固化加热均匀、温度控制精度高，适用于高质量涂层，不受工件形状和结构复杂程度影响，加热温度范围宽，所以该方式应用很广泛。但该方式升温速度相对较慢，热效率低，设备庞大，占地面积大，防尘要求高，涂层温度由外向内逐渐升高，外表先固化，内部溶剂挥发时，容易造成涂层产生针孔、气泡和起皱等缺陷。

热风对流固化所用热源有蒸汽、电、柴油、煤气、液化气和天然气等。选择热源时，应根据固化温度、涂层质量要求、固化温度、当地资源及综合经济效果比较后确定。常用的热源种类、固化温度、适用范围和主要特点，见表3-1。

表3-1 常用的热源种类、固化温度、适用范围和主要特点

热源种类	固化温度/℃	适用范围	主要特点
蒸汽	<100	脱水烘干、预热、自干和低温烘干型涂料的固化	可靠的使用温度低于90℃，热源的运行成本较低，系统控制简单

（续）

热源种类	固化温度/℃	适用范围	主要特点
燃气	<220	直接燃烧，适用于装饰性要求不高的涂层间接加热，适用于大多数涂料的固化	热源的运行成本较低，但系统的投资相对较大，系统控制和管理要求较高
燃油	<220	直接燃烧，适用于装饰性要求不高的涂层间接加热，适用于大多数涂料的固化	热源的运行成本较低，但系统的投资相对较大，系统控制和管理要求较高
电能	<220	适用于大多数涂料的固化	运行环境清洁，控制精度高，维护保养方便，运行成本相对较高
热油	<200	适用于大多数涂料的固化	使用不普遍，运行成本较低，系统投资较高，系统控制及管理要求较高

燃油价格便宜，但油料雾化效果直接影响加热的质量。目前，国产燃油雾化器质量不理想，造成燃油燃烧不充分。燃气相对燃油简单，尤其在我国北方，天然气资源丰富，是比较理想的加热方式。

2）远红外线辐射电加热器件，有远红外电加热板、远红外电加热带和远红外加热灯等，安装方便、调试简单、易于维修管理。

辐射加热通常使用红外线、远红外线两种，当红外线和远红外线辐射到物体后，被直接吸收转换成热能，使底材和涂料同时加热，升温速度快，热效率高，溶剂蒸气自然排出，不需要大量的循环风，室体内尘埃数量减少，涂层质量高，烘干室短，占地面积小。但温度不易均匀，只适用于形状简单的工件烘干。

红外线的波长范围为0.75～1000μm。其中波长在0.75～2.5μm时称为近红外线，辐射体温度约2000～2200℃，辐射能量很高；波长在2.5～4.0μm时称为中红外线，辐射体温度为800～900℃；波长大于4μm时称为远红外线，辐射体温度为400～600℃，辐射能量较低。虽然远红外线的能量较低，但是有机物、水分子、金属氧化

物的分子振动波长范围都在 4μm 以上，即在远红外波长区域，这些物质有强烈的吸收峰，在远红外的辐射下，分子振动加剧，能量得到有效吸收，涂膜可快速固化。

为提高热辐射和吸收效率，保证涂膜烘干质量，使用远红外辐射加热时，需注意涂料的吸收能力和辐射波长的匹配。近红外线只产生电子振动，金属表面 1μm 的薄层即将其吸收，0.1μm 涂膜薄层则将远红外线全部吸收。因此，远红外辐射固化可使金属表面和整个涂膜同时吸收辐射并转化为热能，使涂膜有效地固化并且金属不会整体受热。

但是，远红外线能量低，很多情况下，远红外辐射光谱曲线与涂料吸收光谱曲线并非达到最佳匹配。实验证明，辐射光谱与吸收光谱的匹配效果，既与波长有关，也与辐射光能量有关。在短波长范围内高温辐射元件，随着温度不断提高匹配效果也不断提高，达到最高的热效率。此时辐射是全波段的，属于高密度强力红外辐射，该辐射加热称为高红外辐射加热。

高红外线辐射元件的热源为钨丝，温度高达 2200～2400℃，辐射短波高能红外线；热源外罩石英管，外表温度约 800℃，辐射中波红外线；背衬定向反射屏，温度可达 500～600℃，辐射低能量远红外线。各波段红外线成分所占比例不均等，使之对被加热物的吸收有最佳的能量匹配，并伴随有快速热响应特征。

高红外线石英管规格分为 φ2mm 和 φ20mm 两种，长度为 1.0m、1.2m 和 1.5m，功率为 3～5kW，使用寿命在 5000h 以上。高红外线加热元件的表面功率为 15～25kW/cm^2，起动时间仅 3～5s（远红外线元件的表面功率为 3～5kW/cm^2，起动时间需 5～10min），热惯性小。因此高红外线加热的最大特点是瞬间快速加热到烘干温度。

对于透明石英管加热元件，钨丝的 2200℃产生红外线几乎全部透过石英玻璃直接向外辐射，近红外辐射能量高达 76%，高远红外辐射能量仅占 24%，较多份额的高能量近红外线将穿透涂膜直接对底材加热，由内向外加热使涂膜中的溶剂更快的蒸发逸出，升温时间只需几十秒，较由外向内加热的对流加热方式的升温时间（约十几分钟）大大缩短。因此，高红外线加热是一新型加热方式，有着广

泛的应用前景。

3）远红外辐射加热风对流加热。热风对流加热与远红外辐射加热各有特点，为充分发挥各自的优点，可将两者结合起来，即采用辐射加热加热风对流式加热。一般先辐射后对流，利用辐射升温快的优点，使工件升温并使溶剂挥发，再利用热风对流保温，保证烘干质量。

不管采用哪一种加热方式，涂膜在烘干室的整个固化过程中，工件涂膜的温度随着时间变化的过程均可分为三段，即升温段、保温段和冷却段。固化温度度与时间的关系称为涂膜的固化曲线，如图 3-3 所示。

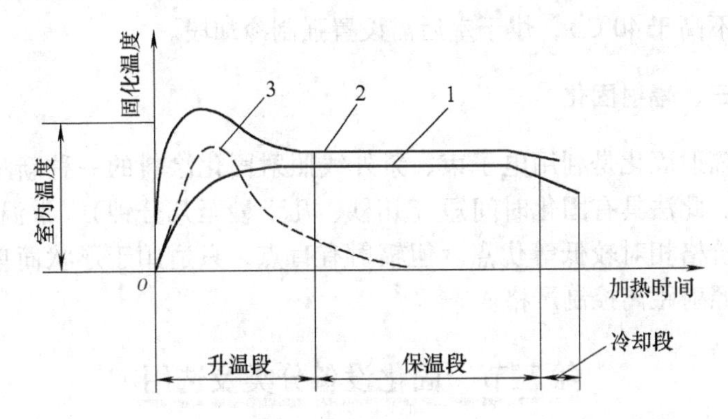

图 3-3　涂膜固化曲线

1—工件涂膜温度　2—烘干室空气温度　3—溶剂挥发率

涂膜从室温升至所要求的烘干温度称为升温段，所需时间称为升温时间。在这段时间内，需要大量的热量来加热工件，而大部分溶剂在此段迅速挥发，需要在此段加强通风，排除溶剂蒸气并补加新鲜空气。升温时间根据涂料溶剂沸点进行选择。溶剂沸点高，升温时间宜短（即升温速度快），以加速溶剂的挥发。但升温速度过快，溶剂挥发不均匀，涂膜可能出现桔皮等缺陷。如果升温时间加长，涂膜溶剂慢慢挥发，涂膜质量好，但生产效率低，运行成本增加；溶剂沸点低，升温时间宜长，这样可以防止溶剂沸腾造成涂膜的缺陷。一般涂膜内 90% 的溶剂在 5～10min 内逸出，因此升温时间一般在 5 ~10min。

涂膜达到所要求的烘干温度后，延续的时间称为保温段，所需时间为保温时间（即烘干时间）。在这段时间里，主要是使涂膜起化学作用而成膜，但也有少量溶剂蒸发，所以不但需要热量，还需要新鲜空气，但需要量较升温段少。保愠时间长短，是根据涂膜材料、涂膜质量要求和烘干方式等因素选择，具体数据可参考供应商提供的资料，也可以通过实验确定。

涂膜温度从烘干温度开始下降，这段时间称为冷却时间，一般是指烘干室的出口区域。工件离开烘干室的温度一般较烘干温度低几十摄氏度，对于工件烘干后需要立即喷涂的情况（一般要求工件温度不高于40℃），烘干室后需设置强制冷却段。

三、辐射固化

辐射固化是利用电子束、紫外线照射固化涂料的一种新型固化方式。此法具有固化时间短（几秒、几十秒至几分钟）、常温固化、装置价格相对较低等优点。但辐射有盲点，只适用于形状简单的工件，照射距离控制严格。

第三节　固化设备分类及选用

由于涂膜（层）的固化在涂装过程中占用比较长的时间，一般又是涂装生产线耗能的主要工序，因此涂膜（层）的固化过程对涂装产品的质量和成本有很大的影响。目前固化设备正向高效率、低耗能和少污染的方向发展。

一、固化设备分类

1. 按烘干室形状分类

固化设备按烘干室的形状分类，可分为通过式烘干室和间歇式烘干室。通过式烘干室又可分为直通式和桥式两种，如图 3-4 所示。

1）通过式烘干室可以设计成多行程式，通常与涂装前预处理设备、涂装设备、冷却设备和机械化输送设备等一起组成涂装生产流水线。

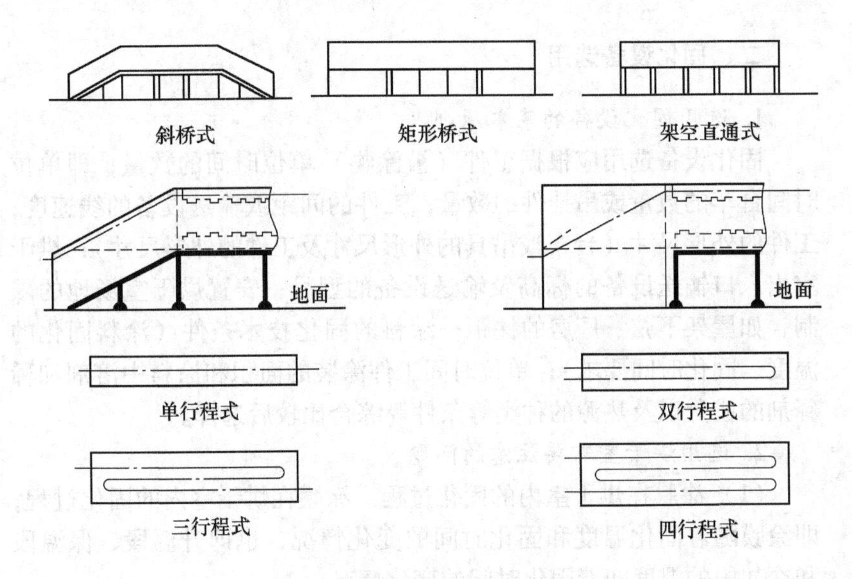

图 3-4　通过式烘干室示意图

2）间歇式烘干室一般适用于非流水式涂装作业，如图 3-5 所示。

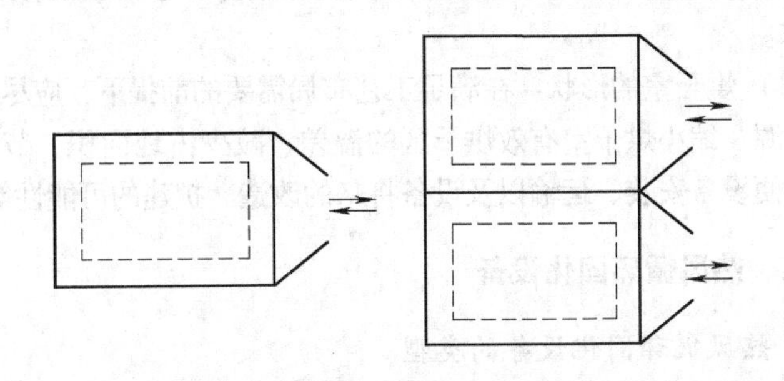

图 3-5　间歇式烘干室示意图

2. 按烘干室热源分类

固化设备按烘干室热源分类，可分为蒸汽、电能、气体燃料（城市煤气、液化气、天然气等）、液体燃料（煤油、柴油）、热油等加热的烘干室。

3. 按加热方式分类

固化设备按加热方式分类，可分为辐射式烘干室、对流式烘干室。

二、固化设备选用

1. 选用固化设备的基本原则

固化设备选用应根据工件（被涂物）单位时间的数量，即单位时间台车的数量或吊挂件的数量；工件的间距或输送设备的线速度；工件的外形尺寸（台车或吊具的外形尺寸及工件的外形尺寸）；烘干室出入口输送设备的标高及输送设备的型号；安置烘干室场地的限制，如屋架下弦、厂房的柱距；涂料的固化技术条件（涂料固化的温度、固化时间要求）；单位时间工件涂装的面积和涂料中溶剂和稀释剂的成分以及热源的种类等条件等综合比较后选择。

2. 选用烘干室需要注意的问题

（1）涂膜在烘干室内的固化过程　涂膜在烘干室内的固化过程，即涂膜随着固化温度和固化时间的变化情况，也即升温段、保温段和冷却段的温度随着固化时间的变化情况。

（2）热源的选择　热源的选择受需要固化涂料的温度、涂膜的质量要求、当地的能源政策以及综合经济效果等因素的限制，应综合考虑。

（3）烘干室的形状　在满足工艺布局需要的前提下，应尽可能考虑节省能源、缩小烘干室有效烘干区的温差、减少占地面积、节约设备用材、方便设备安装、运输以及设备将来的改造、扩建的可能性等。

三、热风循环固化设备

1. 热风循环固化设备的类型

热风循环固化设备，一般按加热空气介质的方式，分为通过式直接加热和通过式间接加热两种形式。

1）通过式直接加热热风循环烘干室，是将燃油或燃气在燃烧室燃烧时生成的高温空气送往混合室，在混合室内高温空气与来自烘干室的循环空气混合，混合空气由循环风机送往烘干室加热工件涂膜使之固化。通过式直接加热热风循环烘干室结构简单、热损失小、投资少并能获得较高的温度，但是燃烧生成的高温空气往往带有烟尘，烟尘则很容易污染涂膜。通过式直接加热热风循环烘干室，适

用于装饰性要求不高的涂膜固化，如脱水烘干、腻子层固化、底涂层烘干等。通过式直接加热热风循环烘干室如图 3-6 所示。

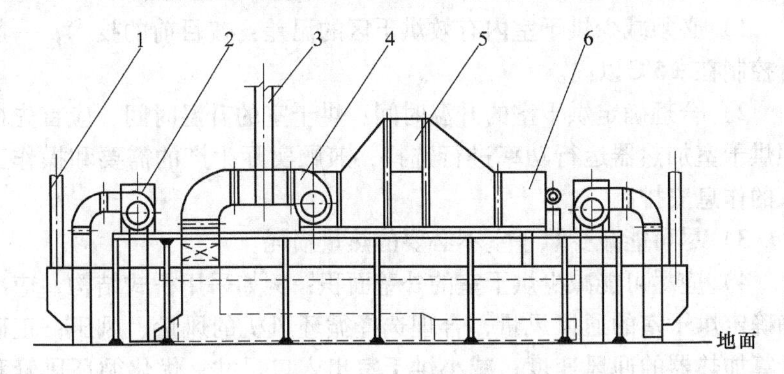

图 3-6　通过式直接加热热风循环烘干室示意图

1—排风管　2、4—密闭式风机　3—排气分配室　5—过滤器　6—燃烧器

2）通过式间接加热热风循环烘干室是利用热源在空气加热器内加热空气，被加热的空气通过循环风机在烘干室内进行循环用于加热工件涂膜。通过式间接加热热风循环烘干室与通过式直接加热热风循环烘干室相比，其热效率较低、设备投资较高，但是其热空气比较清洁，适用于表面质量要求较高的涂膜固化，在汽车、摩托车领域应用最为广泛。近年来，随着市场对涂膜质量要求的提高，通过式间接加热热风循环烘干室的占有率正在迅速扩大。通过式间接加热热风循环烘干室如图 3-7 所示。

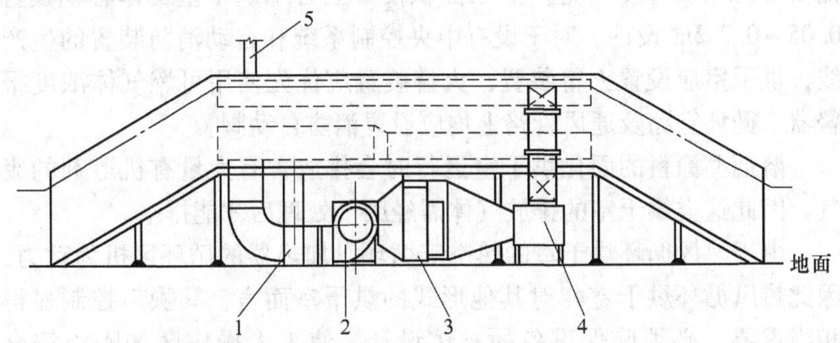

图 3-7　通过式间接加热热风循环烘干室示意图

1—排风分配室　2—风机　3—过滤器　4—电加热器　5—排风管

2. 热风循环固化设备的一般设计原则

在进行热风循环固化设备设计时，应考虑以下原则：

1）必须减少烘干室内有效烘干区的温差：按目前的技术，一般可控制在±5℃以内。

2）合理确定烘干室的升温时间：烘干室的升温时间，应首先按照烘干室加热器运行功率进行选择，兼顾实际生产的需要和操作工人的作息安排。

3）尽可能减少烘干室不必要的热量损耗。

4）应尽可能减少烘干室的外壁面积：例如采用桥式结构，应准确确定烘干室的通风风量，合理选择循环风机的风量、风压；正确计算加热器的迎风速度；减小烘干室出入口尺寸；优化循环风管和送风口的布置等。

5）烘干室内循环热空气必须清洁：应选择耐高温（一般250℃以下）的过滤器，过滤器的过滤精度可根据涂膜的要求确定。正确安排过滤器的位置，方便过滤器的维护和过滤材料的更换。合理选择循环风管和烘干室内壁的材料或涂层，镀锌钢板是比较可靠理想的材料，其经济性也较好。

6）必须满足消防、环保和劳动卫生法规，应根据单位时间进入烘干室的溶剂情况（种类、数量）确定烘干室的通风量，确保烘干室的安全运行。对于密闭的间歇式烘干室和较庞大的连续式烘干室，需要考虑增设泄压装置，泄压面积按每立方米烘干室工作容积设置0.05～0.2 2m^2设计。对于设有中央控制系统和自动消防装置的生产线，烘干室应设置火警装置，火警装置应优先使用可燃气体浓度报警器，循环管路及通风管路上均应设置消防自动阀。

溶剂型涂料的固化烘干室运行时会排放含有大量有机溶剂的废气，因此这类烘干室的排放气体需经废气处理后才能排空。

由于热风循环烘干室的热空气循环以加热器的循环风机为动力，因此热风循环烘干室相对其他形式的烘干室而言，其噪声控制显得相当重要，必须确保设备的整体设计，使工人操作区的噪声符合“GBJ 87—1985 工业企业噪声设计规范”的规定。应减少风机的振动，隔断风机与循环风管间的硬连接并选择低转速、耐高温的风机。

3. 热风循环固化设备的主要结构

各种类型的热风循环固化设备，一般都是由烘干室的室体、加热器、空气幕和温度控制系统等部分组成，如图 3-8 所示。

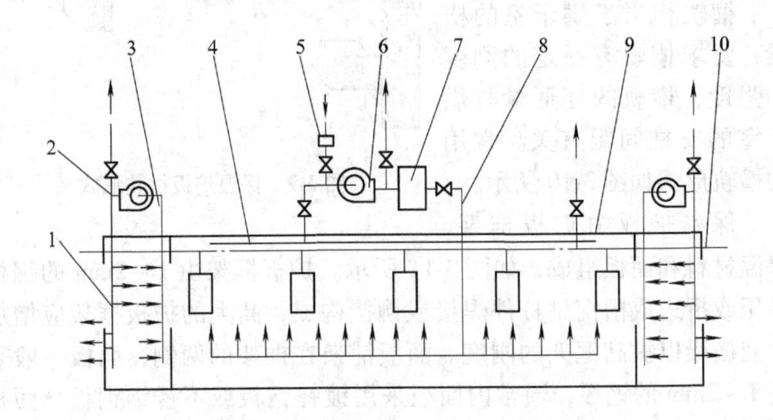

图 3-8 热风循环烘干室结构示意图

1—空气幕送风管 2—空气幕送风机 3—空气幕吸风管
4—循环回风管道 5—空气过滤器 6—循环风机 7—空气加热器
8—循环送风管 9—室体 10—悬挂输送机

（1）室体

1）室体的构成：烘干室室体是由骨架（槽轨）和护壁（护板）构成的箱式封闭空间结构。一般常见的有框架式和拼装式两种形式。

① 框架式室体采用型钢构成烘干室的矩形框架基本形状，框架具有足够的强度和刚度。室体的主要作用是隔绝烘干室内的热空气，使之不与外界交流，维持烘干室内的热量，使室体内温度维持在一定的工艺范围内。室体也是安装烘干室其他部件的基础。

全钢结构有较高的承载能力，在构架上铆接或焊接钢板安装保温材料，也有的将保温板预先制作好后安装在框架之上。框架式室体也可设计成一段一段的进行现场组合。框架式烘干室整体性好、结构简单，但使用材料较多、运输及安装均不方便，也不利于设备将来的改造扩建。目前框架式烘干室已趋于淘汰。

② 拼装式室体采用钢板烘干室长度拆成槽轨形式，将保温护板

预先制作好，在现场安装拼装成烘干室，保温护板拼装形式如图 3-9 所示。

槽轨相当于烘干室的横梁，要求槽轨有一定的刚度和强度，槽轨的变形量与烘干室的支柱间距有关。常用的槽轨形式如图 3-10 所示。

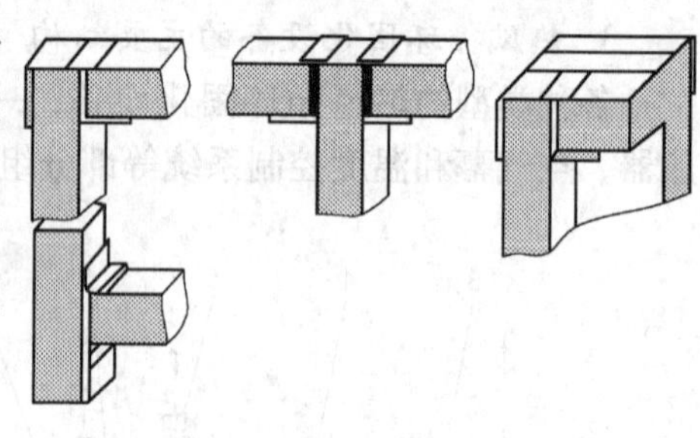

图 3-9　保温护板拼装形式

保温护板由护板框架、保温材料和面板组成，如图 3-11 所示。护板框架由 1～2mm 的钢板冲压或折边成槽钢型杆件焊接或铆接构成，高大的护板框架应增加中间横梁以提高框架的刚度。面板铺架在框架的两侧，面板一般采用 1～2mm 的钢板，通常内面板采用镀锌钢板或不锈钢钢板，面板间铺设保温材料隔热。

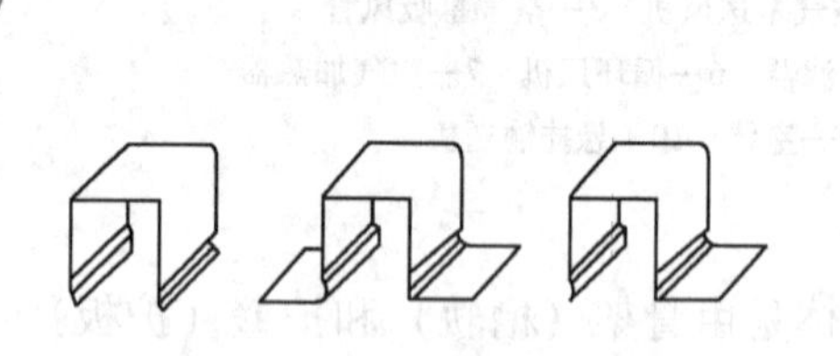

图 3-10　常用的槽轨形式

1　2　3　4

图 3-11　保温护板的结构示意图

1—面板　2—石棉板

3—框架　4—保温材料

一般保温层的厚度在 80～200mm。烘干室顶部的保温层应适当取厚一些，多行程烘干室中间纵向隔板可以由循环风管取代，如果设置隔板，中间隔板也可不设置保温层。

保温护板与保温护板之间的连接要求密封。通常采用的连接形式有直接啮合式和间接啮合式，如图 3-12 所示。

直接啮合式由于结构简单、拼装方便和热量损失较少，使用较为普遍。

烘干室的进出口端是热量损失的主要区域，从进出口端溢出的

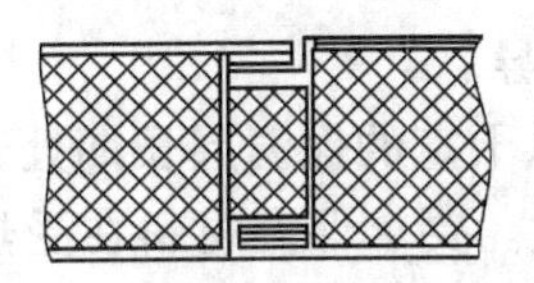

直接啮合式　　间接啮合式

图 3-12　保温护板之间的连接形式

热量不仅造成烘干室能耗的增加，而且也容易恶化车间的工作环境。为防止和减少烘干室进出口端热量的溢出，在室体设计上一般采用桥式结构。桥式结构的工作原理是：由于热空气的自然对流，较轻的热空气凝聚在上部，通过桥板的阻挡作用使其不宜外逸。

桥式烘干室的桥段有两种结构：斜桥和矩形桥。斜桥一般采用框架式结构，矩形桥可参照保温护板设计成拼接式。

由于矩形桥的缓冲区域较大，防止热量散失的效果较斜桥更好。而且为改善车间工作环境，现在越来越多的在桥段出口（进口）端进行排风；矩形桥的缓冲区域较大，对烘干室的循环气流影响较小，较适合该场合的应用。对于三行程以上的烘干室，采用矩形桥结构，使得烘干室的外观线条流畅，结构也变得更为简单。

对于断面较小的烘干室，考虑到安装、调试及维修人员进出的可能和方便，必须在人员方便进出的位置设置保温密封门。架空的直通式烘干室或桥式烘干室若保温密封门位置较高，应设置人员进出平台，高度超过 2m 的平台应设置防护栏杆。

2）保温材料的选择：保温护板内保温层的作用是使室体密封和保温，减少烘干室的热量损失，提高热效率。保温层必须采用非燃材料制造。保温层所用材料和厚度应由烘干室的温度、结构决定。一般要求烘干室正常运行时，烘干室保温护板 90% ~95% 面积的表面温度不高于环境温度（车间温度）10 ~15℃，型钢骨架的表面温度不超过环境温度 30℃。

保温材料是烘干室的重要组成部分，它对降低热能损耗、改善操作环境有着重要作用。应该从以下几方面对保温材料进行选择。

① 保温材料的绝热性。不同的保温材料具有不同的热导率，即使对于同一种保温材料，随着材料的结构、密度、温度、湿度以及

气压的变化，其热导率一般也有差异。

② 保温材料的耐热率。由于烘干室的保温层长期处于高温环境下，因此它必须具有一定的耐热性。要求保温材料在受热后本身的组织结构不被破坏，绝热性不会降低，同时在升温和降温过程中能经受温度的变化。根据使用温度的不同，保温材料可分为高温（800℃以上）、中温（400～800℃）、低温（400℃以下）三种。涂装烘干室一般工作温度在200℃以下，属于低温加热设备。

③ 保温材料的力学性能。烘干室的保温材料主要是填充使用，要求其具有一定的弹性，收缩率要小。

④ 保温材料的密度。保温材料的密度越小，保温性能越好。因此，应采用密度小的保温材料。这样既可节约能源，又可减少烘干室的自重。对于安装上楼的设备，可降低楼板和基础的承载能力。

（2）加热系统　热风循环烘干室的加热系统是加热空气的装置，它能将进入烘干室的空气加热至一定的温度范围，通过加热系统的风机将热空气引入烘干室，并在烘干室的有效加热区内形成热空气环流，加热工件使涂层得到固化干燥。为保证烘干室内溶剂蒸气浓度处于安全范围内，烘干室需要排除一部分含有溶剂蒸气的热空气，同时需要吸入一部分新鲜空气予以补充。

1）加热系统的分类

① 在燃油型或燃气型加热系统中，燃烧后的高温气体直接参与烘干室的空气循环，这类加热系统称为直接加热系统。

热风循环烘干室的煤气直接加热系统如图3-13所示。

工作时，煤气在燃烧室中燃烧产生高温气体，它与经吸风管从烘干室中吸出的热空气及从空气过滤器引进的新鲜空气相混合。混合后的热空气用风机经送风管送入烘干室内，对工件涂层进行加热。

② 间接加热系统如图3-7所示。为满足热风循环烘干室各区段热风量的不同需要，可设置多个不同风量的相对独立的加热系统，也可仅设置一个加热系统。在热风循环烘干室的升温段中，工件从室温升至烘干温度需要大量热量，而且大部分溶剂蒸气在此段内迅速挥发，要求较快地排出含有溶剂蒸气的空气，因此这个区段要求加热系统能供给较大的热风量。在烘干室的保温段，涂层主要起氧

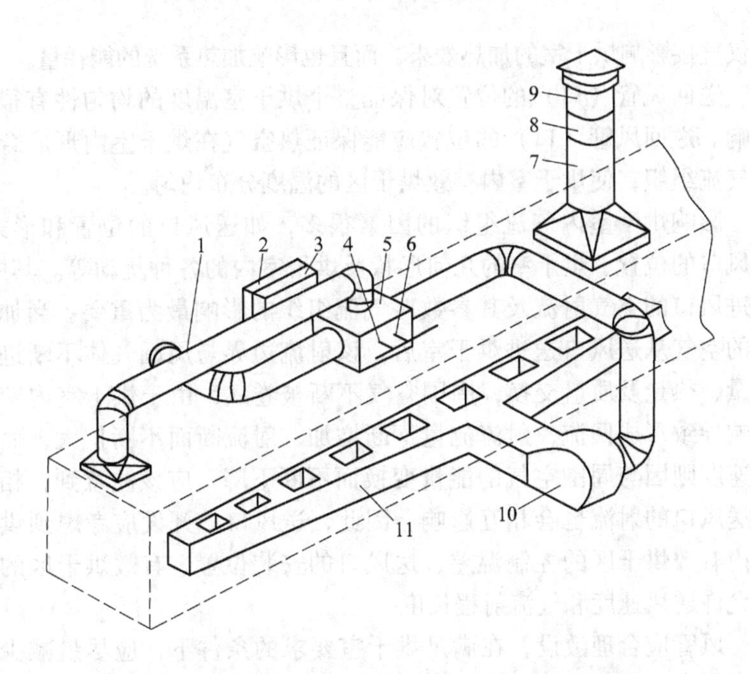

图 3-13 热风循环烘干室的煤气直接加热系统示意图

1—吸风管 2—空气过滤器 3—调节器 4—煤气调节阀 5—燃烧器 6—烧嘴 7—废气排放管 8—蝶阀 9—止回阀 10—风机 11—送风管

化或缩聚作用而形成固态薄膜，同时也有少量溶剂蒸发，因此不但需要热量，而且还需要新鲜空气。但该区段所需的热量较升温区段少。热风循环烘干室的加热系统，应根据室内各区段的不同要求，合理地分配热量。

2）加热系统的组成：热风循环烘干室的加热系统，一般由空气加热器、风机、调节阀、风管和空气过滤器等部件组成。

① 风管。加热系统的风管引导热空气在烘干室内进行热风循环，将热量传递给工件。风管由送风管和回风管组成。

经过加热器加热的空气经送风口进入烘干室内，与工件和烘干室内的空气进行热量交换后由回风口回到加热器，这样必定引起烘干室内空气的流动，形成某种形式的气流流型和速度场。布置进回风管（口）的目的是合理组织烘干室内空气的流动，使烘干室内有效烘干区的温度能更好地满足工艺要求。送回风管（口）的布置是否合理，

不仅直接影响烘干室的加热效果，而且也影响加热系统的能耗量。

送回风管（口）的位置对保证整个烘干室温度的均匀性有很大影响。送回风管（口）的位置应能保证热空气在烘干室内形成合理的气流组织，使烘干室内有效烘干区的温度分布均匀。

影响烘干室内气流组织的因素很多，如送风口的位置和形式、回风口的位置、烘干室的几何形状及烘干室内的各种扰动等。其中，以进风口的空气射流及其参数对气流组织的影响最为重要。当加热后的空气从送风口送进烘干室后，该射流边界与周围气体不断进行动量、热量及质量交换，周围空气不断被卷入，由于烘干室内壁的影响导致形成回流，射流流量不断增加，射流断面不断扩大，而射流速度则因与周围空气的能量变换而不断下降。应该注意到，相邻间送风口的射流也会相互影响。因此，送风口的开设应考虑到烘干室内有效烘干区的控制温差、送风口的安装位置、有效烘干区的最大允许送风速度和气流射程长度。

风管应合理敷设，在满足烘干室要求的条件下，应尽量减少风管的长度、截面和方向的变化，以减少管道中的热损失和压力损失。风管的室外部分表面应敷设保温层。为保证较长的烘干室内各进风口的风量基本相同，送风管需要设计为变截面风管。考虑到制造和安装的方便，也可将送风管制成等截面的矩形风管，通过各送风口的阀门进行送风风量调节。风管之间以法兰或咬口连接。当用法兰连接时，为了提高连接的密封性，减少漏风量，需在连接法兰之间放入衬垫，衬垫的厚度为 3 ~ 5mm。如果风管内气流的温度大于70℃时，法兰之间要衬垫石棉纸或石棉绳进行密封。

风管一般采用镀锌钢板制造，钢板的厚度可根据风管的尺寸太小选定。不同风管所需的钢板厚度见表 3-2 和表 3-3。

表 3-2　圆风管钢板厚度

外径/mm	用钢板制造的风管		外径/mm	用钢板制造的风管	
	外径公差/mm	壁厚/mm		外径公差/mm	壁厚/mm
100 ~ 200	±1	0.5	560 ~ 1120	±1	1.0
220 ~ 500	±1	0.75	1250 ~ 2000	±1	1.2 ~ 1.5

表 3-3　矩形风管钢板厚度

外边长/ $\frac{A}{mm}\times\frac{B}{mm}$	用钢板制造的风管		外边长/ $\frac{A}{mm}\times\frac{B}{mm}$	用钢板制造的风管	
	边长公差/mm	壁厚/mm		边长公差/mm	壁厚/mm
120×120～200×200	≈2	0.5	630×250～1000×1000	≈2	1.0
250×120～500×500	≈2	0.75	1250×2000～2000×1250	≈2	1.2～1.5

送回风管（口）在烘干室内布置的方式较多，常用的有下送上回式、侧送侧回式和上进上回式。送回风管（口）在烘干室内布置方式的选择必须根据涂层的要求、设备的结构进行合理选择。送风管（口）各种布置方式的特点和适用范围见表3-4。

表 3-4　送风管（口）各种布置方式的特点和适用范围

送回风管（口）布置方式	布置位置	特　点	适用范围
下送上回	送风管沿烘干室底部设置，送风口一般设在工件下部；回风管利用烘干室上部空余空间设置；利用热空气的升力，送风风速低，送风温差较小	送风经济性较好，气流组织合理，工件加热较均匀，烘干室内不易起灰，可保障涂层质量，需占用烘干室底部的大量空间，烘干室体积相对较大	工件悬挂式输送，涂层质量要求较高，桥式烘干室更适用
侧送侧回	单行程烘干室送回风管沿保温护板设置；多行程烘干室送回风管沿保温护板和工件运行中间空间设置	送风经济性较好，工件加热较均匀，可保障涂层质量，气流组织设计要求较高	涂层质量要求较高，多行程烘干室可使其体积设计的相对较小，因此更适用
上送上回	送回风管均设计在烘干室上部，送风口侧对工件送风；一般送风风速较高，射程长，卷入的空气量大，温度衰减大，送风温差较大	一般是为了利用烘干室的空余空间，因此烘干室体积相对较小，热损耗较小，但风机能耗较大；送风风速较高，以防止气流短路，烘干室内容易起灰	因各种原因不能在烘干室下部布置风管的场合，桥式烘干炉应用较少

选风口的形式一般有插板式、格栅式、孔板式、喷射式及条缝式。插板式是在送风管上开设矩形风口，风口的送风量可由风口闸板进行调节。插板式结构简单、制造方便，一般下送上回式结构应用较多，但送风管的风速和送风口的风速必须选择合理，应尽量避免风口切向气流的产生。格栅式是在矩形风口设置格栅板引导气流的方向，一般下送上回式和侧送侧回式均可使用，但要增加烘干室的空间。孔板式是在送风管的送风面上开设若干小孔，这些小孔即为送风口，一般下送上回式和侧送侧回式均可使用。它的特点是送风均匀，但气流速度衰减得很快。喷射式送风口是一个渐缩圆锥台形短管，它的渐缩角很小。其特点是紊流系数小、射程长，适用于上送上回式结构。条缝式送风口在上送上回式结构中也有应用，一般是为了得到较高的送风风速，但其压力损失较大。

送风气流方向要求尽量垂直于送风管，一般依靠送风管的稳压层与烘干室内之间的静压差将空气送出。稳压层内的空气流速越小，送风口气流方向受其影响也越小，从而保证气流由垂直送风管进出。若稳压层空气流速过小，送风管截面尺寸增大，影响烘干室体积，送风管内静压也可能过高，漏风量会增大。出风速度过高时，会产生风口噪声，而且直接影响加热系统的压力损失。因此，一般限制插板式、格栅式、孔板式出风速度在2~5m/s范围内，限制喷射式、条缝式出风速度在4~10m/s范围内。为保证送风均匀，则需保证送风管内的静压处处相等。实际上，空气在流经送风管的过程中，一方面由于流动阻力使静压下降，另一方面，在进风管内由于流量沿程逐渐减少，从而使动压逐渐减少和静压逐渐增大。总之，送风管内的空气静压是变化的。为保证均匀送风，通常限制送风管内的静压变化不超过10%。因此，在设计进风管时应尽量缩短送风管的长度。

② 空气过滤器。烘干室空气中的尘埃不仅直接影响涂层的表面质量，而且还会影响烘干室内壁的清洁并恶化加热器的传热效果，因此烘干室需要采用空气过滤器进行除尘净化。补充新鲜空气的取风口位置应设在烘干室外空气清洁的地方，使吸入的新鲜空气含尘量较少。

热风循环烘干室主要使用干式纤维过滤器和黏性填充滤料过滤器。

干式纤维过滤器，由内外两层不锈钢（或铝合金）网和中间的玻璃纤维或特殊阻燃滤料制成的滤布组成。滤布的特点是由细微的纤维紧密地错综排列，形成一个具有无数网眼的稠密的过滤层，通过接触阻留作用、撞击作用、扩散作用、重力作用及静电作用进行滤尘。干式纤维过滤器的过滤精度较可靠，而且市场上也有产品供应，应该是首选设备。

黏性填充滤料过滤器，由内外两层不锈钢（或铝合金）网和中间填充的玻璃纤维、金属丝或聚苯乙烯纤维制成。当含尘空气流经填料时，沿填料的空隙通道进行多次曲折运动，尘粒在惯性力作用下，偏离气流方向并碰到黏性油上被粘住捕获。黏性填充滤料过滤器的黏性油要求耐烘干室的工作温度，而且不易挥发和燃烧。在实际使用中，由于黏性油不易选择，绝大部分的填充滤料过滤器都不使用，因此其过滤效果较差，在涂层质量要求较高的场合不能采用。

③ 空气加热器。空气加热器用来加热烘干室内的循环空气以及烘干室外补充的新鲜空气的混合空气，使进入烘干室内的混合气体保持在一定的工作温度范围内。空气加热器按其采用的不同热媒，可分为燃烧式空气加热器、蒸汽（或热水）式空气加热器以及电热式空气加热器。

燃烧式空气加热器分为直接加热式和间接加热式两种。

直接加热式空气加热器通常称为燃烧室（如图 3-14 所示），它是将燃气或燃油通过燃烧器（烧嘴）在燃烧室内燃烧，然后将燃料燃烧生成的气体和热空气的混合气体送入烘干室加热工件涂层。该加热器的优点是热效率高，缺点是热量不易调节，占地面积大，由

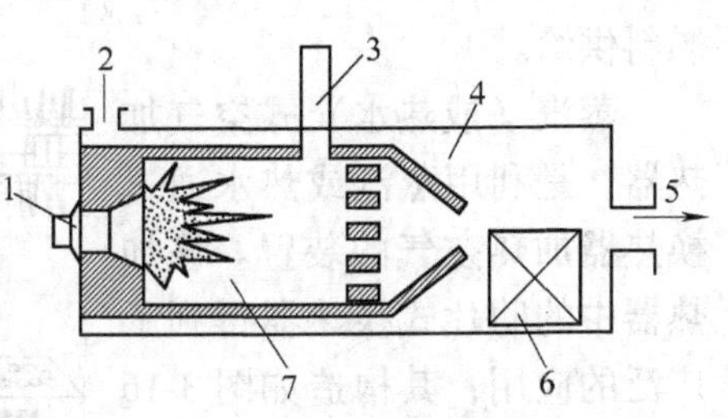

图 3-14　直接加热式空气加热器示意图

1—喷嘴　2—新鲜空气入口　3—排气管　4—混合室　5—循环空气出口　6—循环空气入口　7—燃烧室

于使用明火操作不够安全。另外，混合热空气所含的烟尘较多，影响过滤器的使用寿命和涂层的质量。该加热器一般不能用于质量要求高的涂层烘干。

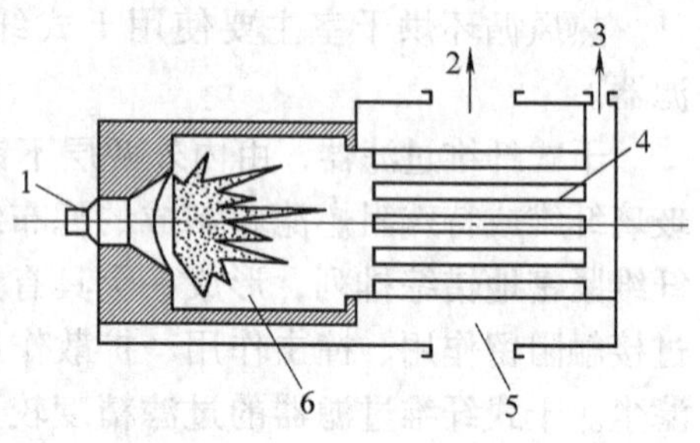

图 3-15　间接加热式空气加热器示意图

1—喷嘴　2—新鲜空气入口　3—排气管
4—热交换器　5—循环空气入口　6—燃烧室

间接加热式空气加热器如图 3-15 所示，它是利用热源通过热交换器加热烘干室的循环空气，其特点是操作安全，热空气清洁，热量容易调节，占地面积相对较小，但热效率相对直接加热式空气加热器要低一些。

通常认为，间接加热式空气加热器的效率是直接加热式空气加热器效率的 70% ~80%。一般直接加热式空气加热器用于腻子层或有后处理的底漆烘干室；间接加热式空气加热器可用于面漆及罩光涂料的烘干室。燃烧式加热器的燃料供给系统必须设置紧急切断阀。直接加热式空气加热器烘干室的空气循环系统的体积流量，应大于加热系统燃烧产物体积流量的 10 倍。燃烧式加热器若使用直接点火装置，燃烧室应该安装火焰监测器，以便在意外熄火时可自动关闭燃料供给。

蒸汽（或热水）式空气加热器，是利用蒸汽或热水通过换热器加热空气的装置。该加热器中的肋片式换热器得到了广泛的应用，其构造如图 3-16 所示。

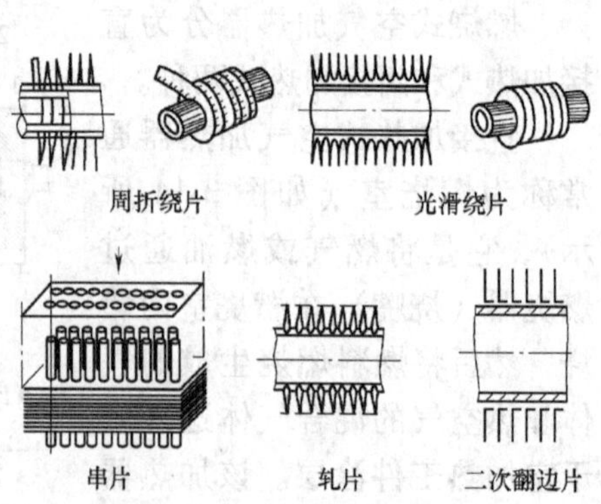

图 3-16　肋片式换热器的构造

空气换热器一般是垂直安装，也可以水平安装或倾斜安装。但是对于以蒸汽作为热媒的空气加热器，为便于排除凝

结水，水平安装时应设置一定的坡度。

按空气流动的方向，换热器可以串联也可以并联。采用何种组合方式，应根据通过空气量的多少和需要换热量的大小决定。一般来说，通过空气量多时应采用并联；需要的空气温升快时应采用串联。对于热媒管路来说，也有并联与串联之分。但是对于使用蒸汽作为热媒的换热器，蒸汽管路与各台换热器之间只能并联。对于以热水作为热媒的换热器而言，并联、串联或串、并联结合安装均可。但一般相对空气面言并联的换热器，其热水管路也必须并联；串联的换热器，其热水管路也应串联。在热媒的管路上，应有止回阀，以便调节或关断换热器，还应设置压力表和温度计。此外，对于蒸汽系统，在回水管上还应安装疏水器。疏水器的连接管上应有止回阀和旁通管以便于运行中的维修。为保证换热器的正常工作，在水管的最高点应设置排空气装置，在最低点应设置泄水阀门和排污阀门。

电热式空气加热器示意如图3-17所示。

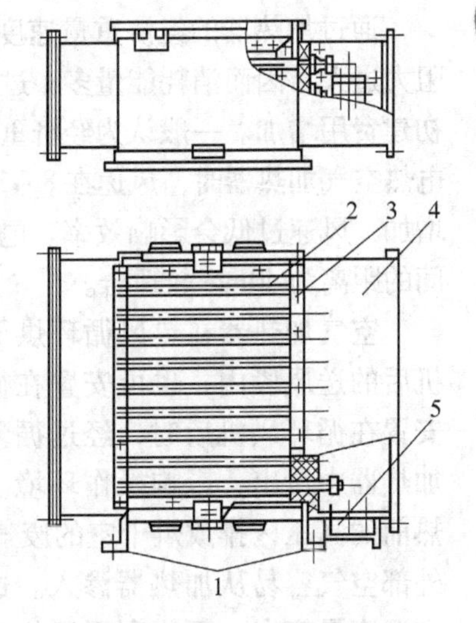

图 3-17　电热式空气加热器示意图
1—基座　2—电热元件
3—法兰　4—外壳　5—接线盒

电热式空气加热器是利用电能加热空气的装置，具有加热均匀、热量稳定、效率高、结构紧凑和控制方便等优点，因此在热风循环烘干室中应用较多。电热式空气加热器有两种基本的电热元件（换热器），一种是裸线式，另一种是管式。裸线式由裸电阻丝构成，该电加热器的外壳由中间填充保温材料和绝缘材料的双层钢板组成，在钢板上安装固定电阻丝的陶瓷绝缘子，电阻丝的排数根据设计需要决定。在定型产品中，常将电加热器做成抽屉式，使维护、检修比较方便。

裸线式电加热器热惰性小、加热迅速、结构简单，但容易断丝漏电，安全性差。所以，在使用时必须有可靠的接地装置，并与循环风机联锁运行，以免造成事故。

管式电加热器由管状电热元件组成。该电热元件是将电阻丝安装在特制的金属套管中，中间填充导热性好但不导电的材料，如结晶氧化镁等。电阻丝两端有铜质引出棒伸出管外，用来接通电源。当电流通过电阻丝时电阻丝产生热量，均匀地加热通过电热元件表面的空气。电热元件在电热空气加热器中均为错列布置。为控制方便，加热器的电热元件可分为常开组、调节组和补偿组。常开组的安装功率一般是加热器设计功率的50%～70%；调节组的作用是通过接触器或晶闸管精确控制烘干室的温度；在多种烘干温度的烘干室加热器中需设置补偿组。

电热式空气加热器安装时要求加热器与金属支架间有良好的电气绝缘，其常温绝缘电阻必须大于1MΩ。

通过加热器的经济重量速度不宜取得过大或过小。过大时，空气阻力过大，因而消耗能量多；过小时，阻力过小，但所需加热面较大，初建费用增加。一般认为经济重量速度为8～12kg/（m^3·s）。当使用电热空气加热器时，风速在8～12m/s较适合，风速过高会使压力损失增加；风速过低会影响效率。电热空气加热器的电热元件应错排，管间的距离为40mm较适合。

空气加热器在热风循环烘干室加热系统中，可以安置在循环风机后的送风段内，也可安置在循环风机前的回风段内。空气加热器安置在循环风机后时，经过循环风机的空气温较低，但热风容易从加热器中泄出，影响操作环境。在某些场合可以利用风机后空气加热前的高压区排放烘干室的废气。空气加热器安置在循环风机前时，外部空气容易从加热器渗入。这时经过风机的空气是整个热风循环中温度最高点，不能利用风机后的高压区排放烘干室废气，否则会造成大量的热能浪费。目前，采用较多的是将空气加热器安置在循环风机前的回风段内。

正确合理选择空气加热器，应首先根据涂层的质量要求、烘干室的工作温度以及加热风量，在熟悉各形式空气加热器的热工特性

和结构特点的基础上，结合现场和使用的性质进行必要的技术经济分析，选用热效率高、安全性好、体积小、易控制、易维护和造价低的空气加热器。

在加热系统中，风机的作用一是输送烘干室内的空气进入加热器进行加热，使之达到需要的工作温度；二是使烘干室内的空气在空气过滤器的作用下改善其洁净度；三是组织烘干室内的气流，提高热空气与工件涂层之间的热量传递。

通风机按其作用原理，可分为轴流式和离心式两种。热风循环烘干室加热系统通常采用离心式通风机。对于固化溶剂型涂层的烘干室，为了防火、防爆，通风机需选用防爆型产品。由于一般离心式通风机输送介质的最高允许温度不超过80℃，因此一般热风循环烘干室加热系统的通风机都需要有耐高温的特殊要求。通风机的外壳要求保温，以减少热损耗和改善操作环境。

为了防止振动，通风机以及配套电动机应采取减振措施。通常在通风机和电动机座下安装减振垫、橡胶减振器或弹簧减振器。减振器应根据工作负荷和干扰频率进行选择，必须避免共振的发生。

管路系统连接不够严密时，会产生漏风现象，因此设计空气加热系统的空气量及压力损失时，应该考虑必要的安全系数。一般采用的安全系数为：附加漏风量0～10%；附加管道压力损失10%～15%。离心式通风机的性能一般是指在标准状况下的风机性能。所谓标准状况是指大气压力$p=0.1$MPa，大气温度$t=20$℃，相对湿度RH=50%时的空气状态。而热风循环烘干室空气加热系统通风机的使用工况（温度、大气压力、介质密度等）均是在非标准状况下，因此设计选择离心式通风机所产生的风压、风量和轴功率等均应按有关公式进行计算。在烘干室的安装调试中，常常要对风机的风压或风量进行调节。设计时，可以在通风机送风管道上设置调节阀，通过调整调节阀改变通风机在管网上的工作点。在送风管道上减小调节阀开启度时，阻力增加风量减小，该装置简单，但风量的调节范围较小，而且容易使通风机进入不稳定区工作；在进风管道上减小调节阀开启度时，通风机出口后的管网特性曲线不变，因此具有较宽的风量调节范围。

(3) 空气幕装置　对于连续式烘干室，由于工件是连续通过，工件进、出口门洞始终是敞开的。为了防止热空气从烘干室流出和外部空气流入，减小烘干室的热量损失，提高热效率，除了将烘干室设计成桥式或半桥式之外，通常在烘干室进、出口门洞处或单个门洞处设置空气幕装置。

热风循环烘干室的空气幕一般是在工件进、出口门洞处两侧设置（双侧空气幕），空气幕的通风系统一般单独设置，即具有两个独立通风系统的空气幕，分别设置在烘干室的进、出口门洞处。空气幕出口风速要求适宜，一般为10～20m/s。对于烘干溶剂型涂层的烘干室，应注意空气幕通风机以及配套电动机的防爆问题。对于烘干粉末涂层的烘干室，工件的进口门洞处不能设置空气幕，这时可考虑在工件出口处单独设置空气幕。

(4) 温度控制系统　温度控制系统的目的，是通过调节加热器热量输出的大小，使热风循环烘干室内的循环空气温度稳定在一定的工作范围内。温度控制系统应设置超温报警装置，确保烘干室安全运行。

1）测温点和控温点的选择：通常烘干室温度的测量，采用热电偶温度计或热电阻温度计。常用的测温方法有单点式和三点式两种。

单点式是最简单的测温方法，将温度计插入烘干室侧面的保温护板，一般插入位置是在烘干室有效烘干区的中间，在保证不碰撞工件的条件下，尽可能靠近工件，该测温点测得的温度被认为是烘干室的平均工作温度，该测温点也用作烘干室的控温点。

三点式测温方式是将温度计Ⅰ插入烘干室的保温护板，插入方法与单点式测温方法相同。温度计Ⅱ插入加热器的前端，该测温点测得的温度被认为是烘干室的最低工作温度。温度计Ⅲ插入加热器的后端，该测温点测得的温度被认为是烘干室的最高工作温度。必须注意，插入加热器前、后端的温度计与加热器的燃烧室或换热器之间必须保持一定的距离，否则会影响温度计测温的正确性。三点式测温法的优点是可以观察到烘干室的平均温度和加热器的加热能力，能够比较全面准确地反映烘干室的实际工作情况，可以避免单点式测温法由于温度计的测温误差或故障造成的控温失常。三点式

测温法采用的控温点一般是插入加热器前端的温度计Ⅱ或插入烘干室保温护板中间的温度计Ⅰ。

2）燃料型加热器的温度控制：当使用燃油或燃气作为加热热源时，可通过调整供应燃油和燃气的阀门或烧嘴来调整燃料的燃烧量，从而控制循环空气的温度。

3）蒸汽加热器的温度控制：对于蒸汽作为热媒的热风循环烘干室，温度控制主要是通过温控仪控制蒸汽电磁阀或蒸汽气动阀的开关或开启大小，调节通过加热器的蒸汽流量大小来实现的。蒸汽作为热媒的热风循环烘干室的温度控制，也可以通过调节蒸汽的压力大小来控制烘干室的循环空气温度，但这种控温方法较少采用。

4）电热空气加热器的温度控制：电热元件一般总是接三相四线制的Y接法连接，因此电热元件接线时必须注意对电源三相的平衡，电热元件的总数应该是3的整数倍。电热空气加热器的电热元件可分为常开组、调节组和补偿组。常开组和补偿组一般在开关烘干室时，由手工启闭接触器开关，在非常情况下也能通过电气线路联锁切断，通常要求常开组单独开启时，烘干室的升温量为设计总升温量的50%～70%。调节组需通过温控仪自动控制，电热空气加热器调节组的温度控制主要有两种方法：开关法和调功法。

① 开关法。采用带控制触点的温度控制仪表，当被控参数烘干室温度偏离设定值时，温控仪输出“通”或“断”两种输出信号启闭接触器，使调节组电热元件接通或断开，从而使烘干室温度保持在一定的范围内。

位式控制过程“通”或“断”两种输出信号是在某一设定值附近的振荡过程，在控制对象和检测元件等环节的滞后及时间常数都比较小的情况下，振荡过程频率过高，易使接触器疲劳。因此要求设定的烘干室工作温度范围不能过窄，以保障电气元件的使用寿命。由此可知，开关法适用于烘干室控温精度要求不高的场合。

② 调功法。在电热空气加热器调节组接线完成后，调节组电热元件的电阻就是一个固定值。这时电热元件的功率与加在它两端的电压平方成正比，即 $P=U^2/R$。所以调整电热元件的输入电压，可以方便地调整它的输出功率，目前普遍采用的是晶闸管调压。晶闸

管调压由主回路和晶闸管触发回路两部分组成，常用的触发回路又可以分为移相触发回路和过零触发回路。

(5) 热风循环固化设备的安全与节能措施

1) 热风循环固化设备的安全措施：溶剂型（或粉末）涂层烘干室内部以及工件进、出口外 3m 的半径空间均处于爆炸危险区，必须保障烘干室内任何部位在工作状态下可燃气体（或粉末）的浓度都低于爆炸下限，其中可燃气体最高体积浓度小应超过其爆炸下限的 25%，空气中粉末最大含量不应超过爆炸下限浓度的 50%。只有当烘干室设置了可燃气体浓度报警器，报警器设定浓度在可燃气体爆炸下限的 50% 以内，而且报警器与加热系统进行联锁运行时，烘干室内的可燃气体浓度才允许高于爆炸下限的 25%，详细标准按照“GB 14443—1993 涂装作业安全规程　涂层烘干室安全技术规定”。涂层烘干室不宜采用自然通风，机械通风的排气位置尽量靠近可燃气体浓度最高的区域，对于连续式固化室，该区域一般在挂件加热 5 ~10min。

间歇式烘干室加热器表面温度不能超过工件涂层溶剂引燃温度的 80%（设置安全通风监测装置后不能超过溶剂的引燃温度），连续式烘干室加热器表面温度一般也不能超过溶剂的引燃温度。只有当烘干室采取可靠的安全保障措施时才能适当提高温度。使用机械强度不高的石英管、陶瓷管远红外线辐射器时，可在辐射器前安装保护杆以防止工件的碰撞、跌落引起火灾和触电事故的发生。电加热器与金属支架间必须有良好的电气绝缘。加热器的连线必须接触良好、连接可靠。采用燃料燃烧系统加热时，燃烧装置必须符合工业用火焰炉的有关安全技术规定。

烘干室必须采用非燃材料制造，周围禁止存放易燃、易爆物品。烘干室附近应按消防要求设置灭火装置。烘干室每立方米工作容积宜设置 0. 05 ~0. 22m^2 的泄压面积，泄压装置移动部分每平方米单位面积的质量不宜大于 12. 5kg。一般可以利用设备的门洞及啮合式结构的铺搁顶板作为泄压面积，但泄压装置的泄压面不能朝向工人的操作区域。在烘干室顶部安装加热器时，钢平台周围要设置安全栏杆，并注意循环风管、排风风管的保温，以免烫伤维护人员。烘干

室的人员进、出门需向外开设，并注意室内也必须能够开启。

烘干室应设置静电保护接地，接地电阻小于100Ω，安装电器设备的室体外壳接地电阻应小于10Ω。室体内部电气导线应有耐高温绝缘层（一般采用陶瓷绝缘子），并需要经常进行检查。

烘干室的加热系统与通风机系统必须联锁，应先起动循环通风机和排风通风机，排风量超过烘干室容积的4倍以上才能起动电加热器。电加热器关闭5～10min以后才能关闭循环通风机和排风通风机。对于燃烧加热器，通风机的延时时间需要30min左右。大型烘干室的排风管道上应安装防火阀，当火灾发生时能与循环通风机、排风通风机和输送系统一起自动关闭。

烘干室的循环通风机和排风通风机，应按固化温度和涂料类型选择耐高温及防爆等级，还应尽可能选择低噪声通风机，使操作区的作业环境噪声符合“GBJ 87—1985 工业企业噪声设计规范”的规定。

溶剂型涂层烘干室的废气需经废气净化处理后才能排放，要求排放废气符合环保部门规定的大气排放标准。有机溶剂废气的处理方法主要有活性炭吸附法、催化燃烧法和直接燃烧法。

2）热风循环固化设备的节能措施：应选择隔热效果好的保温材料，合理选择保温护板的厚度；尽可能减少设备进、出口门洞的尺寸，在场地条件许可时尽量采用桥式和多行程形式，提高室体的密封性；正确计算设备的排气风量，避免不必要的能源浪费；在满足涂层质量要求的前提下，选择固化温度较低的涂料，以整体减少固化的热损耗；合理设计输送机械和工件载具，减少设备运行的能耗；采用热效率高的加热形式和加热器，根据涂层固化的特点优化加热系统的热量分布，使热量的利用率达到最佳状态；合理利用燃烧烟气中的热量，提高燃烧式加热器的换热效率；加强设备的维护工作，使设备始终处在最佳状态下稳定运行；尽量采用两班或三班制的生产制度，增加设备的连续运行时间，减少设备升温的热损耗。

四、远红外辐射固化设备

辐射与传导或对流有着完全不同的本质。传导和对流传递热量

依靠传导物体或流体本身，而辐射是电磁能的传递，不需要任何中间介质的直接接触，在真空中也能进行。

物体中带电微粒的能级发生变化，就会激发对外发射辐射能。物体将本身的内能转化为对外发射辐射能及其传播的过程称为热辐射。热辐射效应最显著的射线主要是红外线波（波长为0.76～1000μm）。

辐射是一切物体固有的特性，所有物体包括固体、液体和气体，只要物体的温度在热力学温度零度以上就会向外辐射能量，不仅是高温物体将热量辐射给低温物体，而且低温物体也向高温物体辐射能量。所以，辐射换热是物体之间相互辐射和吸收过程的结果，只要参与辐射的各物体温度不同，辐射换热的差值就不会等于零，最终低温物体得到的热量即为热交换的差额。因此，辐射即使在两个物体温度达到平衡后仍在进行，只不过换热量等于零，温度没有变化而已。辐射与吸收辐射的能力可用黑度表示，各种物质在不同温度下的黑度见表3-5。

表3-5　各种物体在不同温度下的黑度

材料名称	温度/℃	黑度ε	材料名称	温度/℃	黑度ε
表面磨光的铝	50～500	0.04～0.06	水、雪	室温	0.96
严重氧化的铝	50～500	0.20～0.30	光面玻璃	室温	0.94
钢	300	0.64	抛光的木材	室温	0.80～0.90
镀锌钢板	室温	0.28	石棉纸	40～400	0.94～0.93
铁	500～1200	0.85～0.95	木材	20	0.8～0.92
氧化铁	100	0.75～0.80	硬橡胶	室温	0.95
铸铁	360	0.94	红砖	20	0.88～0.93
湿的金属表面	室温	0.98	各种颜色的涂料	室温	0.80～0.90

1. 影响辐射烘干的因素

在涂层辐射烘干过程中，涂层材料、辐射波长、介质、辐射距离、辐射器的表面温度以及辐射器的布置等因素，都对辐射烘干产生影响。

（1）涂层材料的影响　涂层材料对辐射烘干的影响，主要是指其

材料黑度的影响，若涂层材料的黑度大，则吸收辐射能就大；黑度小则吸收辐射能就小。黑度不仅因材料的种类而异，而且还因材料的表面形状及温度而异。对辐射烘干来说，应尽量选择黑度大的涂料。

（2）波长的影响　辐射器发射的波长长短对于被干燥物的影响很大。对于涂料，尤其是高分子树脂型涂料，它们在远红外波长范围内有很宽的吸收带，在不同的波长上有很多强烈的吸收峰。若辐射器发射的波长在远红外波长区域有较宽的吸收带，并与涂层的吸收率相符的单色辐射强度率，即辐射器的辐射波长与涂料的吸收波长完全匹配，即能够提高辐射烘干的效率与速度。但是实际上要做到波长完全匹配是不可能的，只能做到相近。对于涂料烘干，辐射器的辐射波长应处于远红外辐射范围内。

（3）介质的影响　干燥过程主要是被涂物的水分或溶剂挥发，使涂料固化或聚合。挥发的水分以及绝大多数溶剂的分子结构均为非对称的极性分子，它们的固有振动频率或转动频率大多位于红外波段内，能强烈吸收与其频率相一致的红外辐射能量。这样，不仅辐射器的一部分能量被吸收，而且这些水分及溶剂的蒸气在烘干室内散射，会使辐射器的辐射能量衰减，从而使被涂物得到的辐射能量减少。因此，这些介质蒸气对辐射烘干是不利的，应尽可能减少。另外，辐射器表面的积尘也会直接影响辐射能的传递，因此烘干室的工作环境要求比较干净，辐射器表面要定期清理。

（4）辐射距离的影响　实践证明，被加热物体吸收辐射器发射的辐射能的能力与它们之间的距离有关，辐射距离近，物体吸收辐射能量多；反之则少。对于平板状工件辐射距离可取 80 ~ 100mm。对于形状比较复杂的工件辐射距离需要放大，一般取 250 ~ 300mm。

（5）辐射器表面温度的影响　辐射器表面温度对辐射烘干有很大的影响。根据斯蒂芬 - 玻耳兹曼定律，辐射器的辐射能力与辐射器表面热力学温度的 4 次方成正比，就是说辐射器表面温度增加很少，而辐射器发射的辐射能却增加很多，提高辐射器表面的温度，能获得很高的辐射能量。

但是，根据维恩位移定律，辐射器表面的热力学温度与其辐射能力最大波峰值时波长的乘积为一常数，即峰值波长与辐射器表面

的热力学温度成反比。这样，辐射器表面的热力学温度越高，波峰值波长就越短，其趋势是向近红外线和可见光方向移动，这对涂层吸收辐射能是不利的。而且，任何辐射烘干室的传热都还伴随着对流和传导，面自然对流的传热量是同辐射器表面温度与烘干室室内温度之差成正比的，因此希望提高工件涂层在远红外线烘干室内吸收辐射热的比例，减少对流热的影响，就不能将辐射器表面温度升得过高。

选择辐射器表面温度的要求是：在满足辐射器峰值波长在远红外线范围内的条件下，尽可能升高其表面温度。按照这个要求，用于涂层烘干的远红外线烘干室的辐射器表面温度一般在350～550℃。

（6）辐射器的布置及反射装置的影响　根据兰贝特定律，物体吸收辐射能的太小与物体和辐射器的法线方向夹角的余弦成正比。因此，工件的涂层表面应尽可能在辐射器表面的法线方向上（板式辐射加热器）。对于管式辐射器，则应该安装反射率高、黑度低的反射板，使远红外线通过反射板汇聚后向工件反射，安装抛物线形反射装置的管式远红外线辐射器的辐射能力较安装反射平板的同类辐射器高出30%～50%。

2. 远红外辐射固化设备的主要结构

各种类型的远红外线辐射固化设备结构，一般都是由烘干室室体、辐射加热器、空气幕和温度控制系统等部分组成。常用的辐射加热器有电热式辐射器和燃气式辐射器。电热式辐射器又可分为旁热式、直热式和半导体式三种。

（1）旁热式电热远红外线辐射器　旁热式即电热体的热能需经过中间介质才能传给远红外线辐射层，被间接加热的辐射层向外辐射远红外线。旁热式电热远红外线辐射器，按其外形不同可分为管式、灯泡式和板式三种。

1）管式电热远红外线辐射器：管式电热远红外线辐射器（如图3-18所示）是在不锈钢管中安装一条镍铬电阻丝，以导热性及绝缘性良好的结晶态氧化镁粉紧密填充电阻丝与管壁的空隙，管壁外涂覆一层远红外线辐射涂料，当通电加热后，管子表面温度在500～700℃，远红外线辐射涂层会产生一定波长范围的远红外线。管式电热远红外线辐射器在管子背面通常安装抛物线形反射装置，抛物线的开口大小可根据工件的形状及大小设置平行、扩散或聚集射线决定，由于抛光铝板的黑度ε较小（0.04 左右）、反射率较高，因此一般采用得较多。但烘干室内的尘埃及涂料烘干时的挥发物污染，会影响反射装置的反射效率，因此要经常进行清理。若采用石英管或陶瓷管，一般电阻丝与管壁间不填充导热绝缘材料。陶瓷管一般由碳化硅、铁锰酸稀土金属氧化物烧结而成，其中铁锰酸稀土金属氧化物本身在远红外线区有非常高的辐射能力（不必在表面涂覆远红外线涂层），因此可显著提高烘干效率。

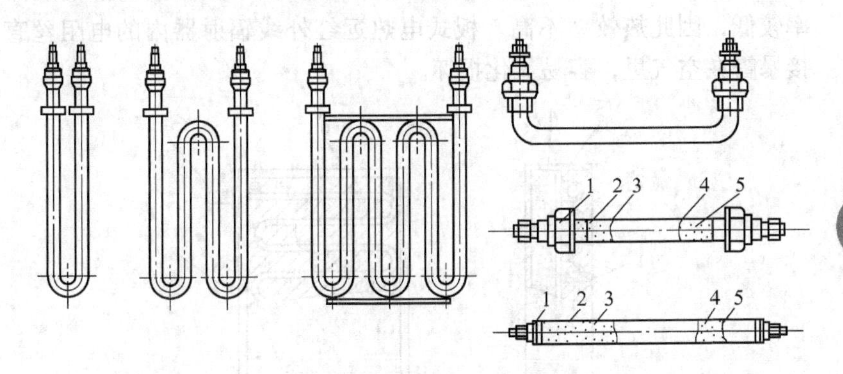

图 3-18　管式电热远红外线辐射器

1—联接螺母　2—绝缘套管　3—电阻丝　4—金属外壳　5—氧化镁粉

2）灯泡式电热远红外线辐射器：灯泡式电热远红外线辐射器（如图 3-19 所示）外形与一般红外线灯泡相似，但不是真空或充气式发热器。通常由电阻丝嵌绕在碳化硅或其他稀土陶瓷与金属氧化物的复合烧结物内制成。灯泡式电热远红外线辐射器辐射的远红外线更容易通过反射装置汇聚，以平行线方向发射。其特点是受照射距离影响较小，照射距离为 200 ~ 600mm 处的温差小于

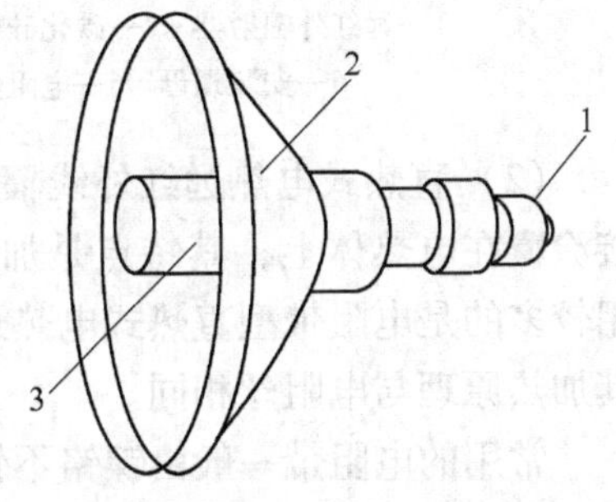

图 3-19　灯泡式电热远红外线辐射器

1—灯头　2—发射罩　3—辐射元件

20℃，因此比较适用于较大型和形状相对复杂的工件烘干，也能在同一个烘干室内处理大小不同的工件。

3）板式电热远红外线辐射器：板式电热远红外线辐射器（如图3-20所示）是采用涂有远红外线辐射涂料的碳化硅板作为辐射元件，在碳化硅板内预先设计好安装电阻丝的沟槽回路。碳化硅板的厚度一般为15~20mm，为减少辐射器背面的热损耗，一般在其背面放有绝缘保温材料。板式电热远红外线辐射器的热辐射线是垂直于其平面的平行射线和扩散射线，因此温度分布比较均匀，适用于平板状工件的烘干。但是板式电热远红外线辐射器由于其背面的热能利用率较低，因此热效率不高。板式电热远红外线辐射器内的电阻丝直接暴露在空气里，容易氧化损坏。

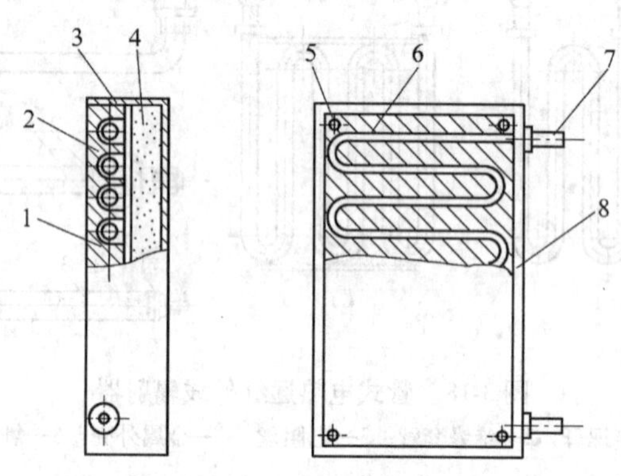

图3-20 板式电热远红外线辐射器

1—远红外辐射器 2—碳化硅板 3—电阻丝压板 4—保温材料
5—安装螺母 6—电阻丝 7—接丝装置 8—外壳

（2）直热式电热远红外线辐射器 它是将远红外线发射涂料直接涂覆在电热体上，其特点是加热速度快、热损失较小。目前，采用较多的是电阻带型直热式电热远红外线辐射器（如图3-21所示），其加热原理与电阻丝相同。

常用的电阻带一般由镍铬不锈钢制成，厚度为0.5mm左右。在其表面采用等离子喷涂法或搪瓷釉涂料烧结成远红外线涂层。电阻带本身就是电热体，远红外线涂料直接涂覆在它上面取消了中间介

质的传热，辐射器的热容量大大减少，因此减少了辐射器升温过程中本身的热消耗，辐射器升温速度快、热惰性小，适用于间歇加热的场合。

电阻带型直热式电热远红外线辐射器的缺点，是远红外线涂层与电阻带之间的附着力和受热膨胀系数的配合尚有问题，涂层容易脱落，电阻带在使用过程中热变形较大，有时容易产生短路危险，因此需要经常检查和维修。

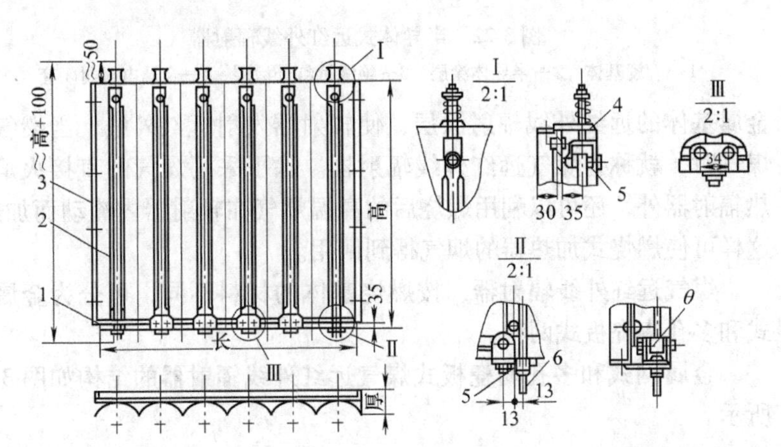

图 3-21　电阻带型直热式电热远红外线辐射器

1—骨架　2—电阻带　3—发射罩　4—拉紧装置　5—绝缘子　6—引出棒

（3）半导体式远红外线辐射器　半导体式远红外线辐射器（如图 3-22 所示）是较新型的辐射器，辐射器是以高铝质陶瓷材料为基体，中间层为多晶半导体导电层，外表面涂覆高辐射力的远红外线涂层，两端绕有银电极。通电后，在外电场作用下，辐射器能形成以空穴为多数载流子的半导体发热体。它对有机高分子化合物以及含水物质的加热非常有利，特别适用于 300℃以下的烘干室。其特点是不使用电阻丝，发热层仅几微米，而且以薄膜形式固溶于基体表面和辐射层之间，功率密度分布均匀，无可见光损失，热效率高。但辐射器的机械强度没有金属管高，使用要求比较严格。

（4）燃气式辐射器　是利用燃气燃烧时产生的高温加热陶瓷或

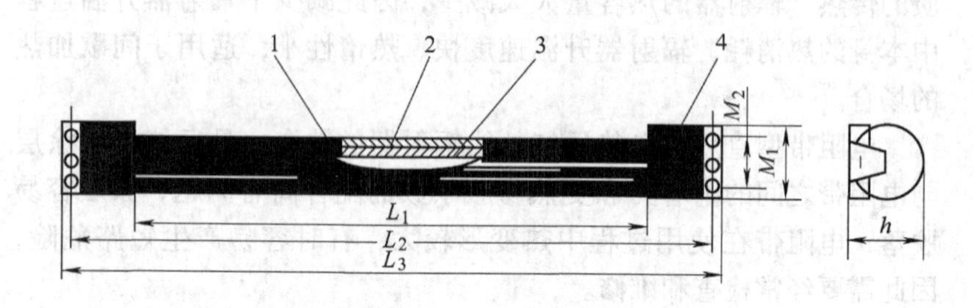

图 3-22　半导体式远红外线辐射器

1—陶瓷基体　2—半导体涂层　3—绝缘远红外涂层　4—金属电极封闭套

金属基体的远红外线辐射涂层，使辐射器发射远红外线，当燃气为煤气时，就称为煤气远红外线辐射器。除了采用煤气的直接火焰加热辐射器外，还可以利用燃烧后的高温烟气在辐射器内流动而加热，这样可使燃烧式加热器的烟气得到回用。

煤气远红外线辐射器，按燃烧基体的材料不同，可分为金属网式和多孔陶瓷板式两种。

金属网式和多孔陶瓷板式煤气远红外线辐射器的结构如图 3-23 所示。

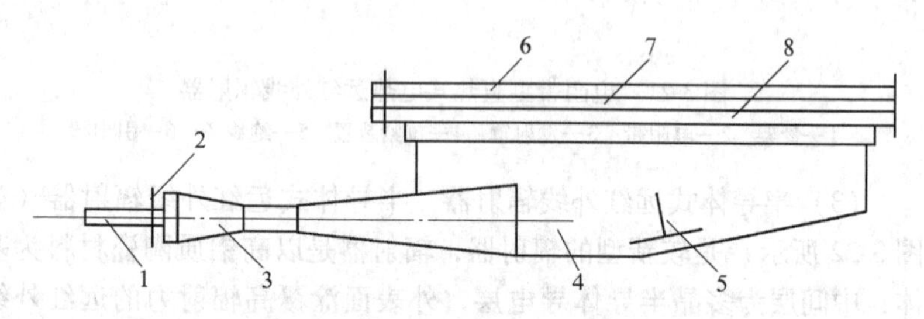

图 3-23　煤气远红外线辐射器结构示意图

1—喷嘴　2—空气调节器　3—引燃器　4—燃烧器壳体

5—气体分流板　6—外网压盖　7—外网　8—内网

煤气远红外线辐射器主要由燃烧器喷嘴、引射器、混合分配板、反射罩、点火装置和外壳等组成。其工作原理是利用煤气喷嘴的煤气射流引入助燃空气，煤气和空气在引燃器中充分混合，然后进入燃烧器的壳体中间，再均匀地压入燃烧器头部的小孔向外扩散。混

合气体点火后在两层网面间（或多孔陶瓷板上）形成稳定的无焰燃烧，网面温度迅速上升至800~900℃，赤热的金属网（或多孔陶瓷板）向外辐射红外线，燃烧的总热量中约有50%能量转化为红外线辐射热。由于金属网式或多孔陶瓷板式煤气远红外线辐射器表面温度很高，其总的辐射能量较电热式辐射器大得多。一般煤气远红外线辐射器的辐射能量为3.35~4.19J/（m^2·h），而电热式辐射器的辐射能量仅为0.42~1.26J/（m^2·h）。但金属网式或多孔陶瓷板式煤气辐射器的红外线波长比较靠近远红外线区（2~4μm），为了加大辐射光谱中远红外线的份额，必须采取以下一些措施：一是控制金属网或多孔陶瓷板面的燃烧温度，根据维恩位移定律，峰值波长与辐射器表面的绝对温度成反比，因此降低燃烧面温度可以使辐射线波长向远红外线区移动；二是可以在金属网或多孔陶瓷板前面放置涂覆远红外线辐射涂层的陶瓷板或金属板，利用辐射涂层改变峰值波长。必须注意的是无焰燃烧并不是没有火焰，而是火焰较短，不易被肉眼发现，因此火焰稳定性较差，需要注意防止回火。

（5）远红外线辐射材料　化学元素周期表第2、3、4、5周期的大多数元素（多为金属）的氧化物、碳化物、氮化物、硫化物及硼化物等，在加热时均能不同程度地辐射出不同波长的红外线。各种远红外线涂料的组成及波长范围见表3-6。

表3-6　各种远红外线涂料的组成及波长范围

涂料系名称	主要成分	温度/℃	辐射波长范围/μm
钛-锆系	TiO_2，ZrO_2 +（MnO_2，Fe_2O_3，NiO，Cr_2O_3，CoO等）	450	5~25
黑化锆系	ZrO_2，SiO_2 +（MnO_2，Fe_2O_3，NiO，Cr_2O_3，CoO等）	500	>5
氟化镁系	MgF_2 +（TiO_2，ZrO_2，NiO_2，BN等）	450	2~25
铁系	Fe_2O_3	450	3~9
氧化钴系	Co_2O_3 +（TiO_2，ZrO_2，Fe_2O_3，NiO，Cr_2O_3）	450	1~30
氧化硅系	SiO_2 +金属氧化物、碳化物、硼化物	450	3~50
碳化硅系	SiC +少量金属氧化物	450	1~25

远红外线辐射涂料的涂覆方法有：手工涂刷法、复合烧结法和等离子喷涂法。采用手工涂刷的远红外线涂层3~6个月就开始剥落，辐射效率大大降低。后两种方法使用寿命较长，但1年或更长些时间后辐射效果也会明显下降，这时需要更新辐射涂层。

比较理想的方法是将这些金属氧化物或碳化物与陶瓷材料烧结在一起，并使烧结物具有稳定的工作性能，可延长辐射器的使用寿命。

(6) 辐射器的布置　辐射器在烘干室内的布置，应使工件涂层的各个面受热均匀。由远红外线辐射烘干室烘干的特点可知，烘干室内布置辐射加热器的原则是：由下而上数量递减。尽量保证工件涂层同时加热。一般高度超过1.5m的烘干室，沿高度方向分为三个区，下区辐射器的功率为总功率的50%~60%，中区为30%~40%，上区为5%~15%。

由于工件涂层吸收辐射能的大小与受热面和辐射器之间的距离平方成反比，因此辐射器不能距离工件过远，常用的距离为120~300mm。

3. 通风系统

辐射烘干室的通风系统主要作用有两个：一是确保溶剂型涂层烘干室内可燃气体最高体积浓度不能超过溶剂爆炸下限值的25%。二是排除烘干室内的水蒸气，以减少水汽对辐射能的吸收。

4. 温度控制系统

温度控制系统的目的，是通过调节辐射器热量输出的大小，使工件涂层的温度稳定在一定的工作范围内，温度控制系统应设置超温报警装置，确保烘干室安全运行。

(1) 测温点和控温点的选择　通常烘干室温度的测量采用热电偶温度计或热电阻温度计。一般远红外线辐射烘干室常用的测温方法为单点式，将温度计插入烘干室有效烘干区中间侧面的保温护板内，注意不宜安置在辐射器附近。该测温点测得的温度被认为是烘干室的平均工作温度。该测温点也用作烘干室的控温点。

（2）煤气式辐射器的温度控制　当使用煤气式辐射器时，可通过调整供应煤气的阀门或烧嘴来调整煤气的燃烧量，从而控制辐射器表面温度，调节辐射能量。

（3）电热式辐射器的温度控制　远红外线辐射器均配置有接线头，可直接与电源线的接线盒或汇流排连接。在安装功率较大的场合，一般在烘干室的侧面安排铜排供电，铜排上需设保护罩。在接近烘干室或烘干室室内的接线需使用耐热电线。电线与辐射器间以陶瓷（或其他耐高温的）绝缘子绝缘。电热式辐射器接线时必须注意对电源三相的平衡。通常将烘干室安装的辐射器分为常开组、调节组和补偿组。常开组和补偿组一般在开关烘干室时由手工启闭接触器开关，在非常情况下也能通过电气线路联锁切断，通常要求常开组单独开启时，烘干室的升温量是设计总升温量的50%～70%。调节组需要通过温控仪自动控制。调节组的温度控制主要有开关法和调功法两种方法。

五、远红外辐射对流固化设备

远红外辐射对流固化，是将辐射和对流两种换热形式相结合的固化方法，它保留了辐射加热的加热速度快、固化时间短、涂层固化质量好的优点，通过对流解决辐射固化方法中烘干室温度不均匀、溶剂蒸气排放速度慢、复杂工件涂层固化速度不一致等缺点。

复习思考题

1. 什么是固化？
2. 简述何为非转化型涂料及其分类方法。
3. 什么是转化型涂料？
4. 涂膜的干燥、固化方法有哪些？
5. 根据加热固化的方式，烘干可分为哪几种方法？
6. 简述热风对流式固化的原理。
7. 简述涂膜在烘干室的整个固化过程中的升温段、保温段和冷却段的含义。
8. 简述固化设备的分类方法。

9. 简述固化设备选用的基本原则。
10. 简述热风循环固化设备的一般设计原则。
11. 简述影响辐射烘干的因素。
12. 简述介质对辐射烘干的影响。

第四章

涂装生产过程中的输送设备

培训目标 了解国内外涂装运输设备的应用情况，滑橇输送机和反向积放式输送机的应用对比。滑橇输送机的组成、功能、作用以及滑橇输送机的设计和使用中应注意的问题。普通悬链输送机、推杆悬链输送机、自行葫芦和程控行车、全旋反向输送机、多功能穿梭输送机的结构和输送特点。

第一节 滑橇输送机

涂装输送设备主要用于批量大的涂装生产中，以汽车车身涂装为例，为提高汽车车身的涂装质量，防止输送机械的油污及尘埃滴落在车身表面，从涂装工艺过程的电泳底漆烘干工序开始，目前已由悬挂式输送方式改为地面输送方式。

最早采用水平或者垂直输送的普通地面链，随着输送技术的进步和适应工艺灵活性的需要，现已改用地面反向积放式输送机和滑橇输送机。采用何种地面输送机械在国际上有两种倾向，日本企业认为地面反向积放式输送机简单、控制少、造价较低，汽车车身涂装的地面输送还是以该机为主流（含国内与日方合资的企业）。欧美企业看重滑橇输送机的特性和工艺灵活性更好等优点，在华合资和引进的汽车车身涂装生产线，都采用滑橇输送机，不仅供汽车车身涂装用，还为汽车塑料保险杠涂装设计装备了轻型滑橇输送机。目

前，在国内汽车车身涂装车间的工艺设计中经过对比，现已普遍采用滑橇输送机。

一、滑橇输送机的特点

滑橇输送机系统靠滑橇来实现工件运输，其特点如下：

1）能适应多变的工艺要求，可把一线上滑橇与工件按工艺要求分成两线、三线，或将两线、三线合并为一线输送等，分流、合并均比较方便。

2）按工艺需要在同一线上可改变运送间距，即在同一生产节拍下实现不同间距与链速的匹配。例如喷漆区和烘干区的运送间距可以不等。

3）可设置储存线，供午休或下班时设备排空用，以保证各条涂装线的不间断生产。

4）滑橇输送机系统可以利用升降机垂直升降，实现多层立体空间布置，能满足 H 字形烘干室的需要。

5）空滑橇可以实现堆垛储存，每垛可以放置 3 ~ 5 个滑橇，从而可以大大减少空滑橇储存线的数量及占用面积。

6）按工艺需要，滑橇与工件可离开主线从输送系统中取出，满足质量抽检和离线处理（例如修补）的需要。

7）滑橇输送机系统设备均可安置在地面上，无地下工程，从而可降低土建费用。

8）与地面反向积放链相比，同一规模的汽车车身涂装车间，采用滑橇输送系统的占用生产面积少，且空间利用率高。

上述 2）~7）项的特点是地面反向积放式输送机所不及的。滑橇输送机和地面反向积放式输送机的性能对比见表 4-1。

二、滑橇输送机的结构

滑橇输送机系统是由滑橇、驱动滚道、升降机、横向转移机等 10 多种基本单元组成，其结构、功能和用途见表 4-2。

在国内汽车车身涂装车间的工艺设计中，虽然都认可选用滑橇输送机系统替代地面反向积放式输送机，但在咨询活动中常发现应

用滑橇输送技术做出工艺平面布置不理想，线路偏长，占地面积偏大，车间空间利用率低，滑橇输送机基本单元的功能未能充分利用和发挥，这可能与设计者头脑中残留着采用地面输送链那种平铺的设计观念以及对采用滑橇输送系统的工艺布置技巧掌握不够或未充分研究等有一定的关系。

根据作者对引进滑橇输送系统布置技巧的研究和主持多条汽车车身涂装工艺设计的体会，涂装工艺设计和机械化输送设计人员，应从以下几个方面研究、开发和掌握滑橇输送机工艺布置技巧，即可获得线路长短适宜、单位面积（占地面积）产出量高、车间空间利用率高、投资少等经济技术指标最佳的工艺设计。

1）应根据工艺要求，认真研究滑橇输送工件（汽车车身）实现每道工序的运行动作及轨迹，消除一切无效的动作，研究一次到位和一机多用的技巧。滑橇输送技术灵活多样化，不像地面反向积放式输送机的工艺小车与工件沿线路轨道运行（向前、爬坡、下坡、转弯、分流、分岔等）那样单一，要发挥每个基本单元的功能及作用。

2）应充分利用滑橇输送机的功能和平面布置自由度大的优点，缩短设备长度，提高单位面积（占地面积）产出量和车间空间利用率。

3）应充分利用厂房长度和滑橇输送机基本单元的功能，在生产节拍和功能许可的条件下，尽可能一机多用，物流应尽量同向运行，尽量减少转运环节，尽可能减少横向转移和升降机组，以降低造价和减少故障（控制）点。

4）排空储存线路最好设在主线路外（如果利用返回线的快速积放链例外），缩短主线路，降低运行成本，各线的排空储存量只要稍高于或等于该线占用的滑橇与工件数量即可。空滑橇储存量应考虑全线排空和成品件都发出后的量，如果储存线占地面积大，应考虑采用空滑橇的堆垛技术。

5）横向转移可采用横向转移输送机，横向转移小车和转角驱动滚道或回转驱动滚道等方式来实现，应根据横向转运频率、转运距离、分线或合线的多少、造价等因素选择，但在节拍许可的条件下

尽可能用转运小车来代替横向转移输送机，因为转运小车制造费用较低。

6）滑橇输送机系统设计参数的选择

① 基本尺寸的选择。滑橇的尺寸决定于工件（汽车车身）的尺寸，滑橇尺寸一旦确定，输送机系统设备的基本尺寸大部分均可确定。其中比较成熟的尺寸关系见表4-3。

② 滑橇输送机系统基本设备的运行速度是根据工艺要求进行计算确定的，即间距/生产节拍＝链速（m/min）。（例如，喷涂作业区的汽车车身间距为6.5m，烘干室中的间距为5.0m。当生产节拍为1.6min/台时，喷漆速度（$v_{喷}$）＝6.5m/1.6min＝4.1m/min。烘干速度（$v_{烘}$）＝5.0m/1.6min＝3.125m/min。）运输用设备的运行速度基本上是比较固定的（见表4-2）。

表4-1　滑橇输送机和地面反向积放式输送机的性能对比

序号	项　目	内　容	滑橇输送机性能	地面反向积放式输送机性能
1	车身载体	基本机构	焊接结构，车身支承附件可装卸，机械加工量少，必要的精度易于实现，没有可动零件	承载车身的工艺小车至少有几个滚轮，需安装积放装置及联系杆等附件，小车上有许多可活动零件，外形高，机械加工量大，装配均较复杂
		作业区的使用	没有附加的要求，只需能通过滑橇和工件	作业区内在长度和横向上为稳定运行，需要设置导向滚子和轨道
		喷漆室内的运行	没有附加要求，只需能通过滑橇和工件	防止漆雾落在工艺小车上，需要安装特殊的防漆雾装置
		烘干室内的运行	没有附加要求，只需能通过滑橇和工件	由于高温，整个系统的工艺小车都必须安装耐高温的滚子轴承
		储存功能	滑橇顶着滑橇，有在链条上储存的功能	工艺小车在输送链上储存和松开均需特殊的装置
		空滑橇的储存	空滑橇可以堆垛2、3、4层存储	工艺小车无法堆垛储存

（续）

序号	项　　目	内　　容	滑橇输送机性能	地面反向积放式输送机性能
2	垂直升降或运动性能	垂直运动方向	用升降机，可垂直升降	正常情况下，用倾斜段来升或降，在特殊场合也可用附加运送装备的升降机来升降
		升降机所需空间	在不同标高，最小开孔尺寸均为5.5m（沿运送方向）	输送链倾斜段的长度至少要16m
3	横向水平运送	水平运送功能	利用横向安装一输送机（带可升降工作台）或可移动载荷小车，可实现水平运送或90°回转（转向）	只能大回转
		所需空间	沿输送机方向横向最小空间需要量约5.5m	沿输送机方向大约需要15～17m，需要2～3处空间
4	水平U形回转	功能	可用横向转运输送机和两台升降工作台或带180°回转装置的可移动小车来实现水平U形回转	有水平U形回转功能
		所需空间	线与线之间的中心距离为2.5m	线与线之间的中心距为4m，转弯半径大
5	车身的运送间距（挂距）	作业区段	车身进入作业区段的运送间距可根据需要来确定，并可改变软件程序来予以调整	车身运送间距是固定的，若要改变，则改变和重新改制主输送链条上的推杆间距
		烘干室区段	车身运送间距可缩短，仅为滑橇长度，因而可以缩短烘干室的长度	由于要考虑倾斜升降轨段和水平U形回转区段，故车身运送间距大，因而所需烘干室较长

（续）

序号	项　目	内　容	滑橇输送机性能	地面反向积放式输送机性能
6	耐用性和使用寿命	主传动装置电器的比较	因电气标准元件数量多，故价格较高，但因运送区段短，所需功率较少	电气价格较前者便宜，但主传动装备的功率较大
		气动元件的比较	在整个输送系统可不使用气动装置	在停止器、道岔等处使用气动装置，须附加铺设气动管道
		元件的耐用性和使用寿命	使用10年的结果证实，传动装置和电动机多数无变化，耐用性好和寿命长	与滑橇输送机相比，传动装置少，可运动元件较多，二者相互抵消
7	其他特性	脱离和进入作业区（主线）	利用转运小车很容易实现脱离和进入主线	脱离（作业区）主线很难实现，反过来操纵不可能实现
		改变方向功能	改变方向输送是可能的，仅需改变输送机的运行方向	不能改变输送方向，受储存和积放功能的基本结构所限
		电气控制	由于电控元件数量增加，并有较高的要求	由于电控元件数量少，要求较低
		输送系统的高度	在没有的坑的情况下其高度为500m	在没有的坑的条件下其高度为800～950mm
		人口和维修通道、过桥的可行性等	可行，实现起来简单	横向穿越同一标高没有可能
		滑橇和车身从系统中取下	在整个系统中，利用手动滑车和起重葫芦几乎在任何一处均可取下	车身可用其中葫芦从线上取下，载荷工艺小车则不可能，必须运送到输送机系统中的修理支线才能取下

注：对比的基本条件和前提是，在一个滑橇或工艺小车上可运送不同形式的汽车车身，汽车车身的最大长度为4700mm，积放间距约为5000mm。

表 4-2　滑橇输送机的结构、功能和用途

编号	基本单元名称	结　　构	功能及作用	备　　注
1	滑橇	滑橇底架、支承托架可焊接而成，按需要可安装锁紧装置	它是系统中的运载工具，用来承载工件	高级滑橇安装有黑匣子
2	驱动辊道	由传动装置、托辊、支承框架等基本部件组成，驱动辊道的高度为 500mm	1）它既可以起输送作用，又可起停、储作用 2）作为出入口输送段起承前启后的过渡作用 3）作为升降机、偏心升降工作台、转运小车、回转装置等基本单元上的标准部件	速度一般为 24m/min，作为工艺链前后的出入口输送段时，有高速（24m/min）和低速（6m/min）两种
3	单辊	由单一托辊轴、传动装置和支承装置组成	单辊轴一般放置在两个标准输送设备之间作为过渡用	速度一般为 24m/min，作为工艺链前后的出入口和输送段时，有高速（24m/min）和低速（6m/min）两种
4	偏心式升降台	由回转轴、曲柄、凸轮、框架组成	框架上安装驱动辊道成为可升降驱动辊道，放置在转移输送机中间，升降行程为 80mm	升起后最大高度为 500mm，转移输送机高度为 480mm
5	横向转移输送机	由传动装置、拉紧装置、牵引链条、链条辊道等部件组成	一般与可升降驱动辊道、驱动滚道等联合布置，用途很广，起横向转移，可按工艺需要，起分流合岔作用，可连续运行，适用于两线间距大的场合	这是一台间歇运动式设备，推荐速度为 12m/min

（续）

编号	基本单元名称	结　构	功能及作用	备　注
6	转角驱动辊道和回转驱动辊道	回转轴承座、回转行驶用传动装置、支承轮和行驶辊道等组成	供改变滑橇与工件的运行方向，如转角、掉头之用，以满足工艺要求	转动支点在驱动辊道一端，90°的转角驱动辊道，支点在中间则构成180°可回转驱动辊道
7	转运小车和可移动驱动辊道	转运小车由传动装置、行走轮、行驶轨道等组成	用于两条线或多条线之间的转移过渡之用，与横向转移输送机的功能相同，仅适用于短距离运送	在转运小车上安装驱动辊道，即成可移动驱动辊道，转运小车的运行速度为24m/min
8	可积放链式输送机	由传动装置、链条、轨道、托辊轨道、拉紧装置及索引链条等标准部件组成	一般作运输、排空储存之用。为单排链式输送机的一种形式	可积放输送机的运行速度较快，通常为12m/min
9	单排工艺链式输送机	也是单排链式输送机的一种，分为高温、常温用	用于涂膜、打磨、漆前准备工位，PVC、中途和面漆烘干室、检查、修饰线等工艺过程	支承牵引链条的方式与可积放链不同（用托滚）
10	高温用双排工艺链式输送机	返回链放置在烘干室外的保温沟槽中	供电泳烘干室用	双排链输送较平稳
11	喷漆室用双排工艺链式输送机	使用C字形托架支承滑橇，每隔960mm放置一个	喷漆室中专用，并有封闭，安装在有漆雾沾污牵引链条的结构中	传动装置采用万向联轴器连接，安置在喷漆室外
12	升降机	由立柱、升降滑架、传动装置、安全链条、平衡重块、驱动辊道等标准件组成	按工艺需要，将工件与滑橇从低到高或从高到低运送的升降作用。按所处环境，可分为常温升降机、高温升降机两种	升降速度：常温升降机行程在6m以下时为24～6m/min，常温行程在6m以上或高温下时为36～6m/min
13	滑橇堆垛机和滑橇卸垛机	由剪式升降机驱动辊道和可回转支座装置联合构成	使用滑橇垛的场合，可减少空滑橇的储存面积，一般可堆放4层滑橇	—

表 4-3　汽车车身、滑橇和基本驱动辊道的尺寸关系

车型名称	车身尺寸			滑橇尺寸			基本驱动辊道尺寸	
	长/mm	宽/mm	高/mm	长/mm	轮距（宽）/mm	支承臂宽/mm	轮距（宽）/mm	长度/mm
A 型	4638	1814	1421	4900	700	1600	700	5000
B 型	4550	1750	1275	4900	700	1600	700	5000

注：支承臂宽系允许的最大宽度，若工件（汽车车体）的支承点宽度大于 1600mm 时，为保持稳定性，可适当增加滑橇和驱动辊道的轮距。国内目前有 700mm、900mm、1100mm 三种轮距可供选择。

第二节　普通悬链输送机

在现代化的汽车涂装生产线中，机械化输送机是涂装生产的动脉，它能够输送工件实施涂装工艺，其平稳、可靠地运行对保证产量和涂层质量起着重大作用。目前，虽然很多种输送机可以应用于涂装车间，但是在汽车产品的电泳涂装中，以悬挂方式输送工件的普通悬链输送机、推杆悬链输送机、自行电葫芦和程控行车被广泛应用。

普通悬链输送机主要由驱动装置、张紧装置、回转装置、架空轨道、牵引链条、滑架、吊具及安全装置组成。一般用于连续式生产的涂装生产线（如图 4-1 所示）。

输送机的重要部件悬链的型号选择，一般要依据链条的拉力、系统长度、驱动力、工件质量和工件水平及垂直弯轨的通过性等来确定。大型的普通悬链一般可以承受每挂具 550kg 的质量。可以通过使用组合挂架来提高系统的装挂质量，从而可以使装挂质量提高 2 倍甚至 4 倍。

为了防止对涂装前预处理、电泳槽液的污染和防止污物滴落到工件上，可将 C 形吊具应用于系统中，以便安装接油盘来收集从轨道或链条滴落的油污。

普通悬链的控制系统，包括与涂装设备的连锁、驱动站连锁、

图 4-1　普通悬链输送机

运行报警装置、急停按钮等设备。为了安全，可在较长的弯段设置限制器，以防输送链断裂。如果需要安装多个驱动装置，则必须有驱动力配平装置。

由于采用普通悬链输送机输送工件要求环形链条有固定的运行轨迹，固定的吊具要求安装在中心线上，这就导致在连续式输送工件通过涂装生产线的各工序时不能拥有多种速度去适应不同的处理工艺要求；不能手动或自动地在两条输送链间实现工件转挂；工件只能在全线停止运行的情况下停止运行；工件在处理槽的进出口必须有垂直弯段，因而会占用很多场地面积。因此，虽然普通悬链输送机是一种较为经济的输送设备，但是目前已很少用于汽车车身涂装的输送，多用于汽车零部件的涂装生产线中。

工字型钢普通悬链是锻造的，链条设计成非铆接结构，在人工安装时不需要专业工具，链节的尺寸为 3in、4in 和 6in。这种系统可以提供比轻型悬挂链更大的负载，但是要复杂一点。这种型式的悬链可以使用很多附件，具有对各种吊具更好的适应性。

工字型钢悬链吊具的负载比轻型悬链更大，允许用于中等程度的重载。它的单驱动长度比轻型悬链要大一些，可以使用更大的回

转半径，链条和吊具暴露在预处理环境中，可以使链条和C形吊具得到保护。由于拥有额外的水平回转导辊、松弛链条及其润滑，因而该系统需要更细致的检查日常维护。

实践证明，在输送质量较轻和长度较短的工件时，采用轻型悬链输送机是比较经济的。

轻型悬链输送机的轨道有很多种型式，从横截面看有圆管形、矩形（如图4-2所示）。该系统被限制在每个驱动站负载最大550kg的条件下，负载的节距最小为6~8min。依据链条的情况，每个吊点的单个吊具负载在15~80kg。比较大的系统在安装有工字型钢边板的情况下，单个吊点的负载可以达到100kg，单驱动负载可以达到450kg。对于轻型悬链，由于链条和滚轮安装在轨道内部，允许为操作者提供几个固定的保险装置，因其内部已经含有侧向导向轮，所以不需要在弯轨处设置额外的导向辊。

图4-2 轻型悬链输送机

轻型悬链输送机不适用于很大的负载，根据水平回转和垂直回转的数量，每个驱动站最大的负载长度在244~300mm，依据链条制造的情况，最大可装挂270~360kg的负载，因此需要多个驱动装置。

第三节　推杆悬链输送机

为满足现代化的连续式涂装生产要求，克服普通悬链的局限性，推杆悬链输送机已被大量应用于汽车车身的电泳涂装中。与普通悬链输送机相比，推杆悬链输送机具有更多的功能，例如可实现自动转载、变节距运输、快速行走、积放储存等，可减少涂装生产线的占地面积，使生产运输更为灵活（如图4-3所示）。

图4-3　推杆悬链输送机＋C形吊具

推杆悬链输送机具有双层轨道，上层为安装有牵引链条的牵引轨道，下层为载荷小车行走的载荷轨道。载荷小车通过牵引链条上的推钩或推杆拨动而运行，可以从快速链转运至慢速工艺链上，将工件切换至不同的线路（例如多色涂装操作的分组、安排比较大的工件转至辅线，以获得更多的处理时间或进入缓冲储存区）；进行上下件的转换或释放吊具；停止某些工件的运行而不影响其他工件的运行；在涂装车间内具有不同的运行速度，来满足工艺要求时间和设备长度方面的变化。推杆悬链输送机还可以通过坡段实现运行高度的变化，通过升降段来实现垂直高度的变化（例如实现在电泳槽

中工件的提升，或用于其他工艺槽的浸渍处理，转移工件到其他高度的工件储存线或其他工作场地等）。

推杆悬链滑架的尺寸视被采用的系统而定。对于一个 4in 的系统，单个滑架可以承载 567kg 的负载，两个滑架可以承受1134kg 的负载。如果使用 4 个滑架可以达到 2268kg 的负载。滑架的数量取决于工件的外形尺寸、质量、吊具的结构和间距等因素，其目标是使用较小吊具间距，尽可能低的链速来完成输送工件的任务，从而使涂装设备的长度尽可能低。

根据电泳涂装生产的特点，不允许工件停留在设备之中，以防止生锈或过烘烤。推杆悬链输送机可以自动完成对工件的缓冲储备。对于下班后工件的储存有两种方法：一种方法是建立缓冲区，如果是受面积限制或节省储备链投资，也可按工件的缓冲量满足涂装车间在晚上下班时延长半个小时的工作时间、第二天上班迟后半小时的储存量进行设计。另一种方法是提供储存库，它能提供和缓冲区相同的功能。

建立缓冲区还可以避免两个相邻工序间的冲突：如果必须停止运行进行自动或人工装卸工件，或者是进行遮蔽，推杆悬链输送机可以对工件进行积放，同时不影响生产线继续运行，消除时间上的浪费。这是很重要的。因为每个系统都存在需要延长工作时间、出现输送瓶颈的可能性，所以必须有对冲突的缓冲能力。当某个工序或设备出现问题不能工作时，缓冲区可以保证全线按既定的节拍运行，这会降低产量的损失。推杆悬链输送机还可以根据颜色或产品种类等编组站的要求，自动选择需要输送的工件。

推杆悬链输送机储存工件有两种方式：长且宽的工件可以用斜置积放的方式进行储存；比较宽的工件不适宜使用斜置积放，可以利用直线进行积放。

对于工件转载，如果在上、下件区可考虑使用机器人，但必须要将所有工件的参数提供给机器人的控制系统。例如，每种工件的年总重量，工件的尺寸，每挂工件的数量，上件点工件的供应型式，下件后工件的输送型式等，以便决定机器人的配置和数量。根据推杆悬链输送机的链速，在上、下件的区域安装停止器。如果在转挂

区考虑使用机器人，若把工件和吊具转挂至其他输送链上，在设计转挂机构时要避免在线间进行转挂时可能导致工件损坏。另外，也可以考虑通过吊具或吊具上的活动部件，通过链条或辊道将工件从空中悬链转移到地面输送链，然后活动部件再回到推杆悬链输送机。

虽然推杆悬链输送机具有多项功能，但由于需要较多的驱动和拉紧、停止器、开关和双倍的链条等缺点和需要额外的轨道来储存工件，因此导致推杆悬链输送机的造价要比普通悬链输送机要高得多。另外，因为有较多的运行部件，要求更高层次的维护保养。起动时间较长是由程序引起的，每个系统的设计都针对特定的产品和应用。工程系统的复杂是由于多角度的全盘考虑和控制的复杂性，有的场合需要对系统进行模拟。与普通悬链输送机不同，组件是不能互换的。然而对于这样一个功能全面的系统，具有高度的柔性，如果保养恰当，它能提供高达98%的利用率。

第四节　自行电葫芦和程控行车

对于间歇式涂装生产，可以选择自行电葫芦和程控行车输送系统。

自行电葫芦是通过安装在轨道上的滑触线提供行走电动机和升降电动机的动力，实现在工序间的移动以及吊具的升降。吊具可实现在摆动及垂直出入槽的动作。如有需要，为了更好地排水，吊具可在进入处理槽后进行摆动。轨道依然是平直的，但是吊具可以进行升降运动。如果一个自行电葫芦出现故障，可用另一个自行电葫芦将故障电葫芦送维修段维修。自行电葫芦可以通过一个小的空中弯轨来改变方向，其占用空间比推杆悬链输送机要小得多。自行电葫芦的行走速度可以达到36m/min，可以实现快速前进并在停止前减速以减少窜动，如图4-4所示。

由于涂装前预处理、电泳涂装工艺中有一个或多个浸渍过程，自行电葫芦和程控行车输送系统可使工件垂直进、出处理槽，此时的槽子尺寸仅比工件在槽内的运行空间稍大即可，这样就可降低设备投资和运行成本，较少占地面积。减少处理槽体积的另一个优势是降低涂料和化学药品的首次投槽使用量，以及如果发现处理槽受

图4-4　自行电葫芦系统

到灾难性污染时，较小的槽子会降低更新成本及浪费。虽然在使用过程中涂料及化学药品的消耗量是相同的，但是在一开始就有可观的节约效果已经被人们所认识和要求。我们可以在准时化生产方式中做一下对比，准时化生产要求原材料的供应量最小化，以降低资金的占有量。

自行电葫芦和程控行车输送系统，可以采用挂具组合的方式实现大、小件混流生产，提高生产线的利用率。例如，车架总成与底盘小件混流进行电泳涂装就是一个很好的例子。槽体按照最大通过工件尺寸（车架）进行设计，而对小工件的挂具按车架挂具的通过尺寸以两个或多个为一组组合进行装挂，同时可以对一些影响装挂节拍的小工件在辅助区事先组合转挂到专用挂架上，再送往涂装生产线进行组合装挂，以满足涂装生产线生产节拍的要求。

自行电葫芦和程控行车输送系统，可以在涂装生产线上实现多种颜色的电泳涂装。

第一种方法是按顺序将两种颜色的电泳漆及其后冲洗进行排列（颜色1，清洗，清洗，清洗；颜色2，清洗，清洗，清洗）。颜色较浅的安排在前面，颜色较深的排在后面。这样可以将由工件带液对

后续颜色的污染降至最小。如果某种颜色对其他颜色的污染比较敏感，可以安装防护盖，在不工作时将其盖上。这样设计的系统可以在不影响产量的情况下，进行任意颜色的排产。

第二种方法是将两种颜色的电泳槽并行放置。两种颜色的电泳槽体，包括相关的辅助设备都安装在可移动的平台上，例如，袋式过滤器、超滤设备、换热器、阳极系统等。当需要换色时，通过平台的移动将现有颜色的电泳系统转移到等待位置，同时将需要的颜色转移到工作位置。

由于工件电泳采用垂直升降的模式，因此可设计成工件入槽后软起动的通电模式，即工件完全侵入电泳槽后通电并逐渐升至工作电压，可有效避免阶梯痕迹，同时控制系统可以自动调整电压以便更好地满足工艺要求。通过电压自动控制系统，可以防止涂装不足或涂装过度，根据资料介绍，在每年涂装面积大体固定的情况下可以节省20%的涂料。为了满足特有的涂层要求，有些系统可以延长节拍，以便提供更多的浸渍时间来获得更厚的涂膜。

程控行车采用可编程提升系统（如图4-5所示），依靠独立的提

图4-5　程控行车采用可编程提升系统

升机构，按照事先编好的程序完成各种动作，对于喷淋和浸渍处理程序是通用的，可以对工艺时间、进出口速度、沥水时间作全方面的优化。系统可以通过编程，来满足化学品及涂料供应商对工艺时间和处理温度的要求。例如设置一个或两个方向的倾斜来保证沥水效果以及在浸渍过程中消除气室；在槽子上方进行沥液，减少工序间的输送距离；在同一条生产线实现多种工艺的生产；通过速度的控制和各种动作的优化，提供垂直及水平方向上的精确输送。这种系统对于多道浸渍处理是很理想的，能够满足多重任务的高柔性化需求。提升系统可以为多工艺流程进行编程，也可以与其他型式的输送系统结合起来满足平面规划的要求。

自行电葫芦系统由于对烘干室的适应能力差，当烘干温度高于120℃时，需要将工件从电动单轨小车上卸下转载到其他的输送机上进行烘干。

程控行车系统在工件进行电泳烘干前一般也需要进行转载。另外在一般情况下，工件通过涂装前预处理电泳过程需要三台以上程控行车进行工作，因此对各工序之间的转接一定要保证准时、准确及安全可靠。

第五节　全旋反向输送机

全旋反向输送机（RoDip 输送机）是一种新型的涂装前预处理电泳用输送设备，用以代替悬挂输送机和摆杆输送机，图 4-6 是全旋反向输送机和推杆输送机在电泳槽中运行动作比较。

全旋反向输送机的上轨道和承载牵引链为一直线轨道和链条，制造和安装都比较简单。在全旋反向输送机的链条（如图 4-7 所示）上，按照汽车车身载荷的节距，安装有一滑橇支承托架支座，此滑橇支承托架支座用以放置滑橇支承托架，如图 4-8 所示。滑橇就放置在此托架上，用锁紧机构锁紧，汽车车身和滑橇依靠导向滚子在特制的轨道上行走，实现汽车车身的旋转，可以自由旋转 360°，根据所设置的导向滚子轨道，汽车车身入槽时旋转 180°，后底部向上，尾部向前，反向前进，再旋转 180°出槽，实现反向浸渍，此种输送

全旋反向输送机在电泳槽中的运行动作情况

推杆输送机在电泳槽中的运行动作情况

图 4-6 全旋反向输送机与推杆输送机在电泳槽中运行动作比较

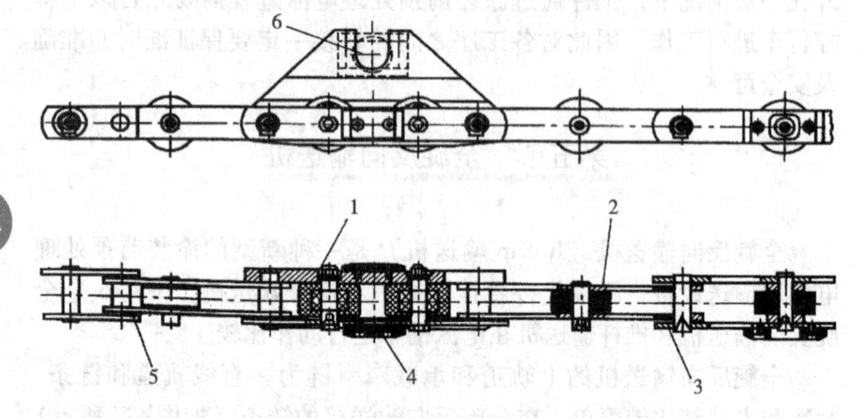

图 4-7 全旋反向输送机的链条

1—铜制滚子 2—塑料制滚子 3—密封链板
4—侧面导向滑块 5—连接链板 6—支承托架

机工艺性能好，输送机长度短，从而使整台设备长度短，可节省投资费用，运行费用也低，特别适用于单品种大批量生产的涂装车间。对于多品种生产，由于需要360°翻转，又因汽车车身锁紧孔的强度、

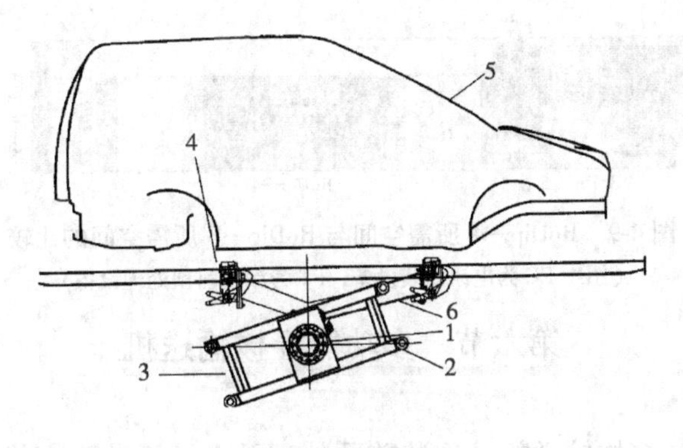

图 4-8　滑橇支承托架

1—托架轴支承　2—导向滚子　3—滚子连杆　4—机构　5—汽车车身　6—支承臂

结构尺寸要求较高，容易造成工艺孔变形或滑脱，导致汽车车身掉入槽中，故应慎选。

最近几年，全旋反向输送机在原有的 RoDip—3 的基础上又有所改进，发展成 RoDip—4 型。RoDip—4 型比 RoDip—3 型的最大优点在于其结构简单，且载荷小车组是带可折叠轴的可回转装置，即从侧面返回，从而减小了设备的高度。RoDip—3 与 RoDip—4 所需空间的比较如图 4-9 所示，新型 RoDip—4 全旋反向输送机有两种型式，即 RoDip—4M 型和 RoDip—4E 型。RoDip—4M 型采用环链作为牵引元件，结构简单，无需润滑，维修量少，前后仅需一个传动轮和一个拉紧轮，且安装在槽的一侧。故推荐用于大于 40 台/h 汽车车身的情况下选用。而 RoDip—4E 型则采用单独的减速电动机传动，一个减速电动机传动装置带动一组载荷小车及车身运行。回转则单独由另一组减速电动机带动。在工艺段按工艺速度来运行，而在返回段则高速运行。故其载荷小车组相对比 RoDip—4M 型少，适用于每小时 3～40 台汽车车身的涂装前预处理电泳线。E 型和 M 型这两种全旋反向输送机均可满足涂装前预处理电泳线的需要。

最新的 RoDip—4 型全旋反向输送机可以在不改变原有工艺的前提下，把原有的涂装前预处理生产线的老的机械化运输设备拆掉，改换成新的 RoDip—4 型全旋反向输送机。

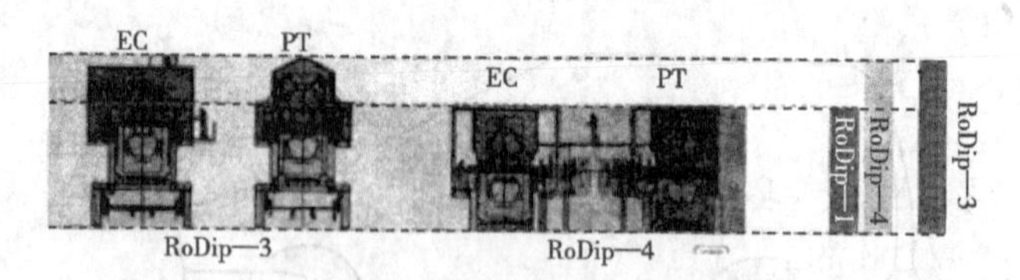

图 4-9　RoDip—4 所需空间与 RoDip—3 所需空间的比较
（图中 EC 为电泳涂装设备，PT 为涂装前预处理设备）

第六节　多功能穿梭输送机

多功能穿梭输送机是涂装前预处理及电泳涂装生产线上用的一种新型输送设备，它的最大特点是可以根据不同车型来分别优化不同浸入角度、翻转方式和前进速度，通过 PLC 控制，车身可以灵活地以不同的位置和朝向通过槽体，从而获得最佳的处理方式，得到最好的涂装质量。由于上述的优越性，同时还由于该设备的长度大大缩短，完全可以替代推杆悬链输送机或其他类型的运输机。

多功能穿梭输送机是一种单独的输送设备，在涂装前预处理及电泳涂装生产线上可根据工艺及产量的需要安装多台多功能穿梭输送机。多功能穿梭输送机有三个驱动装置，即行走驱动装置、摆动驱动装置和旋转驱动装置，其轨道跨越于设备的两侧构成一环形的闭合线路。为便于检修，在线路上可设置检修轨段。多功能穿梭输送机的横截面和结构示意图如图 4-10 所示。

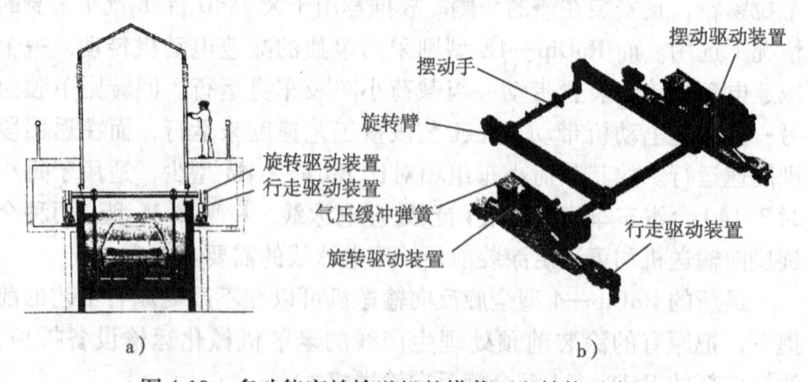

图 4-10　多功能穿梭输送机的横截面和结构示意图
a）多功能穿梭输送机横截面　b）多功能穿梭输送机结构

第七节　输送系统的电气控制

关于推杆悬链输送机、自行电葫芦和程控行车等输送系统，一般都是由可编程序逻辑控制器（PLC）进行控制，还会使用更多的控制界面。输送链上的读码器会发出指令，使其按照事先安排好的顺序运行。操作者在读写站通过键盘、触摸屏、计算机鼠标等将信息输入系统。代码的型式可以是简单的标记、射频标识或光学扫描装置等。目前，应用比较广泛的是扫描不同截面的金属条形板。每块板都有独自的截面图形，类似于条形码，通过数字识别或存储。由于可靠工作温度高达 450 ℉[⊖]，射频标识技术目前开始流行起来。这些装置可以安装在系统的各个角落，控制吊具运行到指定的装挂点、选择涂装工艺、进行编组、烘干、制定下件点。输送系统运载工件通过加工区、涂装区，最后送往装配线。还可以通过数据收集装置记录工件的数量、系统的故障、不合格工件数量等。信息通过数据总线收集并传送至中央计算机打印。触摸屏可以显示整个工艺布局中的故障或工件的运行位置。通过数据收集来跟踪工作情况变得越来越重要，包括输送系统运行记录（允许跟踪输送故障，以便帮助决定哪条输送链需要维护及保养）、维护保养记录、管理清单、排产计划、保养计划、统计过程控制。工件在加工、涂装、装配过程中可能会打乱原有的顺序，因此在涂装后设置存储及编组是非常有效的。为了实现工件的重新排序需要额外的跟踪装置。

复习思考题

1. 目前国内外应用的涂装输送设备有哪两种类型？
2. 滑橇输送机和地面反向积放式输送机相比其主要异同点有哪些？
3. 滑橇输送机主要由哪几部分组成？其功能和作用是什么？
4. 设计和使用滑橇输送机时应注意什么问题？

⊖ 1 ℉ $=\frac{5}{9}$℃。450 ℉ =250℃。

5. 普通悬链输送机的结构和型式有哪些?
6. 推杆悬链的结构和特点是什么?
7. 自行电葫芦和程控行车的输送特点是什么?
8. 全旋反向输送机的输送特点是什么?
9. 多功能穿梭输送机的输送特点是什么?
10. 常用的输送系统电气的控制方式有哪些?

第五章

涂料及涂膜的质量检测

培训目标 了解常用涂料和涂膜检测设备的种类和功能；掌握常用涂料和涂膜的质量检测方法。

涂料是涂于被涂物表面能形成具有保护、装饰或特殊性能（例如绝缘、防腐、标志等）的固态涂膜的一类液体或固体材料的总称。早期大多以植物油为主要原料，故有油漆之称。现代的合成树脂已大部或全部取代了植物油，故称为涂料。由于涂料对于涂膜来说属于半成品，因此要达到涂膜的质量要求，就必须要了解和掌握涂料与涂膜的检测方法，同时还应掌握常用的检测设备的选择和操作方法。

第一节 常用涂料及涂膜的检测设备

用于涂料及涂膜检测的设备较多，特别是涂料检测设备很多是使用玻璃器皿，并且结构简单，有的检测设备生产厂家生产的设备规格也不相同，所以这里仅对一些有代表性的检测设备进行简要介绍。

一、涂料检测设备

1. 粘度计

在这里介绍涂—1、涂—4 粘度计与落球粘度计。

涂—1、涂—4 粘度计规格和尺寸如图 5-1 和图 5-2 所示。

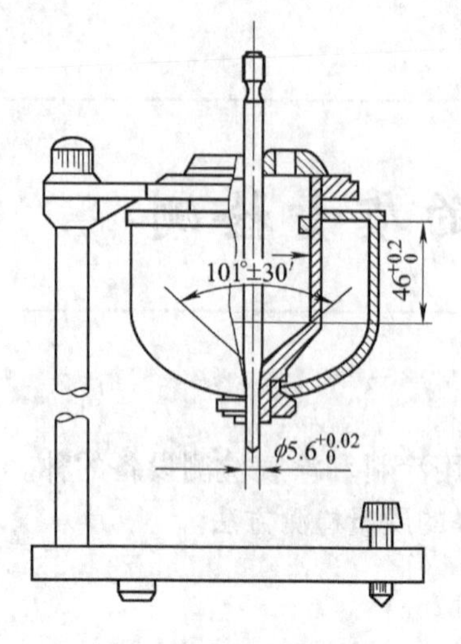

图 5-1　涂—1 粘度计

图 5-2　涂—4 粘度计

1）涂—1 粘度计的上部为圆柱形、下部为圆锥形的金属容器，内壁粗糙度为 $Ra=0.4\mu m$，内壁上有一刻线，圆锥底部有漏嘴。容器盖上有两个孔，一孔为插塞棒用，另一孔为插温度计用，容器固定在一个圆形水浴内，粘度计置于带有两个调节水平螺钉的台架上，其基本尺寸是圆柱体内径为 $\phi51^{+0.1}_{0}$mm，由圆柱形底线到刻线高度为 $46^{+0.2}_{0}$mm，粘度计锥体内部的角度为 101° ± 31′，漏嘴长度为 14mm ± 0.02mm ，漏嘴内径为 $\phi5.6^{+0.02}_{0}$mm。

2）涂—4 粘度计的上部为圆柱形、下部为圆锥形的金属容器，内壁粗糙度为 $Ra=0.4\mu m$，锥形底部有漏嘴。在容器上部有一圈凹槽，作为多余试样溢出用。粘度计置于带有两个调节水平螺钉的台架上。粘度计的材质有塑料与金属两种，但以金属材质的粘度计为准。例如，容量为 100^{+1}_{0}mL 的粘度计漏嘴是用不锈钢制成的，基本尺寸漏嘴长度为 4mm ± 0.02mm，粘度计总高度为 72.5mm，锥体内部的角度为 81° ± 15′，圆柱体内径为 $\phi49.5^{+0.2}_{0}$mm。

3）落球粘度计的规格尺寸如图 5-3 所示。该粘度计由玻璃管与钢球两部分组成。玻璃管长度为 350mm，内径为 25mm ± 0.25mm，距两端管口边缘 50mm 处各有一刻度线，两线间距为 250mm 在管口

上、下端有软木塞子，上端软木塞子中间有一铁钉。玻璃管被垂直固定在台架上（以铅锤测定）。钢球直径为 8mm ±0.03mm，其规格应符合“GB/T 308—2002 滚动轴承钢球”标准中 8Ⅲ 的规定。

2. 刮板细度计

刮板细度计如图 5-4 所示，由磨平刮板和刮刀两部分组成。

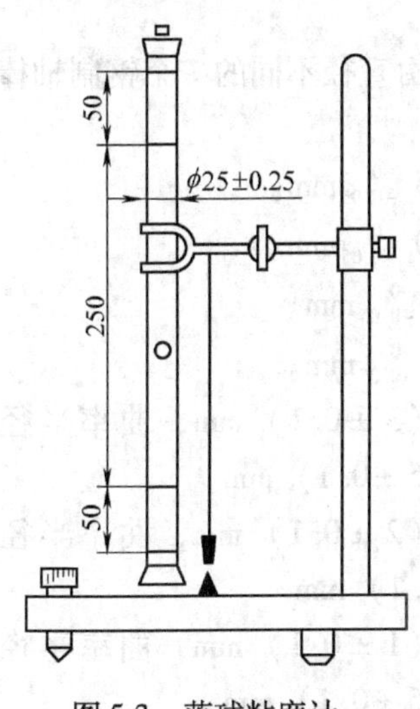

图 5-3 落球粘度计

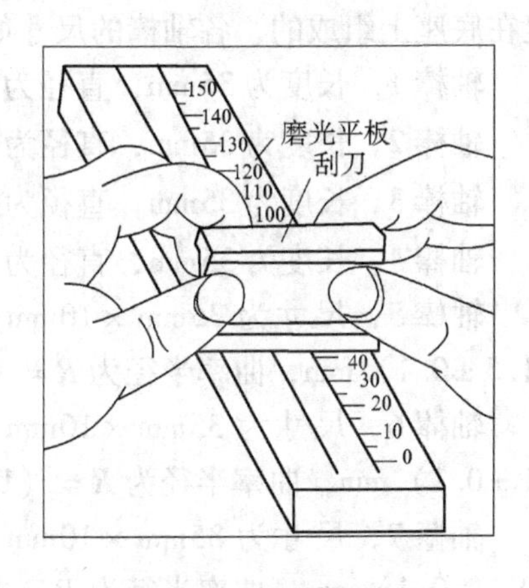

图 5-4 刮板细度计

1）刮板细度计的磨光平板是由合金工具钢（牌号为 Cr12）制成，板上有一长沟槽（长度为 155mm ± 0.5mm，宽度为 12mm ± 0.2mm），在 150mm 长度内刻有 0 ~150μm（最小分度为 5μm，沟槽倾斜度为 1∶1000）、0 ~100μm（最小分度为 5μm，沟槽倾斜度为 1∶1500）、0 ~50μm（最小分度为 2.5μm，沟槽倾斜度为 1∶3000）的表示槽深的等分刻度线。刮板细度计的正面槽底及反面平直度允许误差为 0.003mm/全长，正面粗糙度为 Ra =0.1μm，分度值误差为 ±0.001mm。

2）刮刀是由优质碳素工具钢（牌号为 T10A）制成，两刃均磨光，长度为 60mm ±0.5mm，宽度为 42mm ±0.5mm，刀刃平直度允许误差为 0.002mm/全长，表面粗糙度为 Ra =0.4μm，刀刃研磨后表面粗糙度为 Ra =0.1μm。

二、涂膜检测设备

1. 测厚仪

测厚仪分为磁性测厚仪与非磁性测厚仪两种型式。由于不同的生产厂家的产品型号不同，使用方法按说明书即可，这里不作介绍。

2. 柔韧性测定仪

柔韧性测定仪如图 5-5 所示，它是由直径不同的 7 个钢制轴棒固定在底座上组成的，各轴棒的尺寸如下：

轴棒 1，长度为 35mm，直径为 $\phi15\ _{-0.05}^{\ 0}$mm。

轴棒 2，长度为 35mm，直径为 $\phi10\ _{-0.05}^{\ 0}$mm。

轴棒 3，长度为 35mm，直径为 $\phi5\ _{-0.05}^{\ 0}$mm。

轴棒 4，长度为 35mm，直径为 $\phi4\ _{-0.05}^{\ 0}$mm。

轴棒 5，尺寸为 35mm × 10mm × （3 ±0.1）mm，曲率半径为（1.5 ±0.1）mm，曲率半径为 R = （1.5 ±0.1）mm。

轴棒 6，尺寸为 35mm × 10mm × （2 ±0.1）mm，曲率半径为（1 ±0.1）mm，曲率半径为 R = （1 ±0.1）mm。

轴棒 7，尺寸为 35mm × 10mm × （1 ±0.1）mm，曲率半径为（0.5 ±0.1）mm，曲率半径为 R = （0.5 ±0.1）mm。

柔韧性测定仪经装配后，各轴棒与安装平面的垂直度公差值不大于 0.1mm。

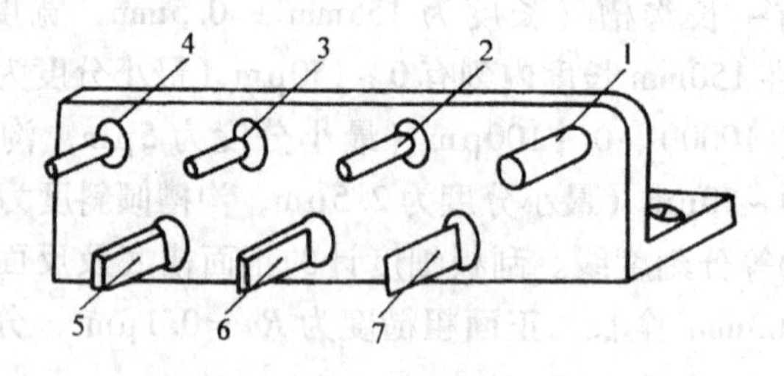

图 5-5　柔韧性测定仪

3. 附着力测定仪

（1）划圈法附着力测定仪　仪器结构如图 5-6 所示，有关部件规格如下：

1）试验台丝杠 9 螺距为 1.5mm，其转动与转针同步。

2）转针采用三五牌唱针（可采用类似物代替），空载压力为 200gf。

3）荷重盘 1 上可放砝码，其重量为 100g、200g、500g、1000g。

4）转针回转半径可调，标准回转半径为 5.25mm。

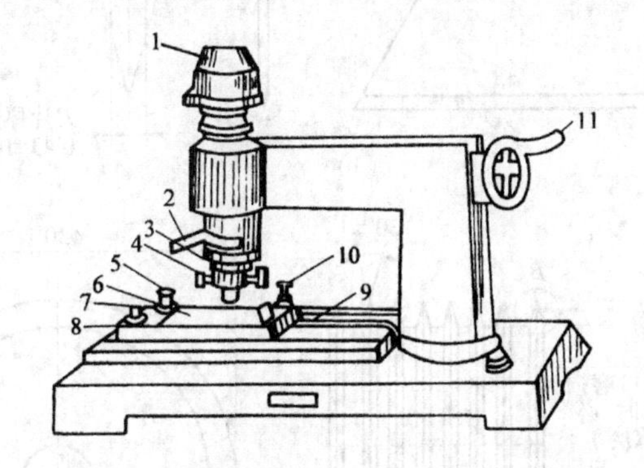

图 5-6　划圈法附着力测定仪结构示意图

1—荷重盘　2—升降棒　3—卡针盘　4—回转半径调整螺栓
5、8—固定试验样板调整螺栓　6—试验台　7—半截螺母
9—试验台丝杠　10—调整螺栓　11—摇柄

（2）划格法附着力测定仪　划格法附着力测定仪及试验时用的切割刀具如图 5-7a 所示。

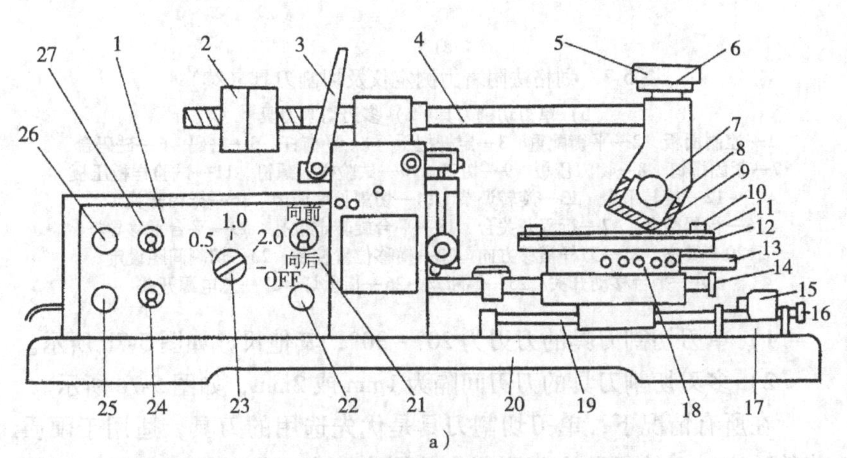

图 5-7　划格法附着力测定仪及试验时用的切割刀具

a）划格法附着力测定仪

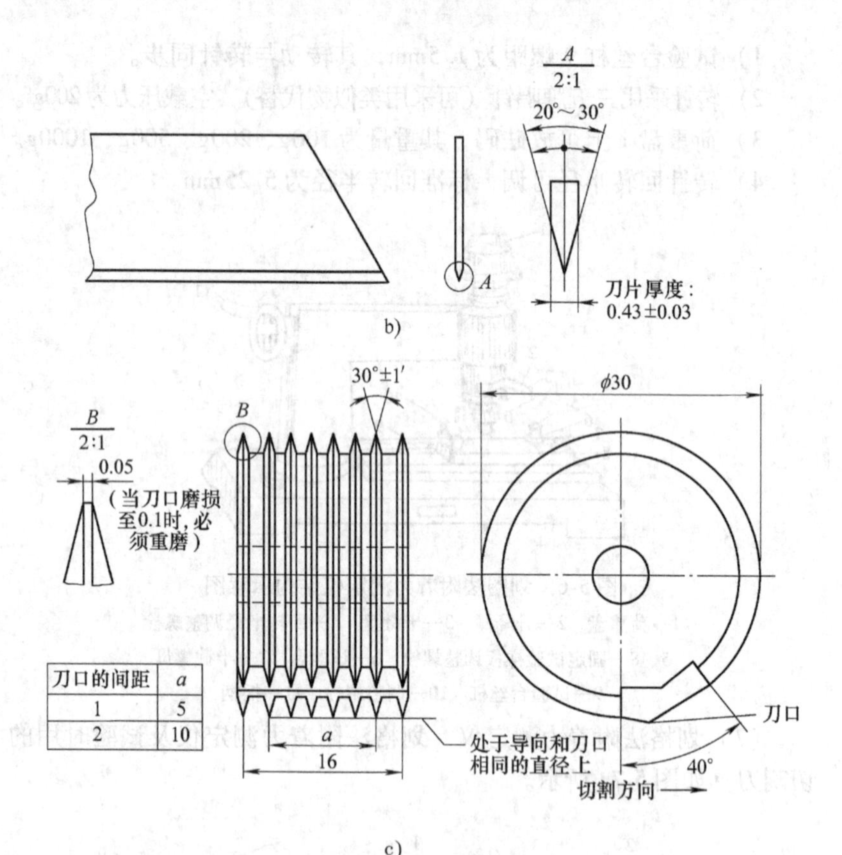

刀口的间距	a
1	5
2	10

图 5-7 划格法附着力测定仪及切割刀具（续）

b）单刃切割刀具 c）多刃切割刀具

1—控制面板 2—平衡配重 3—定杆把手 4—平衡杆 5—砝码 6—砝码台 7—紧固螺钉 8—切刀压板 9—切刀 10—试验样板螺钉 11—试验样板压板 12—旋转平台 13—旋转调节 14—切割长度调节 15—行程开关 16—行程微调 17—行程开关台 18—平台旋转定位孔 19—平台平移导杆 20—底座 21—刀杆横移方向 22—横移位置控制 23—切割间距设定 24—平台移动开关 25—熔断丝 26—指示灯 27—总电源开关

1）单刃切割刀具的刀刃为 20°～30°，其他尺寸如图 5-7b 所示。

2）多刃切割刀具的刀刃间隔为 1mm 或 2mm，如图 5-7c 所示。

在所有情况下，单刃切割刀具是优先选用的刀具，适用于硬质或软质底材上的各种涂膜附着力的测定。多刃切割刀具不适用于厚涂膜（>120μm）、坚硬涂膜或软质底材上的涂膜附着力的测定。

4. 光泽计

光泽计由光源部分和接收部分组成。光线经透镜使成平行或稍微会聚的光束射向试验样板涂膜表面，反射光经接收部分透镜会聚，经视场光栏被光电池所吸收。

20°、60°、85°光泽计的通用尺寸，分别如图 5-8、图 5-9、图 5-10 所示。

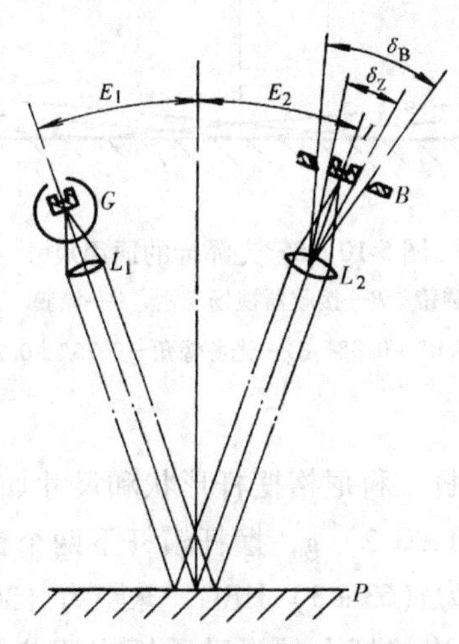

图 5-8　20°光泽计的通用尺寸

G—灯　L_1和L_2—透镜　B—接收器视场光栏　P—涂膜　$E_1 = E_2 - 20° \pm 0.5°$

δ_B—接收器孔角 = 1.8° ± 0.05°　δ_Z—光源像角 = 0.75° ± 0.25°　I—灯丝的影像

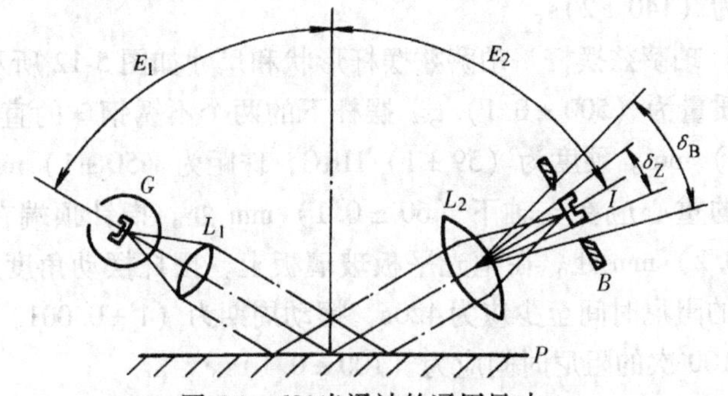

图 5-9　60°光泽计的通用尺寸

G—灯　L_1和L_2—透镜　B—接收器视场光栏　P—涂膜　$E_1 = E_2 - 60° \pm 0.2°$

δ_B—接收器孔角 = 4.4° ± 0.1°　δ_Z—光源像角 = 0.75° ± 0.25°　I—灯丝的影像

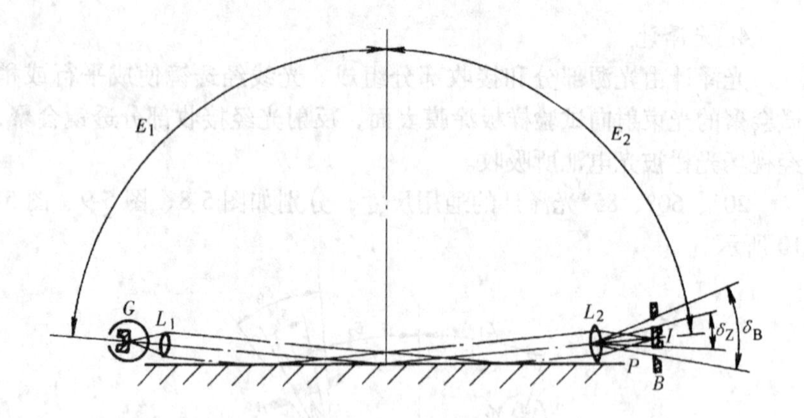

图 5-10　85°光泽计的通用尺寸

G—灯　L_1和L_2—透镜　B—接收器视场光栏　P—涂膜　$E_1=E_2-85°\pm0.1°$

δ_B—接收器孔角 =4.0°±0.3°　δ_Z—光源像角 =0.75°±0.25°　I—灯丝的影像

5. 摆杆硬度计

（1）科尼格摆杆　科尼格摆杆形状和尺寸如图 5-11 所示。该摆杆的总质量为（200±0.2）g，摆杆横杆下两个钢珠的直径为（5±0.005）mm，硬度为（63±3）HRC，珠距为（30±0.2）mm。可通过移动与横杆垂直连接杆上的滑动重锤来调节摆的固有摆动周期。在抛光平板玻璃板上，摆杆摆动角度从 6°位移到 3°的阻尼时间应为(250±10)s，摆动周期为（1.4±0.02)s，即摆杆摆动 100 次的阻尼时间应为（140±2)s。

（2）珀萨兹摆杆　珀萨兹摆杆形状和尺寸如图 5-12 所示。该摆杆的总质量为（500±0.1）g。摆杆下的两个不锈钢珠的直径为（8±0.005）mm。硬度为（59±1）HRC，珠距为（50±1）mm，摆杆静止时的重心应在支轴下（60±0.1）mm 处。指针顶端在支轴下（400±0.2）mm 处。在抛光平板玻璃板上，摆杆摆动角度从 12°位移到 4°的阻尼时间至少应为 420s，摆动周期为（1±0.001）s，即摆杆摆动 100 次的阻尼时间应为（100±0.1)s。

6. 铅笔硬度试验仪

铅笔硬度试验仪的结构如图 5-13 所示。

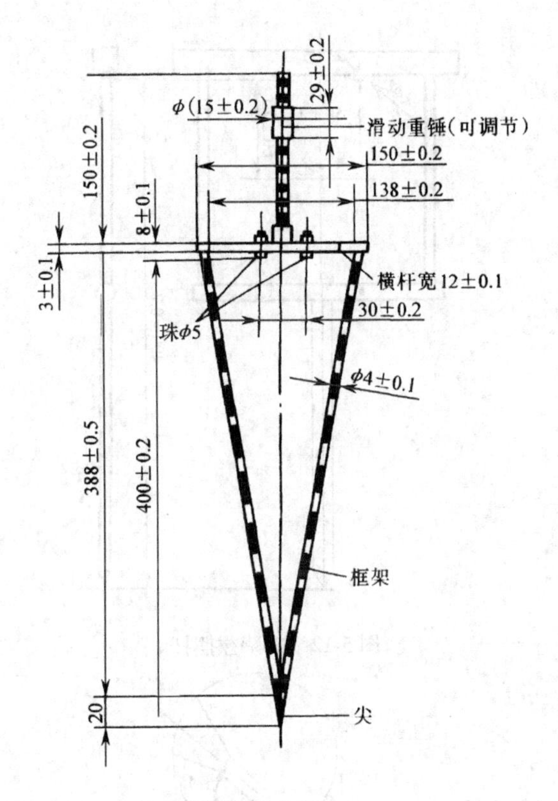

图 5-11　科尼格摆杆

7. *冲击试验器*

冲击试验器如图 5-14 所示。该试验器由底座、铁砧 2、冲头 3、滑筒 4、重锤 5 及重锤控制器等零件组成。

（1）冲击试验器控制器的组成　该控制器由制动器器身 6、控制销 7、控制销螺钉 8、制动器固定螺钉 10、定位标 11、横梁 15 用两根柱子 16 与座相连，在横梁中心安装有压紧螺钉 12，冲头可在其中移动，用螺钉 14 将圆锥 13 连接在横梁上，滑筒 4 的一端旋入锤体中，而另一端则为盖子 9，滑筒中的重锤可自由移动，重锤借控制装置固定，并可移动凹缝中的固定螺钉，将其维持在范围内的任何高度上，滑筒 4 上有刻度以便读出重锤所处位置。

（2）冲击试验器其他部件的规格　滑筒 4 上的刻度应等于（50

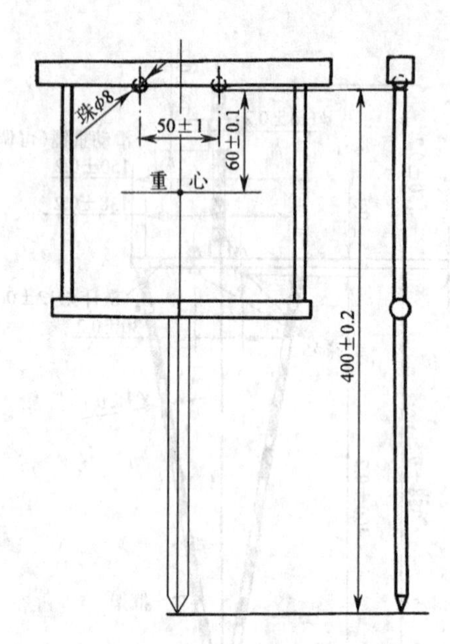

图 5-12　珀萨兹摆杆

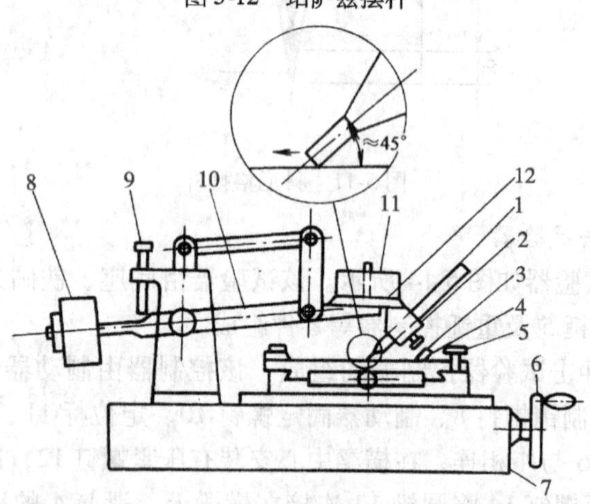

图 5-13　铅笔硬度试验仪

1—铅笔　2—铅笔夹具　3—试验样板放置台　4—试验样板
5—固定试验样板夹具　6—操纵试验样板放置台的移动手轮　7—底座
8—平衡重锤　9—固定螺钉　10—连杆　11—重物（1.0±0.05）kg　12—重物放置台

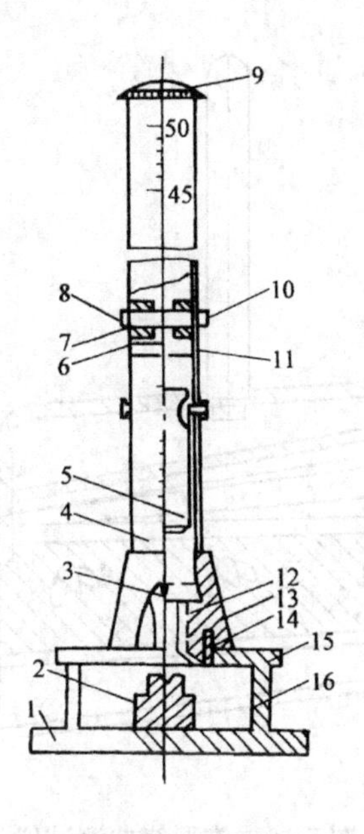

图 5-14　冲击试验器

1—底座　2—铁砧　3—冲头　4—滑筒　5—重锤及重锤控制器
6—制动器器身　7—控制销　8—控制销螺钉　9—盖子　10—制动器固定螺钉
11—定位标　12—压紧螺钉　13—圆锥　14—螺钉　15—横梁　16—柱子

±0.1）cm，分度为1cm。重锤质量为（1000±1）g，应能在滑筒中自由移动。冲头上的钢球，应符合“GB/T308—2002 滚动轴承钢球”的要求。冲击中心与铁砧凹槽中心对准，冲头进入凹槽的深度为（2±0.1）mm。铁砧凹槽应光滑平整，其直径为（15±0.3）mm，凹槽边缘曲率半径为2.5～3.0mm。

8. 锥形绕曲测试仪

锥形绕曲测试仪如图 5-15 所示。该测试仪试验用的轴应是一种截顶式的锥体，其小端直径 $d_0=38\text{mm}$，整个锥体长 $h=203\text{mm}$ 。

锥形轴是水平地安装在一底座上，有一个带有拉杆的能使试验样板围绕锥形轴弯曲的操作杆，仪器还配有一个夹紧试验样板的装置。

9. 杯突试验机

杯突试验机应符合如图 5-16 所示要求。其上主要部件组成如下：

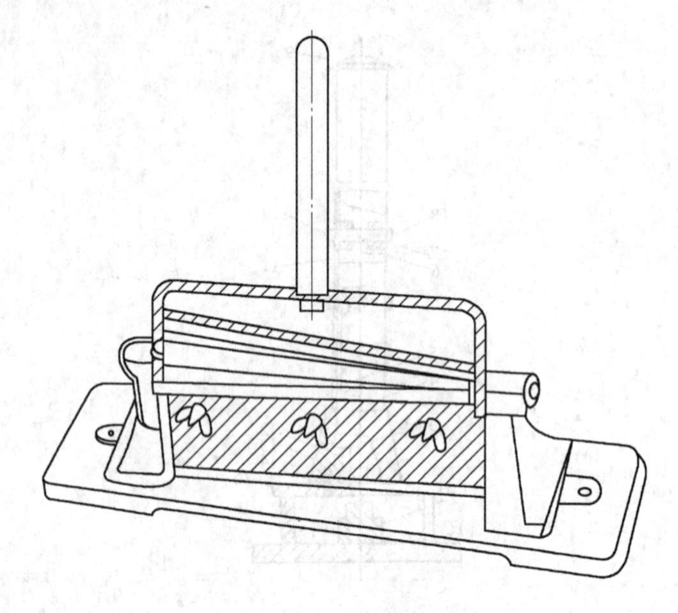

图 5-15　锥形绕曲测试仪

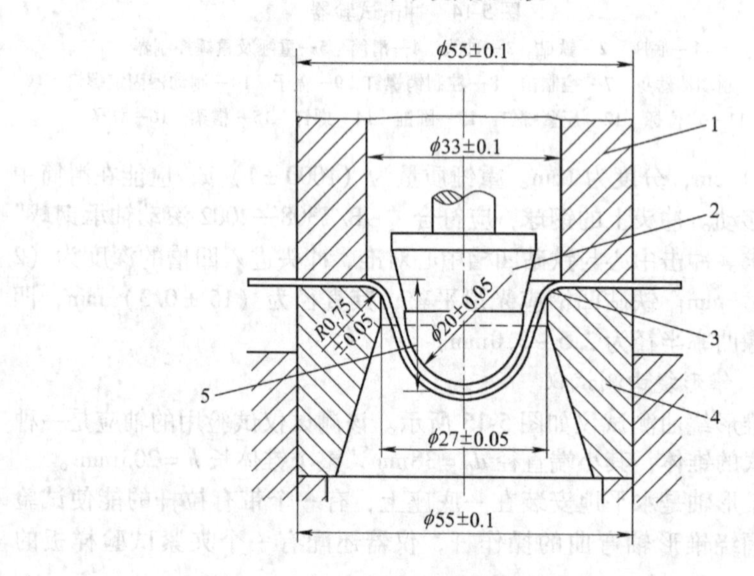

图 5-16　杯突试验机

1—固定环　2—冲头　3—试验样板　4—冲模　5—压陷深度

1）冲模：其表面应淬火，接触试验样板的表面应是抛光面。

2）固定环：其接触试验样板的表面应是抛光平面。

3）冲头：由淬火钢制成，其接触试验样板的部位应呈直径为20mm 的半球形且应抛光。

4）测量装置：采用冲头进行压陷深度测量，测量应精确到0.05mm。

冲模的固定环及冲头与试验样板接触的表面应光滑、无锈和洁净。

冲头的半球形顶部处于零位时，应与固定环接触试验样板的面处于同一平面，且应在冲模孔的中心。

冲头移动应以机械驱动，试验过程应在标准条件下进行。

10. 盐雾箱

盐雾箱由下列部件组成，其功能和要求如下。

（1）喷雾室　由耐氯化钠溶液腐蚀的材料制成或制作衬里，顶盖或盖子应向上倾斜，与水平面的夹角应大于25°，使凝集在盖子上的液滴不致滴落在试验样板上。

喷雾室的大小和形状应保证在箱内所收集到溶液的量达到下面规定：即每个收集器中收集的氯化钠溶液质量浓度为（50 ± 10）g/L，pH 值为6.5 ~7.2。在最少经 24h 周期后，开始计算每个收集器收集的氯化钠溶液，每 $80cm^2$ 的面积应为 1 ~2mL/h。

喷雾室的主要组成如下：

1）恒温控制元件：设在喷雾室内离箱壁至少 100mm 的地方，或设在室内的水夹套内，并能使喷雾室内部达到规定的温度。

2）喷嘴：由耐氯化钠溶液腐蚀的惰性材料制造，例如玻璃或塑料等。

3）盐雾收集器：由玻璃或其他化学惰性材料制成。收集器至少应有两个，置于喷雾室内放置试验样板的地方，其中一个置于靠近喷雾入口处，一个置于远离喷雾入口处，其位置要求收集到的只是盐雾溶液，而不是从试验样板或室内其他部件滴下的液体。

4）试验溶液储槽：由耐氯化钠溶液腐蚀的材料制成，并设有保持槽内恒定水位高度的装置。

（2）洁净空气供给器　供给喷雾的压缩空气应通过滤清器，除去其中的油分和固体微粒。空气在进入喷嘴之前，应通过装有符合“GB/T 6682—2008 分析实验室用水规格和试验方法”的饱和水罐，其温度应比喷雾室内高几度，以使空气增湿，防止试验溶液汽化。水的温度取决于所用的空气压力和喷嘴的类型，调节空气压力可使盐雾收集器收集溶液的速度和收集溶液的质量浓度保持在规定的范围内。

（3）喷雾压力　应保持在 70～170kPa。

（4）试验溶液储罐　由耐氯化钠溶液的材料制成。

11. 耐湿性测定仪

耐湿性测定仪（如图 5-17 所示）实质上是一个电加热水浴，其顶盖用惰性材质（例如不透明的玻璃板）制成，侧面和底部适当加以绝热。水浴用的水应符合“GB/T 6682—2008 分析实验室用水规格和试验方法”中规定的三级水。

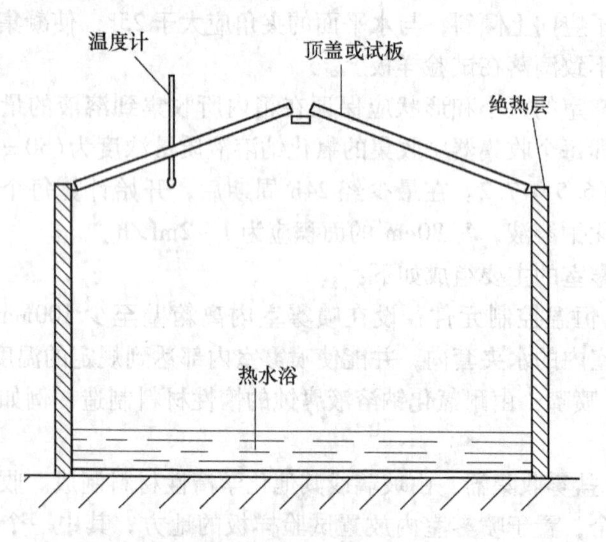

图 5-17　耐湿性测定仪

该仪器的顶盖上可放置若干块规格为 150mm × 100mm 的试验样板。仪器应采用自动调节液面的装置，否则需要人工定时调节液面。

水浴顶部的结构应使试验样板与水平面的夹角呈 15° ± 5°，试验

样板之间采用非金属惰性材料隔开，以使试验样板上的冷凝水单独排出。

该仪器应置于（23±2）℃不通风环境中，水浴温度控制在（40±2）℃，试验样板下方25mm空间的气温为（37±2）℃，涂膜表面连续处于冷凝状态。

第二节　涂料及涂膜的性能检测方法

一、涂料的物理性能检测

1. 溶剂型涂料的检测方法

（1）涂料的取样　涂料检验结果是否准确，抽取样品非常重要，取样方法应根据“GB/T 3186—2006 色漆、清漆和色漆与清漆用原材料取样”规定进行取样。涂料产品按其外形状态主要可分为5种类型：

A型：单一均匀液相的流体，如清漆和稀释剂。

B型：两个液相组成的液体，如乳液。

C型：一个或两个液相与一个或多个固相一起组成的液体，如色漆和乳胶漆。

D型：粘稠状，由一个或多个固相带有少量液相组成，如腻子、厚浆涂料、用油或其清漆调制的颜料色浆及粘稠的树脂状物质等。

E型：粉末状，如粉末涂料。

将样品装入盛样容器后（样品容器内应留有5%的空隙），盖严并贴上标签，注明产品名称及型号、生产批次、取样日期等有关项目。

对于生产线取样，应以适当的时间间隔，从放料口取相同量的样品进行再混合，搅拌均匀后，取两份各为0.2～0.4mL的样品，分别装入样品容器中（样品容器内应留有5%的空隙），盖严后贴好标签。

（2）涂料外观　涂料外观是人的视觉所能直接感受到涂料的表

面状态。

按涂料取样中的产品分类，对于A、B型产品，需要检查其是否结皮及结皮的程度（例如软、硬、厚、薄）及稠度是否有触变或凝胶现象。可按“GB/T 1721—2008 清漆、清油及稀释剂外观和透明度测定法”，来检查该类产品是否清晰透明，是否有机械杂质和沉淀物。

对于C、D型产品，除需要检查其是否结皮及结皮的程度及稠度外，还需检查其分层、沉淀及外来异物。沉淀程度分为3级：软、硬、干硬。干硬的产品不能进行检验。

对于E型产品，需要检查是否有反常的颜色、大的或硬的结块和外来异物等不正常现象。

（3）涂料颜色　人的视觉生理感所看见的物体的颜色，都是由于光线中的色光照射在物体上，物体即能全部接收、又具有能反射某一色光的性质。

按“GB/T 1721—1979 清漆、清油及稀释剂外观和透明度测定法”规定，用铁钴比色法或罗维朋比色法来测定透明液体颜色，以铁钴比色计的色阶号或罗维朋色度值来表示液体的颜色。

对于色漆，主要采用目视法观察其颜色是否均一，与标识颜色是否相符。也可采用积分球色差仪来测定涂料的颜色。

（4）涂料粘度　涂料粘度是涂料流体对于流动所具有的内部阻力。

除粉末涂料外，大多数涂料为粘稠的液体。在涂装过程中，涂料粘度分为原始粘度和施工粘度。按“GB/T 1723—1993 涂料粘度测定法”的规定，采用涂—1粘度计（如图5-1所示）可测定流出时间不低于20s的涂料产品，采用涂—4粘度计（如图5-2所示）可测定流出时间在150s以下的涂料产品，采用落球粘度计（如图5-3所示）可测定粘度较高的透明涂料产品。

（5）涂料细度　涂料细度是涂料中颜料及体制颜料分散程度的一种量度。

涂料细度的测定是液态涂料在规定的条件下，于标准细度计（如图5-4所示）上所得到的读数，该读数表示细度计某处凹槽的深

度，以单位 μm 表示。

按"GB/T 1724—1989 涂料细度测定法"规定，细度值小于或等于30μm 的涂料采用量程为 50μm 的刮板细度计测定；细度值为 31～70μm 的涂料采用量程为 100μm 的刮板细度计测定；细度值为 70μm 以上的涂料采用量程为 150μm 的刮板细度计测定。

(6) 涂料固体分（不挥发分）　涂料固体分是表示涂料在一定的干燥规范下剩余物质量与试样质量的比值，以质量分数表示。

按"GB/T 1725—2007 涂料不挥发分含量测定法"规定，甲法为培养皿法，乙法为表面皿法。乙法适用于不能用甲法测定的高粘度涂料（例如腻子）、乳液和硝基电缆漆等。一般测定涂料固体分的取样量为 1.5～2g，对于丙烯酸涂料及固体分质量分数低于 15% 的涂料取样量为 4～5g。

一般测定涂料固体分的烘干要求为 120℃ ×2h 或 105℃ ×3h。

各种涂料烘干温度见表 5-1。

表 5-1　各种涂料烘干温度规定

涂 料 名 称	烘干温度/℃
硝基漆类、过氯乙烯漆类、丙烯酸漆类、虫胶漆	80 ±2
缩醛胶	100 ±2
油基漆类、酯胶漆、沥青漆类、酚醛漆类、氨基漆类、醇酸漆类、环氧漆类、乳胶漆（乳液）、聚氨酯漆类	150
水性漆	160 ±2
聚酰亚胺漆	180 ±2
有机硅漆类	在 1～2h 内，由 120 升温到 180，再于 180 ±2 保温
聚酯漆包线漆	200 ±2

注：如果产品标准另有规定，则按产品标准规定执行。

涂料固体分含量（X）% 按下式计算

$$X = \frac{W_1 - W}{G} \times 100\%$$

式中 W——容器质量（g）；

W_1——焙烘后试样和容器质量（g）；

G——试样质量（g）。

试验结果取两次平行试验的平均值，两次平行试验值的相对误差不大于3%。

（7）闪点　闪点（闭杯）是在标准规定的条件下，加热闭口杯中的试样时，所逸出的蒸气在火焰的存在下，能瞬间闪火时的最低温度。

按“GB/T 6753.5—1986 涂料及有关产品闪点测定法——闭口杯平衡法”规定测定。

按“GB 6944—1986 危险货物分类和品名编号”规定，低闪点液体为闭杯试验闪点低于－18℃的液体；中闪点液体为闭杯试验闪点在－18℃～低于23℃的液体；高闪点液体为闭杯试验闪点在23～61℃的液体。闪点越低，火灾危险性越大。

（8）触变性　触变性是指涂料在振荡和搅拌的作用下呈流动状态，而在静止后仍恢复到原来的凝胶状态的一种胶体物性。利用触变性并开发的触变性涂料及含颜料较多的原浆涂料，可使涂料厚涂，也不会发生流挂、流淌现象。特别适用于重防腐涂装，例如船舶、桥梁等。具有代表性的涂料有环氧、氯化橡胶等涂料。

（9）结皮性　高质量的涂料能在包装桶中长期储存而没有严重的结皮现象发生。油性漆、酚醛漆及醇酸漆，多是因为包装密封不严而进入空气，使涂料表面氧化成膜，或在该漆制造过程中，调加钴、锰催干剂比例过大所造成。大漆表面的干皮，主要是包装密封不严进入了空气氧化成膜。如果在这种条件下储存时间过长，就会结成由薄膜到厚膜的干膜。一般非转化型涂料是不会出现结皮，转化型涂料结皮较严重。为了减少和避免结皮现象的发生，涂料在生产厂的包装之前，先在漆液表面添加少量的抗结皮剂，装桶后必须密封严密，以免接触空气产生结皮。

（10）挥发速度　测定稀释剂挥发速度的方法，可采用一个木制

厨罩、高观察台和滤纸，用滴液漏斗从固定位置滴下一滴被检溶剂并落在滤纸上，同时开动秒表开始记录，直到溶剂逐渐挥发完毕为止，所需时间即为稀释剂挥发速度。

（11）酸值　酸值一般是指清漆和稀释剂中游离酸的含量，可以利用酸碱中和测定。其方法是取1g所需测定试样，利用氢氧化钾中和，试样完全中和所需要的氢氧化钾的毫克数即为酸值。在通常情况下，酸值越小越好。但小到一定程度时，对某些涂料品种的储存稳定则有影响。

（12）活化期和熟化期　活化期是指分装的涂料（例如双组分或多组分涂料），在使用前临时按产品说明书的规定比例混合，并在规定的涂装期限内使用完，否则涂料将起化学反应而出现胶化，这段使用时间称为活化期。当双组分涂料混合后，最好先静止一定时间，以使两种组分有充分的时间能均匀缓慢反应，这段时间称为熟化期。

2. 粉末涂料的检测方法

（1）粉末涂料的质量指标　粉末涂料是一种粉末状的无溶剂涂料，其优点是火灾危险性较小，粉末涂料回收利用率可接近100%，环境污染小，一次涂装可得到较厚涂膜，涂膜性能优良。缺点是换色困难，不适用于外形复杂的被涂物涂装，烘烤温度比较高，在储存过程中受压力、温度、湿度等影响易结块。

以汽车涂装用粉末涂料为例，其检验项目、技术指标和检测方法见表5-2。

表5-2　汽车用粉末涂料的检测项目、技术指标和检测方法

检测项目		技术指标	检测方法
涂料性能	颜色	按要求	目测
	不挥发物含量（%）	≥99%	GB/T 6740—1986
	表观密度/（g/cm^2）	≤0.7	
	粒度	200目，余物≤0.5%	
	流出性	≤20	
	安息角	≤44°	
	储存稳定性	储存期6个月，各项性能合格	GB/T 6753.3—1986

（续）

	检测项目	技术指标	检测方法
漆膜性能	外观	平整，允许有轻微桔皮	目视
	厚度/μm	50~70	GB/T 13452.2—2008
	光泽（60°角测定）	商定	GB/T 1743—1989
	附着力	0~1	GB/T 1720—1989
	固化条件	180℃×15min 或 200℃×10min（工件温度）	
	冲击强度/（N·cm）	≥490	GB/T 1732-1993
	铅笔硬度	≥3H	GB/T 1730-2007
	耐汽油性	4	GB/T 1734-1993
	耐机油性	48	
	耐酸性	≥24	GB/T 1763—1989
	耐碱性	≥4	GB/T 1763—1989
	耐湿热性	≥480	GB/T 1740—2007
	耐盐雾性	≥1000	GB/T 1771—2007
	杯突试验	≥5	GB/T 9753—2007
	耐候性	人工老化 1000h 或大气暴晒 2 年，涂膜失光 2 级，粉化 1 级，变色 2 级	GB/T 1865—2009

（2）粉末涂料的检验方法　对于粉末涂料主要检查其表观密度，即单位体积粉末涂料的质量。其测定步骤如下：

1）将漏斗（底部开口直径为 9.5mm）垂直放置在 100mL 的测量杯［内径为 ϕ（45±5）mm］上方 38mm 处，两者同轴，并用隔板封闭漏斗底部出口。

2）将松散的被测粉末用量杯量出 $120cm^3$ 倒入漏斗中，迅速打开漏斗底部出口，让粉末自由落到测量杯中。

3）当粉末落满测量杯后用直尺刮平测量杯顶的剩余部分，注意不要振动。

4）准确称量测量杯中粉末涂料的质量，精确到 0.1g，计算每 $1cm^3$ 粉末涂料的克数，即为粉末涂料的表观密度。

需要进行三次平行试验，取其算术平均值作为测量结果，密度单位用 g/cm^3 表示。

3. 电泳涂料的检测方法

（1）电泳漆的固体分　本法适用于电泳漆原漆及工作液、超滤液中固体分的检验。

1）取样量

① 电泳原漆（单组分电泳漆、双组分电泳漆的乳液及色浆）取样量为1.5～2g。

② 电泳漆工作液的取样量为1.5～2g。

③ 超滤液的取样量为1.5～2g。

2）检验步骤：将按规定量所取样品放置于已准确称重的坩埚（W_0）中，进行称重（W_1），精确到0.001g，记录结果，然后放置于烘箱中，在120℃烘干1h后取出，冷却到室温，再进行称重（W_2），并记录结果。

3）结果计算

$$电泳漆固体分 = \frac{W_2 - W_0}{W_1 - W_0} \times 100\%$$

（2）电泳漆的pH值与电导率值　电泳漆的pH值是测定该漆液中的酸或碱的平衡度，用氢离子浓度表示。电泳漆的电导率是表示漆液导电的难易程度，单位是μS/cm。

pH值和电导率的检测分别按各自设备的使用说明书进行检测操作。待测溶液的配制要求分别见表5-3及表5-4。

表5-3　pH值待测溶液的配置要求

序号	待测溶液的类别	配制要求
1	双组分乳液	与去离子水按体积比1:1混合后测定
2	双组分色浆	与去离子水按体积比1:1混合后测定
3	工作液	新配工作液熟化2h后可以测定，现场工作液可直接测定
4	极液	取循环中的极液直接测定
5	超滤液	直接测定

表 5-4　电导率待测溶液的配置要求

序号	待测溶液的类别	配 制 要 求
1	双组分乳液	与去离子水按体积比 1:1 混合后测定
2	双组分色浆	与去离子水按体积比 1:1 混合后测定
3	工作液	新配工作液熟化 2h 后可以测定，现场工作液可直接测定
4	极液	取循环中的极液直接测定
5	超滤液	直接测定
6	去离子水	直接测定

（3）电泳漆细度　电泳漆细度是指单组分电泳漆及双组分电泳漆色浆的细度，采用刮板细度计进行测定，测定方法与溶剂型漆的细度测定方法一样。如果试样粘度高，可将试样用去离子水按体积比 1:1 稀释后测定细度。

（4）电泳漆筛余分　电泳漆筛余分是电泳漆双组分的色浆或工作液在标准筛网下过滤后的残留物。其测定方法是取待测溶液 1000mL，用已称重的（记为 W_0）325 目（孔径为 40μm 左右）尼龙网过滤，将过滤后的滤网及残余物放入烘箱中在 105℃ 保温 30min，取出冷却后再准确称重（记为 W_1），$W_1 - W_0$ = 筛余分（mg/L）。

（5）电泳漆沉淀性　对于电泳原漆的沉淀性一般采用锥形量筒法检测。将熟化后的被测溶液倒入 1000mL 的锥形量筒中，在室温下静止 24h 后，观察被测溶液的分层性和颜料沉淀量，并用洁净玻璃棒检查颜料沉淀是否容易搅起。

对于电泳工作液或双组分乳液一般采用量筒计量法检测。将被测溶液倒入 1000mL 的量筒中，放置在室温下，静止一定时间后，直接从量筒刻度上读取电泳工作液或双组分乳液分层的毫升数。

（6）电泳漆灰分及颜基比　电泳漆灰分是指涂料在大约 900℃ 时灼烧后所剩下的残留物质。

电泳漆灰分测定步骤如下：

1）准确称坩锅质量（精确至 1mg）。

2）充分搅匀工作液，确认无颜料分沉淀后，称取 3g 试样置于坩锅中。

3）将试样放进118～122℃烘箱中加热1h（注意防止沸溅，最好有程序升温）。

4）取出样品，冷却后称重（精确至1mg），并应恒重。

5）将试样放入马福炉中，从200℃加热到800℃煅烧30min。

6）试样取出冷却后，称重（精确至1mg），并重新煅烧10min，冷却后再称重（至恒重）。

7）结果计算

$$\text{灰分} = \frac{W_2 - W_0}{W_1 - W_0} \times 100\%$$

式中　W_0——坩锅质量（g）；

W_1——120℃烘烤后（涂料质量＋坩锅质量）（g）；

W_2——煅烧后（残余物质量＋坩锅质量）（g）。

8）测定结果取平行试验的平均值。测定结果的相对误差应小于2%，否则应重做。

颜基比的计算公式为

$$\text{颜基比} = \frac{\text{灰分} \times \text{炭黑损失系数} f}{\text{固体分含量} - \text{灰分}} \times \text{炭黑损失系数} f$$

4. 涂料施工性能的检验方法

对于产品涂装，人们需要的是优良的涂膜品质，而涂料对于涂膜而言，只是一个半成品，如要获得优良的涂膜，不仅需要有优良的涂料性能，而且更需要有优良的施工性能，因此对涂料施工性能的检验也是一项非常重要的工作。

溶剂型涂料的施工性能，主要检测干燥性、遮盖力、流挂性、流平性、打磨性、重涂性、抗污气性、回粘性、磨（抛）光性、大面积涂刷性等。

粉末涂料的施工性能主要检测安息角、流出时间等。

电泳涂料的施工性能主要检测L效果、库仑效率、破坏电压、泳透率、GEL分率、加热减量、再溶解等。

（1）干燥性　由于涂膜的干燥形式不一样，因此对各类涂膜干燥程度的测试方法也不同，一般情况下，对非转化型干燥涂膜采用压滤纸法、压棉球法、刀片法、厚层干燥法（适用绝缘漆）。对转化

型干燥涂膜采用溶剂擦拭法，按表5-5评定涂膜干燥性能等级。对混合型干燥涂膜采用先按表5-5测定涂膜的干燥等级，达到涂装产品的标准规定后，再采用附着力测定法测定涂膜的附着力，若附着力也能达到涂装产品的标准规定，方可认为此涂膜的干燥性能合格。

表5-5　涂膜干燥性能判定等级

干燥等级	判定标准
5	涂膜无失光、变色现象，脱脂棉球无污染
4	涂膜略有失光，脱脂棉球轻微污染
3	涂膜严重失光，脱脂棉球污染
2	涂膜严重失光、软化，脱脂棉球显著污染
1	涂膜脱落，脱脂棉球严重污染

（2）遮盖力　遮盖力是指颜料在涂膜中遮盖底材表面颜色的能力。

溶剂型色漆测定遮盖力，是将色漆均匀地涂刷在物体表面上，使其底色不再呈现的最小用漆量，以重量法（g/m^2）或厚度法（μm）来表示。

1）重量法测定：采用重量法（g/m^2）测定时，按“GB/T 1726—1989 涂料遮盖力测定法”规定，采用25mm×25mm交叉排布的黑白格板测定。

2）厚度法测定：将涂料涂覆在由黑、白背景格板上，形成特定厚度的涂膜，通过不同厚度的涂膜对黑、白背景的遮盖而使黑、白背景不会透过涂膜，使涂料颜色趋于一致的能力。此法适用于溶剂型及水性中涂、面漆本色漆及金属基色漆遮盖力的测定。其表示方法有目视法及测量法两种。

（3）流挂性　按“GB/T 9264—1988 色漆流挂性的测定”规定进行测定。

（4）流平性　流平性是指施涂后的湿涂膜能够流动而消除涂痕，并且在干燥后能得到均匀平整涂膜的程度。

按“GB/T 1750—1989 涂料流平性测定法”规定，溶剂型涂料的流平性分为刷涂法和喷涂法。将涂料涂刷或喷涂于表面平整的底

板上，以刷纹消失和形成平滑涂膜表面的所需时间（min）来表示。

（5）打磨性　涂膜或腻子层，经用浮石、砂纸等材料打磨（干磨或湿磨）后，产生平滑无光表面的难易程度。按“GB/T 1770—2008 底漆、腻子膜打磨性测定法”规定进行测定及评级。

（6）重涂性　重涂性是考核在已干燥的涂膜上，由于需要，在涂层不打磨情况下，将同一种涂料进行多层涂覆的难易程度与效果。

一般将涂膜总厚度控制在垂直面小于或等于 350μm，水平面小于或等于 550μm，在标准条件下烘干，并在（23±2）℃放置 24h 后，按表 5-6 评价涂料的重涂性等级。

表 5-6　涂料的重涂性评定等级

等级	评定标准
1	外观：涂膜平整均匀，无涂膜弊病 附着力：0~1 级 抗石击性：面漆对中涂≤2 级；所有涂层≤4 级 桔皮：对高光泽面漆水平面长波≤10μm；短波 10μm≤L≤30μm；垂直面长波≤20μm，短波 15μm≤L≤35μm 光泽：失光率≤5%
2	外观、附着力、抗石击性与 1 级相同，桔皮、光泽不能达到 1 级要求
3	所有性能均达不到 1 级要求

（7）抗污气性　溶剂型涂膜在干燥过程中抵抗一氧化碳、二氧化碳、二氧化硫等污气作用而不出现失光、丝纹、网纹或起皱等现象的能力。

按“GB/T 1761—1989 漆膜抗污气性测定法”规定进行测定。

（8）回粘性　溶剂型涂膜干燥后，因受一定温度和湿度的影响而发生粘附的现象，称为涂膜的回粘性。

按“GB/T 1762—1989 漆膜回粘性测定法”规定进行测定及评级。

（9）磨（抛）光性　涂膜经磨（抛）光剂（砂蜡、上光蜡）打磨后，其呈现光泽的能力。

按“GB/T 1769—1989 漆膜磨光性测定法”规定分为机械抛光和手工抛光。抛光后，将抛光膏或抛光液擦净，用多角度光泽仪测

定该处光泽，直至光泽不再上升为止，记下读数，按表5-7评定涂膜的磨（抛）光性等级。

表5-7　涂膜的磨（抛）光性评定等级

等级	评定标准
1	涂膜磨（抛）光后，无涂膜弊病，颜色无明显变化，$\Delta E \leqslant 0.5$，涂膜光泽轻微变化，失光率≤10%
2	涂膜磨（抛）光后，无涂膜弊病，颜色有肉眼可见的变化，$\Delta E \leqslant 1$，涂膜光泽轻微变化，失光率≤10%
3	涂膜磨（抛）光后，产生如抛光影、抛光痕，由于涂膜干燥不良引起粘连等涂膜弊病，颜色明显变化，$\Delta E > 1$，涂膜光泽明显降低，失光率>10%

（10）大面积涂刷性　按“GB/T 6753.6—1986 涂料产品的大面积刷涂试验”规定，试验样板的底材应根据受检产品及其推荐的用法加以选择。

将试验样板牢固地安放在近似于垂直的位置上，用柔软的布条或干净的漆刷除去试验样板表面上的灰尘，然后用合适的漆刷将施工粘度的被测涂料按要求厚度涂布到试验样板表面上，自然干燥24h或按规定的时间后，检查试验样板表面及镶边处、焊缝处涂膜外观质量是否满足要求。

对于多层涂装，在每层涂装后，留一块300mm×300mm区域用于各层涂膜的比较。

（11）粉末涂料安息角　将粉末涂料倒入一定规格的圆锥形漏斗中，使粉末涂料自由落在圆盘上，直至涂料向四周溢出，这时粉末涂料形成圆锥状，圆锥的母线与平面的夹角就是粉末涂料的安息角。安息角越大，粉末的流动性越差。一般安息角不大于44°，则粉末涂料的施工性能较好。

（12）粉末涂料的流出性　粉末涂料的流出性是指规定量的粉末从一定的漏斗中流出的时间。操作时，将漏斗垂直放置，用挡板封住其下口，用分析天平称出100g粉末涂料轻轻倒入漏斗中，迅速放开下口挡板并同时启动秒表，让粉末涂料自由流出，当粉末涂料停止流出时即停止计时，所计时间即为粉末涂料的流出性评定指标。

一般流出时间不大于20s时，则此粉末涂料的施工性能较好。

(13) 电泳漆库仑效率　库仑效率是表示在电泳涂装过程中形成涂膜时，其生长难易程度的目标值。它有以下两种表示方法：

1）耗用1C电量所析出干涂膜的质量，以mg/C表示，故又称为电效率。

2）沉积1g干涂膜所需电量的库仑数，以C/g表示。

库仑效率计算公式为

$$Q = \frac{W - W_0}{C}$$

式中　Q——库仑效率（mg/C）；

W_0——涂漆前试验样板质量（mg）；

W——涂漆后试验样板质量（mg）；

C——库仑计指示的库仑量（C）。

库仑效率测量装置如图5-18所示。

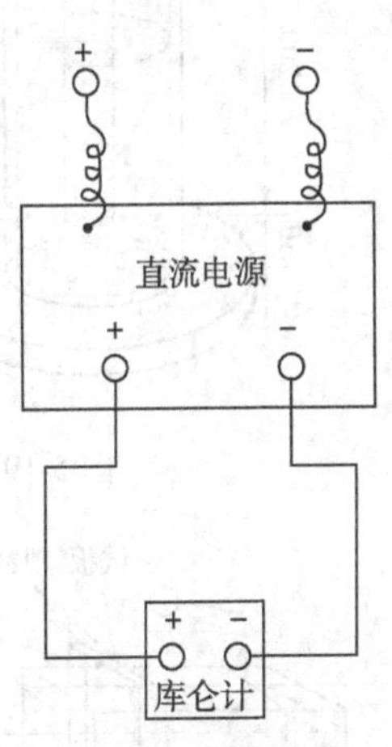

图5-18　库仑效率测量装置示意图

(14) 电泳漆泳透力　电泳涂装过程中，在电场力作用下，电泳漆对被涂物背离对应电极的部位的涂覆能力称为泳透力。

测定电泳漆泳透力，一般是采用钢管法（如图5-19所示）或福特盒法（如图5-20所示），也有采用4枚盒法的。

1）采用钢管法测定泳透力：其计算公式为

$$电泳漆泳透力 = \frac{实膜长度 + 1/2\ 虚膜长度}{钢板条外壁电泳涂膜长度} \times 100\%$$

2）采用福特盒法测定泳透力：此法适用于阴极电泳漆的泳透力测定，其测定主要步骤如下：

① 将泳透力盒放入已熟化好的电泳工作液中（电泳槽内壁尺寸为120mm × 200mm × 350mm，工作液高度控制在300mm，约7200mL），使盒底距电泳槽底部为（60 ±5）mm，与电泳槽壁的距离为（30 ±2）mm，与相对应电极距离为（155 ±2）mm。

② 起动电源，在15s内缓慢将电压由零升至规定电压，保持3min后断电。

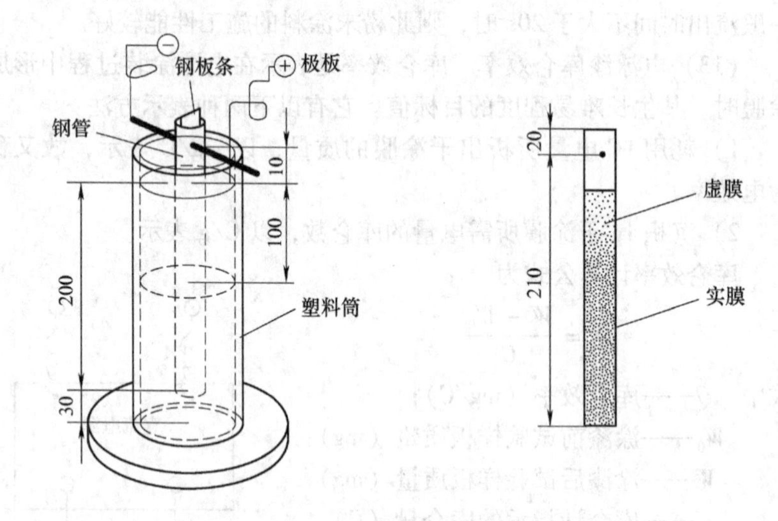

图 5-19　钢管法测定电泳漆泳透力示意图

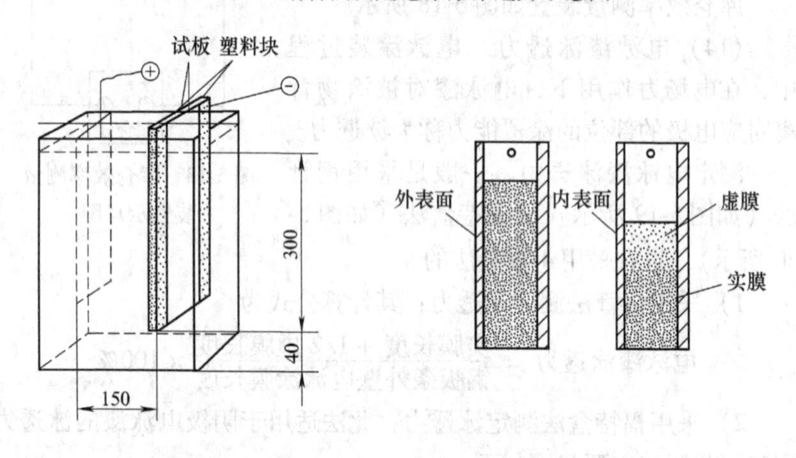

图 5-20　福特盒法测定电泳漆泳透力示意图

③ 取出泳透力盒，撕去胶条，取出隔条，将试验样板用去离子水冲洗后按该电泳漆规定的干燥条件送入烘箱中烘烤试验样板。

④ 从烘箱中取出试验样板，冷却后测定其内表面涂膜的长度（mm），其数值即是该电泳漆的泳透力值。

（15）电泳涂膜的加热减量　加热减量是指电泳涂膜在低温条件

（例如105℃或120℃）的第一阶段先期烘干后，进入到规定高温烘烤的第二阶段，以达到涂膜完全固化。在此过程中，涂膜受热会分解出低分子化合物（常伴随冒“烟”现象），从而使其失重，该失重质量对第二次升温前涂膜失重质量的百分比称为加热减量。此法适用于电泳原漆、工作液及现场槽液加热减量的测定。其计算公式为

$$电泳涂膜加热减量 = \frac{W_1 - W_2}{W_1 - W_0} \times 100\%$$

式中　W_0——电泳前试验样板质量（g）；

W_1——试验样板经过120℃（或105℃）烘干后的质量（g）；

W_2——试验样板正常烘干后的质量（g）。

（16）电泳涂膜的再溶解性　在电泳涂装中，已沉积在被涂物上的湿涂膜有可能被槽液和超滤液再次溶解，该电泳涂料的湿涂膜被溶解的程度，表明它抵抗再次被溶解的能力，称为再溶解性。

此法适用于电泳原漆及槽液再溶解性的测定。其计算公式为

$$电泳涂膜再溶解性 = \frac{\mu_1 - \mu_2}{\mu_1} \times 100\%$$

式中　μ_1——浸泡前试验样板的平均膜厚（μm）；

μ_2——浸泡后试验样板的平均膜厚（μm）。

二、涂膜的物理性能检测

1. 涂膜厚度测定

按“GB/T 13452.2—2008 漆膜厚度测定法”规定进行测定。

2. 涂膜柔韧性测定

柔韧性表示涂膜在弯曲试验后，底材上的涂膜开裂和剥落情况。涂膜的柔韧性不但与弹性有关，而且还与底材的附着力有关。

按“GB/T 1731—1993 漆膜柔韧性测定法”规定所使用的设备（见本章第一节涂膜检测设备中的柔韧性测定仪）进行测定。并以不引起涂膜破坏的最小轴棒直径表示涂膜的柔韧性。

测定步骤如下：

用双手将试验样板涂膜朝上紧压于规定直径的轴棒上，利用两

个大拇指的力量在2~3s内绕轴棒弯曲试验样板，弯曲后两个大拇指应对称于轴棒中心线。试验样板弯曲后，用4倍放大镜观察涂膜，检查涂膜是否产生网纹、裂纹及剥落等破坏现象。

3. 涂膜附着力测定

附着力是指被涂物表面与涂膜之间或涂层与涂层之间相互粘结的能力。

测定附着力的常用方法，有划格法和划圈法两种。

（1）划圈法

1）测定步骤：按“GB/T 1720—1989 漆膜附着力测定法”规定所使用的设备（见本章第一节涂膜检测设备中的附着力测定仪——划圈法）进行测定。其测定步骤如下：

按“GB/T 1727—1992 漆膜一般制备法”在马口铁板上（或按产品标准规定的底材）制备试验样板3块，待涂膜实干后，于恒温的条件下测定。测前先检查附着力测定仪的针头，如不锐利应予更换。提起半截螺母7，抽出试验台6，即可换针。当发现划痕与标准回转半径不符时，应调整回转半径，其方法是松开卡针盘3后面的螺栓，回转半径调整螺栓4，适当移动卡针盘后，依次紧固上述螺栓，比较划痕与标准圆滚线图，如仍不符应重新调整回转半径，直至与标准回转半径为5.25mm的圆滚线相同为调整完毕。测定时，将试验样板正放在试验台6上，拧紧固定试验样板调整螺栓5、8和调整螺栓10，向后移动升降棒2，使转针的尖端接触到涂膜，如划痕未露底板，应酌加砝码。按顺时针方向，均匀摇动摇柄11，转速以80~100r/min为宜，圆滚线标准图长为（7.5±0.5）cm。向前移动升降棒2，使卡针盘提起，松开固定试验样板的有关螺栓5、8、10，取出试验样板，用漆刷除去划痕上的漆屑，以四倍放大镜检查划痕并评级。

2）评级方法：以试验样板上划痕的上侧为检查目标，依次标出1、2、3、4、5、6、7共七个部位。相应分为七个等级。按顺序检查各部位的涂膜完整程度，如某一部位的格子有70%以上完好，则定为该部位是完好的，否则应认为坏损。例如，部位1涂膜完好，附着力最佳，定为一级；部位2涂膜完好，附着力次之，定为二级。

依此类推，七级为涂膜损坏最多，附着力最差。

标准划痕圆滚线如图 5-21 所示。

测定结果以至少有两块试验样板的级别一致为准。

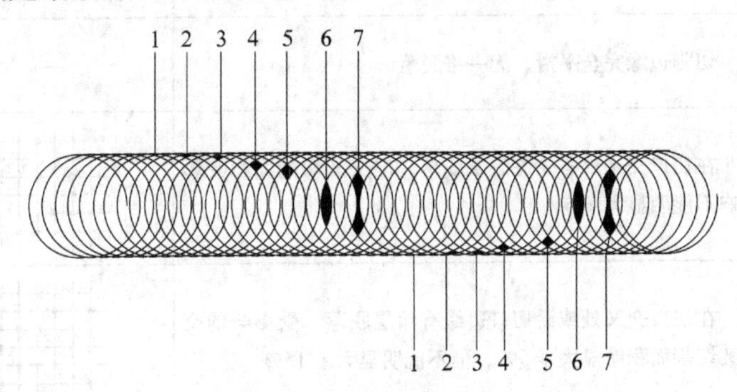

图 5-21　标准划痕圆滚线

（2）划格法

1）测定步骤：按“GB/T 9286—1998 色漆和清漆　涂膜的划格试验”规定所使用的设备（见本章第一节涂膜检测设备中的划格法附着力测定仪）进行测定。

测定时，切割图形每个方向的切割数应是 6。每个方向切割的间距应相等，且切割的间距取决于涂膜厚度和底材的类型，具体规定如下：

0 ~ 60μm：硬底材，1mm 间距。

0 ~ 60μm：软底材，2mm 间距。

61 ~ 120μm：硬底材或软底材，2mm 间距。

121 ~ 250μm：硬底材或软底材，3mm 间距。

切割图形完成后，用软毛刷沿网格图形每一条对角线，轻轻地向后扫几次，再向前扫几次。只有硬底材才另外施加胶粘带。在贴上胶粘带 5min 内，握住胶粘带悬空的一端，并在尽可能接近 60° 角度，在 0.5 ~ 1.0s 内平稳地撕离胶粘带。

2）评级方法：测定结果评定时，若为软底材，刷扫后立即进行；若为硬底材，撕离胶粘带后立即进行。

按表 5-8 所示通过与图示比较，对试板附着力评定等级。

表 5-8　附着力评定等级

等级	评定说明	发生脱落的十字交叉切割区的表面外观
0	切割边缘完全平滑，无一格脱落	—
1	在切口交叉处有少许涂层脱落，但交叉切割面积受影响不能明显大于 5%	
2	在切口交叉处或沿切口边缘有涂层脱落，受影响的交叉切割面积明显大于 5%，但不能明显大于 15%	
3	涂层沿切割边缘部分或全部以大碎片脱落，或在格子不同部位上部分或全部剥落，受影响的交叉切割面积明显大于 15%，但不能明显大于 35%	
4	涂层沿切割边缘大碎片剥落，或一些方格部分或全部出现脱落，受影响的交叉切割面积明显大于 35%，但不能明显大于 65%	
5	剥落的程度超过 4 级	

4. 涂膜光泽测定

按“GB/T 9754—2007 色漆和清漆　不含金属颜料的色漆涂膜之 20°、60°和 85°镜面光泽的测定”规定所使用的设备（见本章第一节涂膜检测设备中的光泽计）进行测定。

60°法适用于所有色漆涂膜，但对于光泽很高的色漆或接近无光泽的色漆，20°或 85°法则更为适宜。

20°法对高光泽色漆可提高鉴别能力，适用于 60°光泽高于 70 单位的色漆。

85°法对低光泽色漆可提高鉴别能力，适用于 60°光泽高于 30 单位的色漆。

这些方法不适于测定含金属颜料色漆的光泽。

在每次操作前，先调整仪器，并校准光泽计，使其能正确读出高光泽工作标准板的光泽值，然后再读出低光泽工作标准板的光泽值。如果低光泽工作标准板的仪器读数与其所规定的读数相差超过1光泽单位，最好请制造厂重新调整后再使用。当光泽计使用一定时间后，也需要校准光泽计，以确保光泽计工作稳定。

光泽计校准后，在试验涂膜平行于涂布方向的不同位置取得三个读数，再用高光泽的工作标准板校准仪器，以确保读数没有偏差。若结果误差范围小于5个单位，则记录其平均值作为镜面光泽值。否则再进行三次测定，记录全部六个值的平均值及极限值。

5. 涂膜摆杆硬度测定法

涂膜的硬度是指该被涂物表面被另一更硬的物体穿入时所表示的阻力。干燥后的涂膜应具有一定的坚硬性，才能承受外界的物理性损害而起到保护被涂物表面的作用。因此，涂膜硬度是表示涂膜机械强度的重要性能之一。

涂膜的硬度随其干燥程度而增加，完全干燥的涂膜才具有特定的最高硬度。

测定步骤：按“GB/T 1730—2007 漆膜硬度测定法　摆杆阻尼试验”规定，分为A法与B法两种。A法采用科尼格和珀萨兹两种摆杆阻尼试验仪；B法采用双摆杆式阻尼试验仪。现将A法测定步骤介绍如下：

1）将抛光玻璃板放在仪器水平工作台上，将一个酒精水平仪置于玻璃板上，调节仪器底座的垫脚螺钉，使玻璃板成水平状态。

2）采用乙醚湿润了的软绸布（或棉纸）擦净支承钢珠。将摆杆试验样板在相同的环境条件下放置10min。

3）将被测试验样板涂膜朝上，放置在水平工作台上，然后使摆杆慢慢降落到试验样板上。

4）核对标尺零点与静止位置时的摆尖是否处于同一垂直位置，如不一致则应予以调节。

5）在支轴没有横向位移的情况下，将摆杆偏转一定的角度（科尼格摆6°，珀萨兹摆12°），停在预定的停点处。

6）松开摆杆，开动秒表，记录摆幅由6°到3°（科尼格摆）及

12°到4°（珀萨兹摆）的时间，以秒计。

7）可在同一块试验样板的三个不同位置上进行测量，记录每次测量的结果及三次测量的平均值。

8）涂层阻尼时间的计算：涂层阻尼时间是以同一块试验样板上三次测量值的平均值表示。

对于有自动记录摆杆并在规定角度范围内摆动次数的阻尼试验仪，其阻尼时间应按下式进行计算

$$t = Tn$$

式中 t——涂层阻尼时间（s）；

T——摆的周期（s/次）；

n——规定角度范围内摆杆摆动的次数（次）。

6. 涂膜铅笔硬度测定

铅笔硬度是使用铅笔测定涂膜硬度的一种方法。

按“GB/T 6739—2006 漆膜硬度铅笔测定法”规定进行测定。

（1）A 法（试验机法）　试验机法规定使用的设备见本章第一节涂膜检测设备中的铅笔硬度试验仪。

1）试验用铅笔的制备：用削笔刀削去铅笔木杆部分，使铅芯呈圆柱状露出约 3mm，然后在坚硬的平面上放置砂纸，将铅芯垂直靠在砂纸上画圆圈，慢慢地研磨，直至铅笔尖端磨成平面，边缘锐利为止。

将试验样板放置在试验机的试验台上，将试验样板的涂膜面向上，在水平方向加以固定。

事先将铅笔固定在铅笔夹具上，试验机的重锤通过中心垂直线使涂膜表面的交点接触到铅笔芯的尖端。调节平衡重锤，使试验样板上加载的铅笔荷重处于不正不负的状态，然后将固定螺钉拧紧，使铅笔离开涂膜面，固定连杆。在中间放置台上加上（1.00 ± 0.05）kg的重物，放松固定螺钉，使铅笔芯的尖端接触到涂膜表面，重锤的荷重加到尖端上。恒速地摇动手轮，使试验样板向着铅笔芯反方向水平移动约 3mm，使铅笔芯刮划涂膜表面，移动的速度为 0.5mm/s。将试验样板向着与移动方向垂直的方向挪动，以变动位置，共刮划 5 道。铅笔的尖端在每道刮划后都要重新磨平再用。

2）涂膜刮破的情况：在5道刮划试验中，如果有2道或2道以上认为未刮破到试验样板的底材或底层时，则换用前一位铅笔硬度标号的铅笔进行同样试验，直至选出涂膜被刮破2道或2道以上的铅笔，记下在这个铅笔硬度标号后一位的硬度标号。

3）涂膜擦伤的情况：在5道刮划试验中，如果有2道或2道以上认为涂膜未被擦伤时，则换用前一位铅笔硬度标号的铅笔进行同样试验，选出涂膜被擦伤2道或2道以上的铅笔，记下这个铅笔硬度标号后一位的硬度标号。

注意：擦伤，是指在涂膜表面微小的刮痕，但由于压力使涂膜凹下去的现象不做考虑。如果在试验处的涂膜无伤痕，则可用橡皮擦除碳粉，以对着垂直于刮划的方向与试验样板的面成45°角进行目视检查，能辨别的伤则认为是擦伤。

4）试验样板的评定：试验样板的评定可按以下两种方法进行：

① 涂膜刮破。对于硬度标号相互邻近的两支铅笔，找出涂膜被刮破2道以上（包括2道）及未满2道的铅笔后，将未满2道的铅笔硬度标号作为涂膜的铅笔硬度。

② 涂膜擦伤。对于硬度标号相互邻近的两支铅笔，找出涂膜被擦伤2道以上（包括2道）及未满2道的铅笔后，将未满2道的铅笔硬度标号作为涂膜的铅笔硬度。

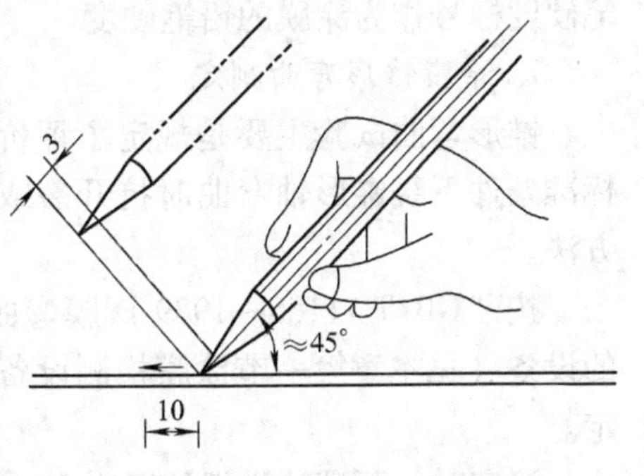

图5-22　B法（手动法）测定涂膜硬度

（2）B法（手动法）　测定步骤：将试验样板放置在水平的试验台面上，使涂膜向上水平固定，如图5-22所示。手持铅笔约成45°角，以铅笔芯不折断为度，在涂膜表面上推压，向试验者前方以均匀的、约1cm/s的速度推压约1cm，在涂膜面上刮划。

每刮划1道，要对铅笔芯的尖端进行重新研磨，对同一硬度标号的铅笔重复刮划5道。

1）涂膜刮破的情况：在5道刮划试验中，如有2道或2道以上认为未刮划到试验样板的底板或底层涂膜时，则换用前一位铅笔硬度标号的铅笔进行同样试验，直至选出涂膜被刮破 2 道或 2 道以上的铅笔，记下在这个铅笔硬度标号后一位的硬度标号。

2）涂膜擦伤的情况：在 5 道刮划试验中，如果有 2 道或 2 道以上认为涂膜未被擦伤时，则换用前一位铅笔硬度标号的铅笔进行同样试验，直至找出涂膜被擦伤 2 道或 2 道以上的铅笔，记下这个铅笔硬度标号后一位的硬度标号。

3）试验样板的评定：试验样板的评定可按以下两种方法进行：

① 涂膜刮破。对于硬度标号相互邻近的两支铅笔，找出涂膜被刮破 2 道以上（包括 2 道）及未满 2 道的铅笔后，将未满 2 道的铅笔硬度标号作为涂膜的铅笔硬度。

② 涂膜擦伤。对于硬度标号相互邻近的两支铅笔，找出涂膜被擦伤 2 道以上（包括 2 道）及未满 2 道的铅笔后，将未满 2 道的铅笔硬度标号作为涂膜的铅笔硬度。

7. 涂膜锥形弯曲测定

锥形弯曲试验主要是规定了评价色漆、清漆及有关产品涂层在标准条件下绕锥形轴弯曲时抗开裂或从金属底板上剥离的性能试验方法。

按“GB/T 11185—1989 漆膜弯曲试验（锥形轴）”规定所使用的设备（见本章第一节涂膜检测设备中的锥形绕曲测试仪）进行测定。

测定时，距试验样板的短边 20mm 处，平行地将试验样板切透。将试验样板涂膜朝着拉杆插入，使其一个短边与轴的小端相接触。将试验样板夹住后，用拉杆均匀平稳地弯曲试验样板，使其在 2 ~ 3s 内绕轴 180°。记录与轴小端相距最远的试验样板开裂处（以 cm 计），然后取下试验样板，按标准评定涂膜性能。

8. 涂膜耐冲击测定法

按“GB/T 1732—1993 漆膜耐冲击测定法”规定所使用的设备（见本章第一节涂膜检测设备中的冲击试验器）进行测定。

测定时，将涂膜试验样板朝上平放在铁砧上，试验样板受冲击部分边缘不少于 15mm，每个冲击点的边缘相距不得少于 15mm。重

锤借控制器安装固定在滑筒的某一高度（其高度由产品标准规定或商定），按压控制钮，重锤即自由地落于冲头上。提起重锤，取出试验样板，记录重锤落于试验样板上的高度。需要进行三次冲击试验。检查时主要判断涂膜有无裂纹、皱纹及剥落等现象，按标准评定涂膜的性能。

9. 涂膜杯突试验

杯突试验规定了一个以试验为基础的试验程序，以评价色漆、清漆及有关产品的涂层在标准条件下使之逐渐变形后，其抗开裂或抗与金属底材分离的性能。

按“GB/T 9753—2007 色漆和清漆　杯突试验”规定所使用的设备（见本章第一节涂膜检测设备中的杯突试验机）进行测定。

测定时，将试验样板牢固地固定在固定环与冲模之间，涂层面向冲模。当冲头处于零位时，顶端与试验样板接触。调整试验样板，使冲头的中心线与试验样板的交点距板的各边不小于35m。将冲头的半球形顶端以每秒（0.2 ±0.1）mm 恒速推向试验样板，直至达到规定深度，即为冲头从零位开始已移动的距离。在试验中，应防止冲头弯曲，且球面顶端中心与冲模的轴心偏离应不大于 0.1mm。当涂层表面第一次出现开裂涂层从底材上分离时，此时停止冲头移动，测量冲头此时的移动深度，即冲头从零位所移动的距离（精确到 0.1mm），按标准评定涂膜性能。

10. 涂膜耐中性盐雾性能的测定

耐中性盐雾性能的测定是评价涂膜性能的主要指标之一，它是通过规定的盐雾条件下，评价涂膜性能的方法。

按“GB/T 1771—2007 色漆和清漆　耐中性盐雾性能的测定”规定所使用的设备（见本章第一节涂膜检测设备中的盐雾箱）的标准进行测定。

盐雾条件要求喷雾室内的温度应为（35 ±2）℃。每一收集器中收集的溶液其氯化钠的浓度为（50 ±10）g/L，pH 值为 6.5 ~ 7.2。在最小经 24h 周期后，开始计算每个收集器每 $80cm^2$ 的面积收集的溶液应为 1 ~ 2ml/h。

试验样板应周期地进行目测检查，但不允许破坏试验样板表面。

在任一个24h为周期的检查时间不应超过60min，并且尽可能在每天的同一时间进行检查。试验样板不允许呈干燥状态。

在规定的试验周期结束时，从箱中取出试验样板，用清洁的水冲洗试验样板以除去表面上残留的试验溶液，立即检查试验样板表面的破坏现象，如起泡、生锈、附着力降低、划痕处的腐蚀蔓延等。

11. 涂膜耐湿性的测定

耐湿性的测定也是评价涂膜性能的主要指标之一，它是通过规定的湿度条件下评价涂膜性能的方法。

按“GB/T 13893—1992 色漆和清漆　耐湿性的测定　连续冷凝法”规定所使用的设备（见本章第一节涂膜检测设备中的盐雾箱）的标准进行测定。

测定时，仪器应置于（23±2）℃的不通风环境下，水浴温度控制在（40±2）℃，试验样板下方25mm空间的气温为（37±2）℃，涂层表面连续处于冷凝状态。

耐湿性评价按“GB/T 1740—2007 漆膜耐湿热测定法”规定进行。检查时，试验样板表面必须避免指印，在光线充足或灯光直接照射下与标准样板比较，结果以3块试验样板中级别一致的2块为准。按表5-9评定耐湿性等级。

表5-9　耐湿性评定等级

等级	评定说明
一级	涂膜轻微变色 涂膜无起泡、生锈和脱落等现象
二级	涂膜明显变色 涂膜表面起微泡面积小于50%，局部小泡面积在4%以下，中泡面积在1%以下，锈点直径在0.5mm以下 涂膜无脱落
三级	涂膜严重变色 涂膜表面起微泡面积超过50%，小泡面积在5%以上，出现大泡，锈点面积在2%以上 涂膜出现脱落现象

复习思考题

1. 简述常用的涂料检测设备的种类。
2. 简述常用的涂膜检测设备的种类。
3. 简述涂料性能及其测定方法。
4. 简述涂膜性能及其测定方法。

参考文献

[1] 机械工业职业技能鉴定指导中心．中级涂装工技术［M］．北京：机械工业出版社，1999.

[2] 机械工业职业技能鉴定指导中心．高级涂装工技术［M］．北京：机械工业出版社，1999.

[3] 冯立明，等．涂装工艺与设备［M］．北京：化学工业出版社，2004.

[4] 王锡春．最新汽车涂装技术［M］．北京：机械工业出版社，1998.

[5] 曹京宜，等．实用涂装基础及技巧［M］．北京：化学工业出版社，2002.

[6] 宋华．电泳涂装技术［M］．北京：化学工业出版社，2008.

国家职业资格培训教材——鉴定培训教材系列

车工（中级）鉴定培训教材
铣工（中级）鉴定培训教材
磨工（中级）鉴定培训教材
数控车工（中级）鉴定培训教材
数控铣工/加工中心操作工（中级）鉴定培训教材
模具工（中级）鉴定培训教材
钳工（中级）鉴定培训教材
机修钳工（中级）鉴定培训教材
汽车修理工（中级）鉴定培训教材
制冷设备维修工（中级）鉴定培训教材
维修电工（中级）鉴定培训教材
铸造工（中级）鉴定培训教材
焊工（中级）鉴定培训教材
冷作钣金工（中级）鉴定培训教材
热处理工（中级）鉴定培训教材
涂装工（中级）鉴定培训教材
电镀工（中级）鉴定培训教材
车工（高级）鉴定培训教材
铣工（高级）鉴定培训教材
磨工（高级）鉴定培训教材
数控车工（高级）鉴定培训教材
数控铣工/加工中心操作工（高级）鉴定培训教材
模具工（高级）鉴定培训教材
钳工（高级）鉴定培训教材
机修钳工（高级）鉴定培训教材
汽车修理工（高级）鉴定培训教材
制冷设备维修工（高级）鉴定培训教材
维修电工（高级）鉴定培训教材
铸造工（高级）鉴定培训教材
焊工（高级）鉴定培训教材
冷作钣金工（高级）鉴定培训教材
热处理工（高级）鉴定培训教材
涂装工（高级）鉴定培训教材
电镀工（高级）鉴定培训教材

国家职业资格培训教材——操作技能鉴定实战详解系列

车工（中级）操作技能鉴定实战详解
铣工（中级）操作技能鉴定实战详解
数控车工（中级）操作技能鉴定实战详解
数控铣工/加工中心操作工（中级）操作技能鉴定实战详解
模具工（中级）操作技能鉴定实战详解
钳工（中级）操作技能鉴定实战详解
机修钳工（中级）操作技能鉴定实战详解
汽车修理工（中级）操作技能鉴定实战详解
制冷设备维修工（中级）操作技能鉴定实战详解
维修电工（中级）操作技能鉴定实战详解
铸造工（中级）操作技能鉴定实战详解
焊工（中级）操作技能鉴定实战详解
冷作钣金工（中级）操作技能鉴定实战详解
热处理工（中级）操作技能鉴定实战详解
涂装工（中级）操作技能鉴定实战详解
车工（高级）操作技能鉴定实战详解
铣工（高级）操作技能鉴定实战详解
数控车工（高级）操作技能鉴定实战详解
数控铣工/加工中心操作工（高级）操作技能鉴定实战详解
模具工（高级）操作技能鉴定实战详解
钳工（高级）操作技能鉴定实战详解
机修钳工（高级）操作技能鉴定实战详解
汽车修理工（高级）操作技能鉴定实战详解
制冷设备维修工（高级）操作技能鉴定实战详解
维修电工（高级）操作技能鉴定实战详解
铸造工（高级）操作技能鉴定实战详解

焊工（高级）操作技能鉴定实战详解
冷作钣金工（高级）操作技能鉴定实战详解
热处理工（高级）操作技能鉴定实战详解
涂装工（高级）操作技能鉴定实战详解
车工（技师、高级技师）操作技能鉴定实战详解
数控车工（技师、高级技师）操作技能鉴定实战详解
数控铣工（技师、高级技师）操作技能鉴定实战详解
钳工（技师、高级技师）操作技能鉴定实战详解
维修电工（技师、高级技师）操作技能鉴定实战详解
焊工（技师、高级技师）操作技能鉴定实战详解

国家职业资格培训教材——职业技能鉴定考核试题库系列

机械识图与制图鉴定考核试题库
机械基础鉴定考核试题库
电工基础鉴定考核试题库
车工职业技能鉴定考核试题库
铣工职业技能鉴定考核试题库
磨工职业技能鉴定考核试题库
数控车工职业技能鉴定考核试题库
数控铣工/加工中心操作工职业技能鉴定考核试题库
模具工职业技能鉴定考核试题库
钳工职业技能鉴定考核试题库
机修钳工职业技能鉴定考核试题库
汽车修理工职业技能鉴定考核试题库
制冷设备维修工职业技能鉴定考核试题库
维修电工职业技能鉴定考核试题库
铸造工职业技能鉴定考核试题库
焊工职业技能鉴定考核试题库
冷作钣金工职业技能鉴定考核试题库
热处理工职业技能鉴定考核试题库
涂装工职业技能鉴定考核试题库

读者信息反馈表

感谢您购买《涂装工（高级）鉴定培训教材》一书。为了更好地为您服务，有针对性地为您提供图书信息，方便您选购合适图书，我们希望了解您的需求和对我们教材的意见和建议，愿这小小的表格为我们架起一座沟通的桥梁。

姓　名		所在单位名称	
性　别		所从事工作（或专业）	
通信地址		邮　编	
办公电话		移动电话	
E-mail			
1. 您选择图书时主要考虑的因素（在相应项前面画✓） （　）出版社（　）内容（　）价格（　）封面设计（　）其他 2. 您选择我们图书的途径（在相应项前面画✓） （　）书目（　）书店（　）网站（　）朋友推介（　）其他			
希望我们与您经常保持联系的方式： ☐ 电子邮件信息　☐ 定期邮寄书目 ☐ 通过编辑联络　☐ 定期电话咨询			
您关注（或需要）哪些类图书和教材：			
您对我社图书出版有哪些意见和建议（可从内容、质量、设计、需求等方面谈）：			
您今后是否准备出版相应的教材、图书或专著（请写出出版的专业方向、准备出版的时间、出版社的选择等）：			

非常感谢您能抽出宝贵的时间完成这张调查表的填写并回寄给我们，我们愿以真诚的服务回报您对我社的关心和支持。

请联系我们——

地　　址　北京市西城区百万庄大街 22 号　机械工业出版社技能教育分社

邮　　编　100037

社长电话　（010）88379083　88379080　68329397（带传真）

电子邮件　cmpjjj@ vip. 163. com